全国监理工程师执业资格考试模拟实战与考点分析

建设工程监理基本理论与相关法规

本书编委会　编

中国建筑工业出版社

图书在版编目（CIP）数据

建设工程监理基本理论与相关法规/本书编委会编. —北京：中国建筑工业出版社，2014.1

（全国监理工程师执业资格考试模拟实战与考点分析）

ISBN 978-7-112-16026-6

Ⅰ.①建… Ⅱ.①本… Ⅲ.①建筑工程-监理工作-工程师-资格考试-自学参考资料 ②建筑法-中国-工程师-资格考试-自学参考资料 Ⅳ.①TU712 ②D922.297

中国版本图书馆 CIP 数据核字（2013）第 256039 号

本书是全国监理工程师执业资格考试的复习参考书，依据最新版考试大纲的要求编写。编者依据考试"点多、面广、题量大、分值小"的特点，精心研究历年考试真题，通过考试命题的规律，预测考试试题可能的命题方向和考查重点，编写了八套模拟试卷，供考生冲刺所用。

责任编辑：武晓涛　吕建光　张　磊

责任校对：李美娜　刘梦然

全国监理工程师执业资格考试模拟实战与考点分析
建设工程监理基本理论与相关法规
本书编委会　编

*

中国建筑工业出版社出版、发行（北京海淀三里河路 9 号）

各地新华书店、建筑书店经销

北京红光制版公司制版

廊坊市海涛印刷有限公司印刷

*

开本：787×1092 毫米　1/16　印张：14　字数：336 千字

2015 年二月第一版　2017 年 11 月第四次印刷

定价：**37.00** 元

ISBN 978-7-112-16026-6

（30169）

编　委　名　单

主　编　杨　伟　陈　烜

参　编　马　军　刘卫国　刘家兴　吕　岩

　　　　孙丽娜　成长青　朱　峰　齐丽娜

　　　　吴吉林　张　彤　张黎黎　罗　铖

　　　　赵　慧　柴新雷　陶红梅

前　　言

全国监理工程师执业资格考试具有"点多、面广、题量大、分值小"的特点，单靠押题、扣题式的复习方法难以达到通过考试的目的。而且参加考试的考生大多为在职人员，还面临着"复习时间零散，难以集中精力进行全面、系统的复习"的实际困难和矛盾。因此，考生们迫切需要一本好的辅导书，可以在考试复习中起到事半功倍的作用。为了让更多的考生掌握考试大纲的内容，顺利通过考试，我们编写了本书，以便考生在复习的最后冲刺阶段体验考试的实战情景，从而在考试中取得好成绩。

本书严格按照最新版考试大纲的要求编写，每套试卷的分值、题型等都是按照最新的要求编排的。在习题的编排上，编者经过长期对考试特点的研究，以历年考试真题为引，通过对历年考试真题进行大量的总结、对比、分析和归纳，引出真题所考知识点，再继续由所考知识点编排相关的经典试题，并逐一给出这些题目详细的解析，将所考重点语句采用划波浪线及改变字体的方式进行重点提示，以加深考生记忆，强化、巩固复习重点，让考生对考试的重点内容有较为扎实的理解和把握。本书注重与知识点所关联的考点、题型、方法的再巩固与再提高，并且使题目的综合和难易程度尽量贴近实际、注重实用。书中试题突出重点、考点，针对性强，题型标准，应试导向准确。

本书可帮助考生在最短的时间内以最佳的方式取得最好成绩，是考生考前冲刺复习最实用的参考书。

本书虽经全体编者精心编写、反复修改，也难免有疏漏和不当之处，敬请广大读者不吝赐教，予以指正，以便再版时进行修正，在此谨表谢意。

全国监理工程师执业资格考试
基本情况及题型说明

监理工程师是指经全国统一考试合格，取得《监理工程师资格证书》并经注册登记的工程建设监理人员。

1992 年 6 月，建设部发布了《监理工程师资格考试和注册试行办法》（建设部第 18 号令），我国开始实施监理工程师资格考试。1996 年 8 月，建设部、人事部下发了《建设部、人事部关于全国监理工程师执业资格考试工作的通知》（建监〔1996〕462 号），从 1997 年起，全国正式举行监理工程师执业资格考试。考试工作由建设部、人事部共同负责，日常工作委托建设部建筑监理协会承担，具体考务工作由人事部人事考试中心负责。

考试每年举行一次，考试时间一般安排在 5 月中旬。原则上在省会城市设立考点。

一、考试科目设置

考试设 4 个科目，分别是：《建设工程监理基本理论与相关法规》、《建设工程合同管理》、《建设工程质量、投资、进度控制》、《建设工程监理案例分析》。

其中，《建设工程监理案例分析》科目为主观题，在专用答题卡上作答。其余 3 科均为客观题，在答题卡上作答。考生在答题前要认真阅读位于答题卡首页的作答须知，使用黑色墨水笔、2B 铅笔，在答题卡划定的题号和区域内作答。

二、考试成绩管理

参加全部 4 个科目考试的人员，必须在连续两个考试年度内通过全部科目考试；符合免试部分科目考试的人员，必须在一个考试年度内通过规定的两个科目的考试，方可取得监理工程师执业资格证书。

三、报考条件

1. 凡中华人民共和国公民，遵纪守法，具有工程技术或工程经济专业大专以上（含大专）学历，并符合下列条件之一者，可申请参加监理工程师执业资格考试。

（1）具有按照国家有关规定评聘的工程技术或工程经济专业中级专业技术职务，并任职满 3 年。

（2）具有按照国家有关规定评聘的工程技术或工程经济专业高级专业技术职务。

（3）1970 年（含 1970 年）以前工程技术或工程经济专业中专毕业，按照国家有关规定，取得工程技术或工程经济专业中级职务，并任职满 3 年。

2. 对于从事工程建设监理工作且同时具备下列四项条件的报考人员，可免试《建设工程合同管理》和《建设工程质量、投资、进度控制》两个科目，只参加《建设工程监理基本理论与相关法规》和《建设工程监理案例分析》两个科目的考试：

（1）1970 年（含 1970 年）以前工程技术或工程经济专业中专（含中专）以上毕业；

（2）按照国家有关规定，取得工程技术或工程经济专业高级职务；

（3）从事工程设计或工程施工管理工作满 15 年；

（4）从事监理工作满 1 年。

四、考试教材

监理工程师的考试教材由中国建设监理协会组织编写，分为六册，分别是：《建设工程监理概论》、《建设工程合同管理》、《建设工程质量控制》、《建设工程进度控制》、《建设工程投资控制》、《建设工程监理案例分析》。另外还有《建设工程监理相关法规文件汇编》等参考资料。

五、题型介绍

《建设工程监理基本理论与相关法规》全部为选择题，分为单选题和多选题两大类型。应考人员在固定的备选答案中选择正确的、最佳的答案，填写在专门设计的答题纸上，无需作解释和论述。以下就各种题型分别说明并举例。

（一）单项选择题

【例题】依据《中华人民共和国建筑法》，当施工不符合工程设计要求、施工技术标准和合同约定时，工程监理人员应当（　　　）。

A. 报告建设单位

B. 要求建筑施工企业改正

C. 报告建设单位要求建筑施工企业改正

D. 立即要求建筑施工企业暂时停止施工

【答案】B

（二）多项选择题

【例题】监理例会会议纪要由项目监理机构根据会议记录整理，主要内容包括（　　　）。

A. 会议地点及时间

B. 与会人员姓名、单位、职务

C. 会议主要内容、决议事项

D. 负责落实单位、负责人和时限要求

E. 与会议各方代表会签

【答案】ABCD

目　　录

第一套模拟试卷

一、单项选择题 (共 50 题，每题 1 分。每题的备选项中，只有 1 个最符合题意)

1. 工程投资额（   ）万元以下的建筑工程，可以不申请办理施工许可证。
    A. 30   B. 50
    C. 100   D. 200

2. 下列不属于项目监理机构现场监理工作制度的有（   ）。
    A. 监理人员考勤制度
    B. 工程开工、复工审批制度
    C. 监理工作报告制度
    D. 平行检验、见证取样、巡视检查和旁站制度

3. 采用 CM 模式时，在建设工程的（   ）阶段就应当雇用具有施工经验的 CM 单位参与建设工程的实施过程。
    A. 决策   B. 设计
    C. 施工招标   D. 施工

4. 新设立的工程监理企业申请资质，应当到（   ）登记注册并取得企业法人营业执照。
    A. 国务院   B. 国务院建设行政主管部门
    C. 省级建设行政主管部门   D. 工商行政管理部门

5. 《工程建设监理单位资质管理试行办法》规定，国务院建设行政主管部门负责（   ）监理单位设立的资质审批。
    A. 甲级   B. 监理业务跨部门的
    C. 本部门乙、丙级   D. 兼承监理业务的

6. 《建设工程质量管理条例》规定，（   ）应当对因设计造成的质量事故，提出相应的技术处理方案。
    A. 建设单位   B. 设计单位
    C. 施工单位   D. 监理单位

7. 下列关于监理规划目标控制的措施中，属于进度控制技术措施的是（   ）。
    A. 落实进度控制责任，建立进度控制协调制度
    B. 建立多级网络计划体系，监控施工单位作业计划实施计划
    C. 建立激励机制，奖励工期提前的施工单位
    D. 履行合同义务，协调有关各方的进度计划

8. 根据《建设工程监理规范》的规定，项目监理机构应审查施工单位报送的用于工程的材料、构配件、设备的质量证明文件，对用于工程的材料进行（   ）。
    A. 平行检验或旁站   B. 见证取样或旁站
    C. 平行检验或见证取样   D. 平行检验、见证取样或旁站

9. 取得监理工程师注册证书的人员不少于 15 人，注册资金不少于 100 万元，是我国对（　　）级监理单位的资质要求。

    A. 甲   B. 乙

    C. 丙   D. 丁

10.《建设工程质量管理条例》规定，施工单位必须建立、健全（　　）制度，严格工序管理，做好隐蔽工程的质量检查和记录。

    A. 合同管理   B. 施工技术交底

    C. 质量的预控   D. 施工质量的检验

11. 工程造价动态比较的内容包括（　　）。

    A. 工程造价目标分解值与造价实际值的比较

    B. 工程合同价与工程预算值

    C. 工程造价实际值的预测分析

    D. 工程预算值与概算值

12. 建设工程信息管理的基本环节不包括（　　）。

    A. 处理   B. 整理

    C. 检索   D. 收集

13.《建设工程质量管理条例》规定，施工人员对涉及结构安全的试块、试件以及有关材料，应当在（　　）监督下现场取样，并送具有相应资质等级的质量检测单位进行检测。

    A. 建设单位或施工单位

    B. 建设单位或监理单位

    C. 监理单位或施工单位

    D. 监理单位或工程质量监督机构

14. 平行承发包模式的缺点是（　　）。

    A. 不利于缩短工期   B. 合同数量多、管理困难

    C. 质量控制难度大   D. 不利于业主选择承建单位

15. 下列属于工程监理企业综合资质标准的是（　　）。

    A. 具有独立法人资格且注册资本不少于 300 万元

    B. 具有 3 个以上工程类别的专业甲级工程监理资质

    C. 申请工程监理资质之日前一年内没有因本企业监理责任造成重大质量事故

    D. 企业技术负责人应为注册监理工程师，并具有 10 年以上从事工程建设工作的经历或者具有工程类高级职称

16. 依法必须进行招标的项目，自招标文件开始发出之日起至投标人提交投标文件截止之日止，最短不得少于（　　）日。

    A. 7   B. 14

    C. 15   D. 20

17.（　　）具体负责监理活动的操作实施。

    A. 决策层   B. 协调层

    C. 执行层   D. 操作层

18. 下列（　　）不属于监理月报的主要内容。

A. 本月工程实施情况　　　　　　　　B. 本月监理工作情况

C. 下月监理工作重点　　　　　　　　D. 监理工作总结

19. 所谓工程建设强度，是指（　　　）。

A. 工程结构所能承受的强度

B. 政府对工程建设管理的力度

C. 单位时间内投入的工程建设资金的数量

D. 单位时间内投入的工程建设人员的数量

20. 根据《建设工程监理规范》，总监理工程师不得委托给总监理工程师代表的职责是（　　　）。

A. 审查和处理工程变更

B. 主持或参与工程质量事故的调查

C. 主持整理工程项目的监理资料

D. 审批工程延期

21. 按照《中华人民共和国建筑法》的规定，建设工程监理实施的前提是（　　　）。

A. 需要建设单位的委托和授权

B. 建设工程监理单位代表建设单位对承建单位的建设行为进行监控

C. 工程监理企业应当客观、公正地执行监理任务

D. 建设工程监理单位必须具有甲级资质

22. 工程监理单位调换总监理工程师，应征得（　　　）书面同意。

A. 建设单位　　　　　　　　　　　　B. 总承包单位

C. 质量监督机构　　　　　　　　　　D. 建设行政主管部门

23. 在项目监理机构组织形式中，易造成职能部门对指挥部门指令矛盾的是（　　　）。

A. 职能制监理组织形式　　　　　　　B. 直线职能制监理组织形式

C. 矩阵制监理组织形式　　　　　　　D. 直线制监理组织形式

24. 监理股份有限公司监事会的成员不得少于（　　　）人。

A. 1　　　　　　　　　　　　　　　　B. 2

C. 3　　　　　　　　　　　　　　　　D. 5

25. 关于监理大纲、监理规划和监理实施细则的说法，正确的是（　　　）。

A. 监理大纲由总监理工程师主持编制，经监理单位法定代表人批准

B. 监理规划由总监理工程师主持编制，经监理单位技术负责人批准

C. 监理实施细则由专业监理工程师负责编制，经监理单位技术代表人批准

D. 监理大纲、监理规划和监理实施细则均依据委托监理合同编写

26. 关于建设程序中各阶段工作的说法，错误的是（　　　）。

A. 在初步设计或技术设计的基础上进行施工图设计，使其达到施工安装的要求

B. 工程开始拆除旧建筑物和搭建临时建筑物时即可算作工程的正式开工

C. 生产准备阶段是由建设阶段转入生产经营阶段的重要衔接阶段

D. 竣工验收是考核建设成果、检验设计和施工质量的关键步骤

27. 对建设工程监理规划进行审核时，监理工作制度主要审核的内容有（　　　）。

A. 监理机构内、外工作制度是否健全、有效

B. 监理组织工作会议制度

C. 监理机构的内部工作制度

D. 监理报告制度

28. 下列监理工程师质量控制措施中，属于技术措施的是(　　)。

    A. 落实质量控制责任   B. 完善职责分工

    C. 协助完善质量保证体系   D. 制定有关质量监督制度

29. 根据《建设工程监理范围和规模标准规定》，下列工程中，不属于必须实行监理工程范围的是(　　)。

    A. 4 万 m² 住宅建设工程

    B. 亚洲银行贷款工程

    C. 总投资 3000 万元以上的大中型市政工程

    D. 总投资 3000 万元以上的基础设施工程

30. 关于 CM 模式的说法，正确的是(　　)。

    A. 代理型 CM 模式中，CM 单位是业主的代理单位

    B. 代理型 CM 模式中，CM 单立对设计单位具有指令权

    C. 非代理型 CM 模式中，CM 单位与设计单位是协调关系

    D. 非代理型 CM 模式中，CM 单位是业主的咨询单位

31. 工程监理文件资料组卷方法及要求中，文字材料按事项、专业顺序排列说法错误的是(　　)。

    A. 请示在前、批复在后

    B. 印本在前、定稿在后

    C. 主件在前、附件在后

    D. 同一事项的请示与批复、同一文件的印本与定稿、主件与附件不能分开

32. 非代理型 CM 合同谈判中的焦点和难点在于(　　)。

    A. 确定 CM 费   B. 确定 GMP 的具体数额

    C. 确定计价原则   D. 确定计价方式

33. (　　) 是指组织为实现战略目标、获得收益而以一种综合协调方式对一组相关项目进行的管理。

    A. 单一项目管理   B. 项目群管理

    C. 多项目管理   D. 组合项目管理

34. 《建设工程质量管理条例》规定，在实行监理的建设工程上，工程监理单位(　　)。

    A. 与施工单位承担共同责任

    B. 与施工单位承担连带责任

    C. 与施工单位对监理工程的施工质量承担连带责任

    D. 对工程施工质量承担监理责任

35. 下列各类建设工程中，属于《建设工程监理范围和规模标准规定》中规定的必须实行监理的是(　　)。

    A. 投资总额 2000 万元的学校工程

    B. 投资总额 2000 万元的科技、文化工程

C. 投资总额 2000 万元的社会福利工程

D. 投资总额 2000 万元的道路、桥梁工程

36. 下列不属于招标公告与投标邀请书应当载明的内容是(　　)。

    A. 建设单位的名称和地址　　　　　　B. 招标项目的性质

    C. 招标项目的实施地点　　　　　　　D. 投标邀请函

37. 如果要减少投资、节约费用，势必会考虑降低工程项目的功能要求和质量标准，这表明投资目标与进度目标存在 (　　) 关系。

    A. 既不对立又不统一　　　　　　　　B. 既对立又统一

    C. 对立　　　　　　　　　　　　　　D. 统一

38. 下列 (　　) 不属于 PMBOK 总体框架的基本过程组。

    A. 启动过程组　　　　　　　　　　　B. 计划过程组

    C. 监控过程组　　　　　　　　　　　D. 操作过程组

39. 合同转让是合同变更的一种特殊形式，合同转让不是变更合同中规定的权利义务内容，而是变更合同(　　)。

    A. 主体　　　　　　　　　　　　　　B. 客体

    C. 标的物　　　　　　　　　　　　　D. 第三方

40. 《建筑法》规定，建筑工程安全生产管理必须坚持 (　　) 的方针。

    A. 预防为主、防治结合　　　　　　　B. 安全第一、预防为主

    C. 安全第一、合理安排　　　　　　　D. 安全第一、防患于未然

41. 《刑法》规定，工程监理单位违反国家规定，降低工程质量标准，造成重大安全事故的，对直接责任人员，处 (　　) 以下有期徒刑或者拘役，并处罚金。

    A. 一年　　　　　　　　　　　　　　B. 三年

    C. 五年　　　　　　　　　　　　　　D. 十年

42. 建设工程采用 EPC 模式的基本特征之一是(　　)。

    A. 业主承担大部分风险

    B. 由业主聘请的"工程师"管理工程

    C. 采用可调总价合同

    D. 承包商承担大部分风险

43. 根据《建设工程安全生产管理条例》，工程监理单位未对施工组织设计中的安全技术措施或者专项施工方案进行审查的，责令限期改正；逾期末改正的，责令停业整顿，并处 (　　) 的罚款；情节严重的，降低资质等级，直至吊销资质证书。

    A. 1 万元以上 5 万元以下　　　　　　B. 5 万元以上 10 万元以下

    C. 10 万元以上 30 万元以下　　　　　D. 30 万元以上 50 万元以下

44. 实行项目法人责任制的工程项目中，下列属于项目法人单位项目总经理职权的是(　　)。

    A. 筹措建设资金

    B. 审核、上报项目初步设计和概算文件

    C. 提出项目开工报告

    D. 编制项目财务预算、决算

45. (   ) 是项目监理机构全面开展建设工程监理工作的指导性文件。
    A. 监理规划   B. 监理大纲
    C. 监理实施细则   D. 监理工作总结

46. 《建筑法》规定，交付竣工验收的建筑工程，必须符合规定的建筑工程质量标准，有（   ），并具备国家规定的其他竣工条件。
    A. 完整的工程技术经济资料和竣工文件
    B. 完整的工程质量文件和经签署的工程保修书
    C. 完整的工程技术经济资料和经签署的工程保修书
    D. 经签署的工程保修书和完整的监理资料

47. 工程建设程序中设计紧后的程序是（   ）。
    A. 策划   B. 施工
    C. 技术设计   D. 交付使用

48. 下列不属于工程监理企业专业资质级别的是（   ）。
    A. 甲级   B. 乙级
    C. 丙级   D. 丁级

49. 咨询工程师开展咨询业务时，不仅涉及与本公司各方面人员的协同工作，而且经常与客户、建设工程参与各方、政府部门、金融机构等发生联系，处理面临的各种问题。这就特别需要咨询工程师具有（   ）的素质。
    A. 知识面宽   B. 精通业务
    C. 协调管理能力强   D. 责任心强

50. 注册监理工程师未执行法律、法规和工程建设强制性标准的，责令停止执业（   ）个月以上（   ）年以下。
    A. 5，2   B. 3，2
    C. 5，1   D. 3，1

二、多项选择题（共 30 题，每题 2 分。每题的备选项中，有 2 个或 2 个以上符合题意，至少有 1 个错项。错选，本题不得分；少选，所选的每个选项得 0.5 分）

51. 《建筑法》规定，建筑物在合理使用寿命内，必须确保（   ）的质量。
    A. 安装工程   B. 地基基础工程
    C. 承重构件   D. 主体结构
    E. 装饰工程

52. 在 EPC 模式条件下，业主或业主代表管理工程实施主要表现在（   ）。
    A. 业主还需聘请"工程师"来管理工程
    B. 如果业主想更换业主代表，只需提前 14 天通知承包商，不需征得承包商的同意
    C. 如果业主想更换业主代表，需提前 42 天通知承包商，且需征得承包商的同意
    D. 业主或业主代表管理工程显得较为宽松
    E. 工程质量管理的重点是竣工检验

53. 下列各项属于 EPC 模式基本特征的有（   ）。
    A. 承包商承担大部分风险   B. 业主管理工程实施

C. 业主代表管理工程实施　　　　　　D. 接近于固定总价合同

E. 资源共享

54. 国际上，工程咨询公司参与联合承包工程的形式一般有（　　　）。

    A. 与土木工程承包商和设备制造商组成联合体共同承包项目

    B. 作为总承包商，承担项目的主要责任和风险，而承包商则作为分包商

    C. 以 Project Controlling 模式参与工程实施

    D. 以项目发起人和策划公司的身份参与 BOT 项目

    E. 以非代理型 CM 模式参与工程实施

55. 我国建设领域改革实行了多项配套制度，其中项目法人责任制与建设工程监理制之间的关系是（　　　）。

    A. 项目法人责任制是实行建设工程监理制的必要条件

    B. 项目法人责任制是实行建设工程监理制的基本保障

    C. 项目法人责任制是实行建设工程监理制的经济基础

    D. 建设工程监理制是实行项目法人责任制的约束机制

    E. 建设工程监理制是实行项目法人责任制的基本保障

56. 使用国有资金投资项目的范围包括（　　　）。

    A. 使用国家发行债券所筹资金的项目

    B. 使用各级财政预算资金的项目

    C. 使用纳入财政管理的各种政府性专项建设基金的项目

    D. 使用国有企业事业单位自有资金，并且国有资产投资者实际拥有控制权的项目

    E. 使用国家政策性贷款的项目

57. 下列属于三大目标控制的组织措施的有（　　　）。

    A. 建立健全实施动态控制的组织机构、规章制度

    B. 选择合理的承发包模式和合同计价方式

    C. 明确各级目标控制人员的任务和职责分工

    D. 改善建设工程目标控制的工作流程

    E. 建立建设工程目标控制工作考评机制

58. 《中华人民共和国建筑法》规定建筑工程实行保修制度，建筑工程的保修范围包括（　　　）。

    A. 地基基础工程　　　　　　　　　　B. 主体结构工程

    C. 室内外装修工程　　　　　　　　　D. 电气管线的安装工程

    E. 供热、供冷系统工程

59. 项目监理机构内部工作制度中的工作会议制度包括（　　　）。

    A. 监理交底会议　　　　　　　　　　B. 监理协调会议

    C. 监理例会　　　　　　　　　　　　D. 监理专题会

    E. 监理工作会议

60. 项目总承包模式的优点之一是有利于投资控制，主要表现在（　　　）。

    A. 承包范围大，竞争不激烈

    B. 合同总价较低

C. 可以提高项目的经济性

D. 从价值工程的角度可以取得明显的经济效果

E. 从全寿命费用的角度可以取得明显的经济效果

61. 事故调查报告应当包括的内容有（　　）。

A. 事故发生的原因和事故性质

B. 事故发生单位概况

C. 事故发生经过和事故救援情况

D. 事故已经造成或者可能造成的伤亡人数（包括下落不明的人数）和初步估计的直接经济损失

E. 事故责任的认定以及对事故责任者的处理建议

62. 下列 FIDIC 道德准则中，属于工程师社会和职业责任的有（　　）。

A. 正直和忠诚地进行职业服务

B. 不接受可能导致判断不公的报酬

C. 寻求与确认的发展原则相适应的解决办法

D. 仅在有能力时从事服务

E. 在任何时候，维护职业的尊严、名誉和荣誉

63. 下列属于项目监理机构现场监理工作制度的有（　　）。

A. 施工组织设计审核制度

B. 图纸会审及设计交底制度

C. 监理人员考勤、业绩考核及奖惩制度

D. 单位工程验收、单项工程验收制度

E. 质量安全事故报告和处理制度

64. 建设工程监理组织协调方法中的交谈协调法的交谈形式有（　　）。

A. 面对面的交谈　　　　　　　　　B. 电话

C. 电子邮件　　　　　　　　　　　D. 指令

E. 书信

65. 国家融资项目的范围包括（　　）。

A. 使用各级财政预算资金的项目

B. 使用国家发行债券所筹资金的项目

C. 使用国家对外借款或者担保所筹资金的项目

D. 使用国家政策性贷款的项目

E. 国家授权投资主体融资的项目

66. 建设工程监理的性质包括（　　）。

A. 服务性　　　　　　　　　　　　B. 科学性

C. 独立性　　　　　　　　　　　　D. 公平性

E. 公正性

67. 监理规划中质量控制的组织措施包括（　　）。

A. 严格质量检查与监督　　　　　　B. 建立健全项目监理机构

C. 落实质量控制责任　　　　　　　D. 完善监理人员职责分工

E. 制定质量监督管理制度

68. 下列关于建设工程新开工时间说法正确的是（　　）。

    A. 平整场地开始施工的日期

    B. 不需开槽的工程，以正式开始打桩的日期作为正式开工日期

    C. 需要进行大量土石方工程的，以开始进行土石方工程作为正式开工日期

    D. 旧建筑物拆除开始施工的日期

    E. 建设工程设计文件中规定的任何一项永久性工程第一次正式破土开槽的开始日期

69. 关于建设工程档案资料管理职责的说法，正确的有（　　）。

    A. 工程档案资料应随工程进度及时收集、整理

    B. 宜采用信息技术进行监理文件资料管理

    C. 应建立和完善监理文件资料管理制度，宜设专人管理监理文件资料

    D. 分包单位应对本单位形成的工程档案资料负责，立卷后及时移交建设单位

    E. 工程档案资料应分级管理，各单位档案管理员负责工程档案资料全过程的组织与审核工作

70. 下列属于缔约过失责任的有（　　）。

    A. 假借订立合同，恶意进行磋商

    B. 与限制民事行为能力人订立的合同

    C. 与无权代理人代订的合同

    D. 有其他违背诚实信用原则的行为

    E. 故意隐瞒与订立合同有关的重要事实或者提供虚假情况

71. 有下列（　　）情形之一，难以履行债务的，债务人可以将标的物提存。

    A. 债权人下落不明

    B. 债权人无正当理由拒绝受领

    C. 债权人死亡未确定继承人

    D. 债权人可以将合同的权利全部或者部分转让给第三人

    E. 丧失民事行为能力未确定监护人

72. 可以不申请办理施工许可证的情形有（　　）。

    A. 工程投资额在80万元以下的建筑工程

    B. 工程投资额在30万元以下的建筑工程

    C. 建筑面积在500m²以下的建筑工程

    D. 政府投资的建筑工程

    E. 建筑面积在300m²以下的建筑工程

73. 《建设工程质量管理条例》规定，监理工程师应当按照工程监理规范的要求，采取（　　）等形式，对建设工程实施监理。

    A. 巡视   B. 工地例会

    C. 设计与技术交底   D. 平行检验

    E. 旁站

74. 审核监理规划时，重点审核的内容有（　　）。

    A. 监理组织形式和管理模式是否合理

B. 监理工作计划是否符合工程建设强制性标准

C. 监理工作制度是否健全完善

D. 监理工作内容是否已包括监理合同委托的全部工作任务

E. 监理设施是否满足监理工作需要

75. 监理工作完成后，项目监理机构向业主提交的监理工作总结内容包括（　　）。

A. 委托监理合同履行情况概述

B. 项目监理机构、监理人员和监理设施的投入情况

C. 监理任务或监理目标完成情况的评价

D. 工程实施过程中存在的问题和处理情况

E. 监理工作的经验

76. 《建设工程质量管理条例》规定，对监理单位与建设单位或者施工单位串通，弄虚作假、降低工程质量的，实行（　　）等处罚。

A. 责令改正，处 10 万元以上 50 万元以下的罚款

B. 降低资质等级或者吊销资质证书

C. 有违法所得的，予以没收

D. 责令改正，处 50 万元以上 100 万元以下的罚款

E. 造成损失的，承担连带赔偿责任

77. 为了使工期缩短，而且有可能获得较好的质量和较低的费用，应使工程进展具有（　　）。

A. 连续性

B. 均衡性

C. 进度快

D. 高效性

E. 倾向性

78. 下列建设工程组织管理模式中，不能独立存在的有（　　）。

A. 总承包模式

B. EPC 模式

C. CM 模式

D. Partnering 模式

E. Project Controlling 模式

79. 审核监理规划时，对监理组织机构审核的内容包括（　　）。

A. 是否理解了业主的工程建设意图

B. 是否包括了全部委托的工作任务

C. 是否与工程实施的具体特点相结合

D. 是否与业主的组织关系相协调

E. 是否与承包方的组织关系相协调

80. 监理工程师应当履行的义务包括（　　）。

A. 保证执业活动成果的质量，并承担相应责任

B. 在规定的执业范围和聘用单位业务范围内从事执业活动

C. 不收受被监理单位的任何礼金

D. 接受继续教育，努力提高执业水准

E. 不得同时在两个或两个以上单位受聘或执业

第一套模拟试卷参考答案、考点分析

一、单项选择题

1.【试题答案】A

【试题解析】本题考查重点是"建设实施阶段的工作内容"。从事各类房屋建筑及其附属设施的建造、装修装饰和与其配套的线路、管道、设备的安装，以及城镇市政基础设施工程的施工，建设单位在开工前应当向工程所在地县级以上人民政府建设主管部门申请领取施工许可证。必须申请领取施工许可证的建筑工程未取得施工许可证的，一律不得开工。工程投资额在 30 万元以下或者建筑面积在 300m² 以下的建筑工程，可以不申请办理施工许可证。因此，本题的正确答案为 A。

2.【试题答案】A

【试题解析】本题考查重点是"监理规划主要内容——监理工作制度"。项目监理机构现场监理工作制度：①图纸会审及设计交底制度；②施工组织设计审核制度；③工程开工、复工审批制度；④整改制度，包括签发监理通知单和工程暂停令等；⑤平行检验、见证取样、巡视检查和旁站制度；⑥工程材料、半成品质量检验制度；⑦隐蔽工程验收、分项（部）工程质量验收制度；⑧单位工程验收、单项工程验收制度；⑨监理工作报告制度；⑩安全生产监督检查制度；⑪质量安全事故报告和处理制度；⑫技术经济签证制度；⑬工程变更处理制度；⑭现场协调会及会议纪要签发制度；⑮施工备忘录签发制度；⑯工程款支付审核、签认制度；⑰工程索赔审核、签认制度等。因此，本题的正确答案为 A。

3.【试题答案】B

【试题解析】本题考查重点是"CM 模式的概念"。所谓 CM 模式，就是在采用快速路径法时，从建设工程的开始阶段（设计阶段）就雇用具有施工经验的 CM 单位（或 CM 经理）参与到建设工程实施过程中来，以便为设计人员提供施工方面的建议且随后负责管理施工过程。这样安排的目的是将建设工程的实施作为一个完整的过程来对待，并同时考虑设计和施工的因素，力求使建设工程在尽可能短的时间内，以尽可能经济的费用和满足要求的质量建成并投入使用。因此，本题的正确答案为 B。

4.【试题答案】D

【试题解析】本题考查重点是"工程监理企业资质申请与审批"。新设立的工程监理企业申请资质，应当先到工商行政管理部门登记注册并取得企业法人营业执照后，才能向企业工商注册所在地的省、自治区、直辖市人民政府建设主管部门提出资质申请。因此，本题的正确答案为 D。

5.【试题答案】A

【试题解析】本题考查重点是"工程监理企业资质申请与审批"。工程监理企业申请综合资质、专业甲级资质的，省、自治区、直辖市人民政府建设主管部门应当自受理申请之日起 20 日内初审完毕，并将初审意见和申请材料报国务院建设主管部门。国务院建设主管部门应当自省、自治区、直辖市人民政府建设主管部门受理申请材料之日起 60 日内完成审查，公示审查意见，公示时间为 10 日。其中，涉及铁路、交通、水利、通信、民航等专业工程监理资质的，由国务院建设主管部门送国务院有关部门审核。国务院有关部门应当在 20 日内审核完毕，并将审核意见报国务院建设主管部门。国务院建设主管部门根据初审意见审批。专业乙级、丙级资质和事务所资质由企业所在地省、自治区、直辖市人民政府建设主管部门审批。因此，本题的正确答案为 A。

6.【试题答案】B

【试题解析】本题考查重点是"《建设工程质量管理条例》相关内容"。设计单位还应当参与建设工程质量事故分析，并对因设计造成的质量事故，提出相应的技术处理方案。因此，本题的正确答案为 B。

7.【试题答案】B

【试题解析】本题考查重点是"进度控制的具体措施"。进度控制的具体措施包括：①进度控制的组织措施。落实进度控制的责任，建立进度控制协调制度；②进度控制的技术措施。建立多级网络计划体系，监控承建单位的作业实施计划；③进度控制的经济措施。对工期提前者实行奖励；对应急工程实行较高的计件单价；确保资金的及时供应等；④进度控制的合同措施。按合同要求及时协调有关各方的进度，以确保建设工程的形象进度。根据第②点可知，选项 B 符合题意。选项 A 属于进度控制的组织措施。选项 C 属于进度控制的经济措施。选项 D 属于进度控制的合同措施。因此，本题的正确答案为 B。

8.【试题答案】C

【试题解析】本题考查重点是"建设工程监理规范——工程质量控制"。《建设工程监理规范》第 5.2.9 条规定，项目监理机构应审查施工单位报送的用于工程的材料、构配件、设备的质量证明文件，并按照有关规定、建设工程监理合同约定，对用于工程的材料进行见证取样、平行检验。对已进场经检验不合格的工程材料、构配件、设备，项目监理机构应要求施工单位限期将其撤出施工现场。工程材料、构配件、设备报审表应按本规范附录 B.0.6 的要求填写。因此，本题的正确答案为 C。

9.【试题答案】B

【试题解析】本题考查重点是"工程监理企业资质等级和业务范围"。乙级企业资质标准包括：①具有独立法人资格且注册资本不少于 100 万元；②企业技术负责人应为注册监理工程师，并具有 10 年以上从事工程建设工作的经历；③注册监理工程师、注册造价工程师、一级注册建造师、一级注册建筑师、一级注册结构工程师或者其他勘察设计注册工程师合计不少于 15 人次；④有较完善的组织结构和质量管理体系，有技术、档案等管理制度；⑤有必要的工程试验检测设备；⑥申请工程监理资质之日前一年内没有规定禁止的行为；⑦申请工程监理资质之日前一年内没有因本企业监理责任造成重大质量事故；⑧申请工程监理资质之日前一年内没有因本企业监理责任发生生产安全事故。根据第①点和第③点可知，题中所述为乙级企业的专业资质等级标准要求。因此，本题的正确答案为 B。

10.【试题答案】D

【试题解析】本题考查重点是"《建设工程质量管理条例》相关内容"。施工单位必须建立、健全施工质量的检验制度，严格工序管理，做好隐蔽工程的质量检查和记录。隐蔽工程在隐蔽前，施工单位应当通知建设单位和建设工程质量监督机构。施工单位对施工中出现质量问题的建设工程或者竣工验收不合格的建设工程，应当负责返修。因此，本题的正确答案为 D。

11. 【试题答案】A

【试题解析】本题考查重点是"监理规划主要内容——工程造价控制"。在工程造价目标分解的基础上，依据施工进度计划、施工合同等文件，编制资金使用计划，并运用动态控制原理，对工程造价进行动态分析、比较和控制。工程造价动态比较的内容包括：①工程造价目标分解值与造价实际值的比较；②工程造价目标值的预测分析。因此，本题的正确答案为A。

12. 【试题答案】A

【试题解析】本题考查重点是"建设工程监理工作内容——信息管理的基本环节"。建设工程信息管理贯穿工程建设全过程，其基本环节包括：信息的收集、传递、加工、整理、分发、检索和存储。不包括选项A的"处理"。因此，本题的正确答案为A。

13. 【试题答案】B

【试题解析】本题考查重点是"《建设工程质量管理条例》相关内容"。施工单位必须按照工程设计要求、施工技术标准和合同约定，对建筑材料、建筑构配件、设备和商品混凝土进行检验，检验应当有书面记录和专人签字；未经检验或者检验不合格的，不得使用。施工人员对涉及结构安全的试块、试件以及有关材料，应当在建设单位或者工程监理单位监督下现场取样，并送具有相应资质等级的质量检测单位进行检测。因此，本题的正确答案为B。

14. 【试题答案】B

【试题解析】本题考查重点是"平行承发包模式的缺点"。平行承发包模式的缺点包括：①合同数量多，会造成合同管理困难。合同关系复杂，使建设工程系统内结合部位数量增加，组织协调工作量大。因此，应加强合同管理的力度，加强各承建单位之间的横向协调工作，沟通各种渠道，使工程有条不紊地进行；②投资控制难度大。这主要表现在：a. 总合同价不易确定，影响投资控制实施；b. 工程招标任务量大，需控制多项合同价格，增加了投资控制难度；c. 在施工过程中设计变更和修改较多，导致投资增加。根据第①点可知，选项B符合题意。平行承发包模式的优点包括：①有利于缩短工期；②有利于质量控制；③有利于业主选择承建单位。所以，选项A、C、D的叙述均不符合题意。因此，本题的正确答案为B。

15. 【试题答案】C

【试题解析】本题考查重点是"工程监理企业资质等级和业务范围"。工程监理企业综合资质标准如下：①具有独立法人资格且注册资本不少于600万元；②企业技术负责人应为注册监理工程师，并具有15年以上从事工程建设工作的经历或者具有工程类高级职称；③具有5个以上工程类别的专业甲级工程监理资质；④注册监理工程师不少于60人，注册造价工程师不少于5人，一级注册建造师、一级注册建筑师、一级注册结构工程师或者其他勘察设计注册工程师合计不少于15人次；⑤企业具有完善的组织结构和质量管理体系，有健全的技术、档案等管理制度；⑥企业具有必要的工程试验检测设备；⑦申请工程监理资质之日前一年内没有规定禁止的行为；⑧申请工程监理资质之日前一年内没有因本企业监理责任造成重大质量事故；⑨申请工程监理资质之日前一年内没有因本企业监理责任发生生产安全事故。因此，本题的正确答案为C。

16. 【试题答案】D

【试题解析】本题考查重点是"《招标投标法》主要内容"。招标人根据招标项目的具体情况，可以组织潜在投标人踏勘项目现场。招标人设有标底的，标底必须保密。招标人应当确定投标人编制投标文件所需要的合理时间。依法必须进行招标的项目，自招标文件开始发出之日起至投标人提交投标文件截止之日止，最短不得少于20日。因此，本题的正确答案为D。

17.【试题答案】D

【试题解析】本题考查重点是"项目监理机构设立的步骤"。项目监理机构中的三个层次：①决策层。主要是指总监理工程师、总监理工程师代表，根据建设工程监理合同的要求和监理活动内容进行科学化、程序化决策与管理；②中间控制层（协调层和执行层）。由各专业监理工程师组成，具体负责监理规划的落实，监理目标控制及合同实施的管理；③操作层。主要由监理员组成，具体负责监理活动的操作实施。管理跨度是指一名上级管理人员所直接管理的下级人数。管理跨度越大，领导者需要协调的工作量越大，管理难度也越大。为使组织结构能高效运行，必须确定合理的管理跨度。项目监理机构中管理跨度的确定应考虑监理人员的素质、管理活动的复杂性和相似性、监理业务的标准化程度、各规章制度的建立健全情况、建设工程的集中或分散情况等。因此，本题的正确答案为D。

18.【试题答案】D

【试题解析】本题考查重点是"建设工程监理文件资料编制要求"。监理月报是项目监理机构每月向建设单位和本监理单位提交的建设工程监理工作及建设工程实施情况等分析总结报告。监理月报既要反映建设工程监理工作及建设工程实施情况，也能确保建设工程监理工作可追溯。监理月报由总监理工程师组织编写、签认后报送建设单位和本监理单位。报送时间由监理单位与建设单位协商确定，一般在收到施工单位报送的工程进度，汇总本月已完工程量和本月计划完成工程量的工程量表、工程款支付申请表等相关资料后，在协商确定的时间内提交。监理月报应包括以下主要内容：①本月工程实施情况；②本月监理工作情况；③本月工程实施的主要问题分析及处理情况；④下月监理工作重点。因此，本题的正确答案为D。

19.【试题答案】C

【试题解析】本题考查重点是"项目监理机构人员配备"。工程建设强度是指单位时间内投入的工程建设资金的数量，即：工程建设强度＝投资/工期。其中，投资和工期是指监理单位所承担监理任务的工程的建设投资和工期。投资可按工程概算投资额或合同价计算，工期可根据进度总目标及其分目标计算。显然，工程建设强度越大，需投入的监理人数越多。因此，本题的正确答案为C。

20.【试题答案】D

【试题解析】本题考查重点是"建设工程监理规范——总监理工程师不得委托总监理工程师代表的职责"。《建设工程监理规范》第3.2.4条规定，总监理工程师不得将下列工作委托总监理工程师代表：①主持编写项目监理规划、审批项目监理实施细则；②签发工程开/复工报审表、工程暂停令、工程款支付证书、工程竣工报验单；③审核签认竣工结算；④调解建设单位与承包单位的合同争议、处理索赔，审批工程延期；⑤根据工程项目的进展情况进行监理人员的调配，调换不称职的监理人员。所以，选项D符合题意。选项A、B、C均属于总监理工程师应履行的职责。因此，本题的正确答案为D。

21. 【试题答案】A

【试题解析】本题考查重点是"建设工程监理含义"。《中华人民共和国建筑法》第三十一条明确规定，建设单位与其委托的工程监理单位应当以书面形式订立建设工程监理合同。也就是说，建设工程监理的实施需要建设单位的委托和授权。工程监理单位只有与建设单位以书面形式订立建设工程监理合同，明确监理工作的范围、内容、服务期限和酬金，以及双方的义务、违约责任后，才能在规定的范围内实施监理。工程监理单位在委托监理的工程中拥有一定管理权限，是建设单位授权的结果。因此，本题的正确答案为A。

22. 【试题答案】A

【试题解析】本题考查重点是"项目监理机构设立的基本要求"。设立项目监理机构应满足以下基本要求：①项目监理机构设立应遵循适应、精简、高效的原则，要有利于建设工程监理目标控制和合同管理，要有利于建设工程监理职责的划分和监理人员的分工协作，要有利于建设工程监理的科学决策和信息沟通；②项目监理机构的监理人员应由一名总监理工程师、若干名专业监理工程师和监理员组成，且专业配套，数量应满足监理工作和建设工程监理合同对监理工作深度及建设工程监理目标控制的要求，必要时可设总监理工程师代表；③一名注册监理工程师可担任一项建设工程监理合同的总监理工程师。当需要同时担任多项建设工程监理合同的总监理工程师时，应经建设单位书面同意，且最多不得超过三项；④工程监理单位更换、调整项目监理机构监理人员，应做好交接工作，保持建设工程监理工作的连续性。工程监理单位调换总监理工程师，应征得建设单位书面同意；调换专业监理工程师时，总监理工程师应书面通知建设单位。因此，本题的正确答案为A。

23. 【试题答案】B

【试题解析】本题考查重点是"项目监理机构的组织形式"。直线职能制监理组织形式是吸收了直线制监理组织形式和职能制监理组织形式的优点而形成的一种组织形式。直线指挥部门拥有对下级实行指挥和发布命令的权力，并对该部门的工作全面负责；职能部门是直线指挥人员的参谋，他们只能对指挥部门进行业务指导，而不能对指挥部门直接进行指挥和发布命令。直线职能制监理组织形式保持了直线制组织实行直线领导、统一指挥、职责清楚的优点，又保持了职能制组织目标管理专业化的优点；而它的缺点是：职能部门与指挥部门易产生矛盾，信息传递路线长，不利于互通情报。因此，本题的正确答案为B。

24. 【试题答案】C

【试题解析】本题考查重点是"工程监理企业组织形式——股份有限公司"。股份有限公司的公司组织机构：①股东大会。股份有限公司股东大会由全体股东组成。股东大会是公司的权力机构，依照《公司法》行使职权；②董事会。股份有限公司设董事会，其成员为5～19人。上市公司需要设立独立董事和董事会秘书；③经理。股份有限公司设经理，由董事会决定聘任或者解聘。公司董事会可以决定由董事会成员兼任经理；④监事会。股份有限公司设监事会，其成员不得少于3人。因此，本题的正确答案为C。

25. 【试题答案】B

【试题解析】本题考查重点是"建设工程监理工作文件的构成"。监理大纲又称监理方案，是监理单位在业主开始委托监理过程中编写的监理方案性文件。为了使监理大纲的内容和监理实施过程紧密结合，监理大纲的编制人员应当是监理单位经营部门或技术管理部门人员，也应包括拟定的总监理工程师，但不需经监理单位法定代表人批准。所以，选项A的叙述是不正确的。监理规划是监理单位接受业主委托并签订委托监理合同之后，在项目总监理工程师的主持下，根据委托监理合同，在监理大纲的基础上，结合工程的具体情况，广泛收集工程信息和资料的情况下制定，经监理单位技术负责人批准，用来指导项目监理机构全面开展监理工作的指导性文件。所以，选项B的叙述是正确的。监理实施细则是在监理规划的基础上，由项目监理机构的专业监理工程师针对建设工程中某一专业或某一方面的监理工作编写，并经总监理工程师批准实施的操作性文件。所以，选项C中"经监理单位技术代表人批准"的叙述是不正确的。监理大纲的内容应根据监理招标文件的要求而制定。监理规划是依据委托监理合同编写的。监理实施细则是在监理规划的基础上结合工程的具体情况，广泛收集工程信息和资料的情况下制定的。监理大纲、监理规划和监理实施细则三者是相互关联的，它们之间存在明显的依据性关系：在编写监理规划时，一定要严格根据监理大纲的有关内容来编写；在制定监理实施细则时，一定要在监理规划的指导下进行。所以，选项D的叙述是不正确的。因此，本题的正确答案为B。

26.【试题答案】B

【试题解析】本题考查重点是"建设工程各阶段工作内容"。设计是对拟建工程在技术和经济上进行全面的安排，是工程建设计划的具体化，是组织施工的依据。设计质量直接关系到建设工程的质量，是建设工程的决定性环节。一般工程进行初步设计和施工图设计两大阶段。有些工程，根据需要可在两阶段之间增加技术设计。施工图设计是在初步设计或技术设计基础上进行的，使设计达到施工安装的要求。所以，选项A的叙述是正确的。按照规定，工程新开工时间是指建设工程设计文件中规定的任何一项永久性工程第一次正式破土开槽的开始日期。不需开槽的工程，以正式打桩作为正式开工日期。铁道、公路、水库等需要进行大量土石方工程的，以开始进行土石方工程作为正式开工日期。工程地质勘察、平整场地、旧建筑物拆除、临时建筑或设施等的施工不算正式开工。所以，选项B的叙述是不正确的。生产准备阶段是由建设阶段转入生产经营阶段的重要衔接阶段。在本阶段，建设单位应当做好相关工作的计划、组织、指挥、协调和控制工作。所以，选项C的叙述是正确的。竣工验收是考核建设成果、检验设计和施工质量的关键步骤，是由投资成果转入生产或使用的标志。所以，选项D的叙述是正确的。因此，本题的正确答案为B。

27.【试题答案】A

【试题解析】本题考查重点是"监理规划的审核内容"。监理规划在编写完成后需要进行审核并经批准。监理单位技术管理部门是内部审核单位，其技术负责人应当签认。监理规划审核的内容主要包括以下几个方面：①监理范围、工作内容及监理目标的审核；②项目监理机构的审核；③工作计划的审核；④工程质量、造价、进度控制方法的审核；⑤对安全生产管理监理工作内容的审核；⑥监理工作制度的审核：主要审查项目监理机构内、外工作制度是否健全、有效。因此，本题的正确答案为A。

28.【试题答案】C

【试题解析】本题考查重点是"质量控制的措施"。质量控制的具体措施包括：①质量控制的组织措施。包括：建立健全项目监理机构，完善职责分工，制定有关质量监督制度，落实质量控制责任；②质量控制的技术措施。包括：协助完善质量保证体系；严格事前、事中和事后的质量检查监督；③质量控制的经济措施及合同措施。包括：严格质检和验收，不符合合同规定质量要求的拒付工程款；达到业主特定质量目标要求的，按合同支付质量补偿金或奖金。选项 A、B、D 均属于质量控制的组织措施。因此，本题的正确答案为 C。

29.【试题答案】A

【试题解析】本题考查重点是"建设工程监理范围和规模标准规定——建设工程监理的工程范围"。《建设工程监理范围和规模标准规定》第二条规定，下列建设工程必须实行监理：①国家重点建设工程；②大中型公用事业工程；③成片开发建设的住宅小区工程；④利用外国政府或者国际组织贷款、援助资金的工程；⑤国家规定必须实行监理的其他工程。选项 B 属于利用外国政府或者国际组织贷款、援助资金的工程。选项 C 属于大中型公用事业工程。选项 D 属于国家规定必须实行监理的其他工程。只有选项 A 不属于必须实行监理工程的范围。因此，本题的正确答案为 A。

30.【试题答案】C

【试题解析】本题考查重点是"代理型 CM 模式"。代理型 CM 模式又称为纯粹的 CM 模式。采用代理型 CM 模式时，CM 单位是业主的咨询单位，业主与 CM 单位签订咨询服务合同，CM 合同价就是 CM 费，其表现形式可以是百分率或固定数额的费用；业主分别与多个施工单位签订所有的工程施工合同。CM 单位对设计单位没有指令权，因而 CM 单位与设计单位之间是协调关系。这一点同样适用于非代理型 CM 模式。因此，本题的正确答案为 C。

31.【试题答案】A

【试题解析】本题考查重点是"建设工程监理文件资料组卷归档"。建设工程监理文件资料组卷的卷内文件排列：①文字材料按事项、专业顺序排列。同一事项的请示与批复、同一文件的印本与定稿、主件与附件不能分开，并按批复在前、请示在后，印本在前、定稿在后，主件在前、附件在后的顺序排列；②图纸按专业排列，同专业图纸按图号顺序排列；③既有文字材料又有图纸的案卷，文字材料排前，图纸排后。因此，本题的正确答案为 A。

32.【试题答案】B

【试题解析】本题考查重点是"非代理型 CM 模式"。采用非代理型 CM 模式时，业主一般不与施工单位签订工程施工合同，但也可能在某些情况下，对某些专业性很强的工程内容和工程专用材料、设备，业主与少数施工单位和材料、设备供应商签订合同。由此可见，业主对工程费用不能直接控制，为了促使 CM 单位加强费用控制工作，业主往往要求在 CM 合同中预先确定一个具体数额的保证最大价格（GMP），若 GMP 数额过高，就失去了控制工程费用的意义，过低则 CM 单位承担的风险加大，所以 GMP 具体数额的确定就成了非代理型 CM 合同谈判中的焦点和难点。因此，本题的正确答案为 B。

33.【试题答案】B

【试题解析】本题考查重点是"PMBOK 总体框架的多项目管理"。项目管理不仅仅是指单一项目管理，还包括多项目管理，即：项目群管理和组合项目管理。项目群管理是指组织为实现战略目标、获得收益而以一种综合协调方式对一组相关项目进行的管理。由多个项目组成的通信卫星系统是一个典型的项目群实例,该项目群包括卫星和地面站的设计、卫星和地面站的施工、系统集成、卫星发射等多个项目。因此,本题的正确答案为 B。

34.【试题答案】D

【试题解析】本题考查重点是"《建设工程质量管理条例》相关内容"。工程监理单位应当依照法律、法规以及有关技术标准、设计文件和建设工程承包合同,代表建设单位对施工质量实施监理,并对施工质量承担监理责任。监理工程师应当按照建设工程监理规范的要求,采取旁站、巡视和平行检验等形式,对建设工程实施监理。因此,本题的正确答案为 D。

35.【试题答案】A

【试题解析】本题考查重点是"建设工程监理的工程范围"。根据《中华人民共和国建筑法》,国务院公布的《建设工程质量管理条例》对实行强制性监理的工程范围作了原则性的规定,2001 年建设部颁布了《建设工程监理范围和规模标准规定》,规定必须实行监理的建设工程项目的具体范围和规模标准。必须实行监理的建设工程有以下几类:①国家重点建设工程;②大中型公用事业工程:项目总投资额在 3000 万元以上的下列工程项目:a. 供水、供电、供气、供热等市政工程项目;b. 科技、教育、文化等项目;c. 体育、旅游、商业等项目;d. 卫生、社会福利等项目;e. 其他公用事业项目;③成片开发建设的住宅小区工程,建筑面积在 50000m² 以上的住宅建设工程必须实行监理;50000m² 以下的住宅建设工程,可以实行监理,具体范围和规模标准,由省、自治区、直辖市人民政府建设行政主管部门规定。为了保证住宅质量,对高层住宅及地基、结构复杂的多层住宅应当实行监理;④利用外国政府或者国际组织贷款、援助资金的工程:a. 使用世界银行、亚洲开发银行等国际组织贷款资金的项目;b. 使用国外政府及其机构贷款资金的项目;c. 使用国际组织或者国外政府援助资金的项目;⑤国家规定必须实行监理的其他工程:a. 项目总投资额在 3000 万元以上关系社会公共利益、公众安全的下列基础设施项目:Ⅰ煤炭、石油、化工、天然气、电力、新能源等项目;Ⅱ铁路、公路、管道、水运、民航以及其他交通运输业等项目;Ⅲ邮政、电信枢纽、通信、信息网络等项目;Ⅳ防洪、灌溉、排涝、发电、引(供)水、滩涂治理、水资源保护、水土保持等水利建设项目;Ⅴ道路、桥梁、地铁和轻轨交通、污水排放及处理、垃圾处理、地下管道、公共停车场等城市基础设施项目;Ⅵ生态环境保护项目;Ⅶ其他基础设施项目;b. 学校、影剧院、体育场馆项目。所以,选项 B、C、D 均不符合必须实行监理的要求。选项 A 的"学校工程"无论投资规模都必须实行监理。因此,本题的正确答案为 A。

36.【试题答案】D

【试题解析】本题考查重点是"建设工程监理招标程序"。建设单位采用公开招标方式的,应当发布招标公告。招标公告必须通过一定的媒介进行发布。投标邀请书是指采用邀请招标方式的建设单位,向三个以上具备承担招标项目能力、资信良好的特定工程监理单位发出的参加投标的邀请。招标公告与投标邀请书应当载明:建设单位的名称和地址;招标项目的性质;招标项目的数量;招标项目的实施地点;招标项目的实施时间;获取招标文件的办法等内容。因此,本题的正确答案为 D。

37.【试题答案】C

【试题解析】本题考查重点是"建设工程三大目标之间的关系"。建设工程质量、造价、进度三大目标之间相互关联，共同形成一个整体。从建设单位角度出发，往往希望建设工程的质量好、投资省、工期短（进度快），但在工程实践中，几乎不可能同时实现上述目标。确定和控制建设工程三大目标，需要统筹兼顾三大目标之间的密切联系，防止发生盲目追求单一目标而冲击或干扰其他目标，也不可分割三大目标。在通常情况下，如果对工程质量有较高的要求，就需要投入较多的资金和花费较长的建设时间；如果要抢时间、争进度，以极短的时间完成建设工程，势必会增加投资或者使工程质量下降；如果要减少投资、节约费用，势必会考虑降低工程项目的功能要求和质量标准。这些表明，建设工程三大目标之间存在着矛盾和对立的一面。因此，本题的正确答案为C。

38.【试题答案】D

【试题解析】本题考查重点是"PMBOK总体框架的五个基本过程组"。PMBOK将项目管理活动归结为五个基本过程组，即：启动、计划、执行、监控和收尾。项目作为临时性工作，必然以启动过程组开始，以收尾过程组结束。项目管理的集成化要求项目管理的监控过程组与其他过程组相互作用，形成一个整体。因此，本题的正确答案为D。

39.【试题答案】A

【试题解析】本题考查重点是"《合同法》主要内容"。合同转让是合同变更的一种特殊形式，合同转让不是变更合同中规定的权利义务内容，而是变更合同主体。因此，本题的正确答案为A。

40.【试题答案】B

【试题解析】本题考查重点是"《建筑法》主要内容"。建筑工程安全生产管理必须坚持安全第一、预防为主的方针，建立健全安全生产的责任制度和群防群治制度。因此，本题的正确答案为B。

41.【试题答案】C

【试题解析】本题考查重点是"工程监理单位及监理工程师的法律责任"。《刑法》第一百三十七条规定："工程监理单位违反国家规定，降低工程质量标准，造成重大安全事故的，对直接责任人员，处五年以下有期徒刑或者拘役，并处罚金；后果特别严重的，处五年以上十年以下有期徒刑，并处罚金。"因此，本题的正确答案为C。

42.【试题答案】D

【试题解析】本题考查重点是"EPC模式的特征"。EPC模式有以下几方面基本特征：①承包商承担大部分风险。在EPC模式条件下，由于承包商的承包范围包括设计，因而很自然地要承担设计风险。此外，在其他模式中均由业主承担的"一个有经验的承包商不可预见且无法合理防范的自然力的作用"的风险，在EPC模式中也由承包商承担；②业主或业主代表管理工程实施。在EPC模式条件下，业主不聘请"工程师"（即我国的监理工程师）来管理工程，而是自己或委派业主代表来管理工程；③总价合同。总价合同并不是EPC模式独有的，但是，与其他模式条件下的总价合同相比，EPC合同更接近于固定总价合同。根据第①点可知，选项A的叙述是不正确的，选项D的叙述是正确的。根据第②点可知，选项B的叙述是不正确的。根据第③点可知，选项C的叙述是不正确的。因此，本题的正确答案为D。

43.【试题答案】C

【试题解析】本题考查重点是"建设工程安全生产管理条例——法律责任"。工程监理单位违反《建设工程安全生产管理条例》的规定，有下列行为之一的，应当责令限期改正；逾期未改正的，责令停业整顿，并处 10 万元以上 30 万元以下的罚款；情节严重的，降低资质等级，直至吊销资质证书；造成重大安全事故，构成犯罪的，对直接责任人员，依照刑法有关规定追究刑事责任；造成损失的，依法承担赔偿责任：①未对施工组织设计中的安全技术措施或者专项施工方案进行审查的；②发现安全事故隐患未及时要求施工单位整改或者暂时停止施工的；③施工单位拒不整改或者不停止施工，未及时向有关主管部门报告的；④未依照法律、法规和工程建设强制性标准实施监理的。因此，本题的正确答案为 C。

44.【试题答案】D

【试题解析】本题考查重点是"建设工程监理相关制度——项目法人责任制"。(1) 建设项目董事会的职权有：①负责筹措建设资金；②审核、上报项目初步设计和概算文件；③审核、上报年度投资计划并落实年度资金；④提出项目开工报告；⑤研究解决建设过程中出现的重大问题；⑥负责提出项目竣工验收申请报告；⑦审定偿还债务计划和生产经营方针，并负责按时偿还债务；⑧聘任或解聘项目总经理，并根据总经理的提名，聘任或解聘其他高级管理人员。所以，选项 A、B、C 不符合题意。(2) 项目总经理的职权有：①组织编制项目初步设计文件，对项目工艺流程、设备选型、建设标准、总图布置提出意见，提交董事会审查；②组织工程设计、施工监理、施工队伍和设备材料采购的招标工作，编制和确定招标方案、标底和评标标准，评选和确定投标、中标单位；③编制并组织实施项目年度投资计划、用款计划、建设进度计划；④编制项目财务预算、决算；⑤编制并组织实施归还贷款和其他债务计划；⑥组织工程建设实施，负责控制工程投资、工期和质量；⑦在项目建设过程中，在批准的概算范围内对单项工程的设计进行局部调整（凡引起生产性质、能力、产品品种和标准变化的设计调整以及概算调整，需经董事会决定并报原审批单位批准）；⑧根据董事会授权处理项目实施中的重大紧急事件，并及时向董事会报告；⑨负责生产准备工作和培训有关人员；⑩负责组织项目试生产和单项工程预验收；⑪拟订生产经营计划、企业内部机构设置、劳动定员定额方案及工资福利方案；⑫组织项目后评价，提出项目后评价报告；⑬按时向有关部门报送项目建设、生产信息和统计资料；⑭提请董事会聘任或解聘项目高级管理人员。因此，本题的正确答案为 D。

45.【试题答案】A

【试题解析】本题考查重点是"建设工程监理实施程序"。监理规划是项目监理机构全面开展建设工程监理工作的指导性文件。监理实施细则是在监理规划的基础上，根据有关规定，监理工作需要针对某一专业或某一方面建设工程监理工作而编制的操作性文件。因此，本题的正确答案为 A。

46.【试题答案】C

【试题解析】本题考查重点是"中华人民共和国建筑法——建筑工程质量管理"。《中华人民共和国建筑法》第六十一条规定，交付竣工验收的建筑工程，必须符合规定的建筑工程质量标准，有完整的工程技术经济资料和经签署的工程保修书，并具备国家规定的其他竣工条件。建筑工程竣工经验收合格后，方可交付使用；未经验收或验收不合格的，不得交付使用。因此，本题的正确答案为 C。

47.【试题答案】B

【试题解析】本题考查重点是"工程建设程序的概念"。工程建设程序是指建设工程从策划、决策、设计、施工，到竣工验收、投入生产或交付使用的整个建设过程中，各项工作必须遵循的先后顺序。工程建设程序是建设工程策划决策和建设实施过程客观规律的反映，是建设工程科学决策和顺利实施的重要保证。因此，本题的正确答案为B。

48.【试题答案】D

【试题解析】本题考查重点是"工程监理企业资质等级和业务范围"。工程监理企业资质分为综合资质、专业资质和事务所资质三个等级。其中，专业资质按照工程性质和技术特点又划分为14个工程类别。综合资质、事务所资质不分级别。专业资质分为甲级、乙级；其中，房屋建筑、水利水电、公路和市政公用专业资质可设立丙级。因此，本题的正确答案为D。

49.【试题答案】C

【试题解析】本题考查重点是"咨询工程师的素质"。工程咨询业务中有些工作并不是咨询工程师自己直接去做，而是组织其他人员去做；不仅涉及与本公司各方面人员的协同工作，而且经常与客户、建设工程参与各方、政府部门、金融机构等发生联系，处理各种面临的问题。在这方面，需要的不是专业技术和理论知识，而是组织、协调能力。这表明，咨询工程师不仅要是技术方面的专家，而且要成为组织管理、沟通协调方面的专家。因此，本题的正确答案为C。

50.【试题答案】D

【试题解析】本题考查重点是"工程监理单位及监理工程师的法律责任"。《建设工程安全生产管理条例》第五十八条规定，注册监理工程师未执行法律、法规和工程建设强制性标准的，责令停止执业3个月以上1年以下；情节严重的，吊销执业资格证书，5年内不予注册；造成重大安全事故的，终身不予注册；构成犯罪的，依照刑法有关规定追究刑事责任。因此，本题的正确答案为D。

二、多项选择题

51.【试题答案】BD

【试题解析】本题考查重点是"中华人民共和国建筑法——建筑工程质量管理"。《建筑法》第六十条规定，建筑物在合理使用寿命内，必须确保地基基础工程和主体结构的质量。建筑工程竣工时，屋顶、墙面不得留有渗漏、开裂等质量缺陷；对已发现的质量缺陷，建筑施工企业应当修复。因此，本题的正确答案为BD。

52.【试题答案】BDE

【试题解析】本题考查重点是"EPC模式的特征"。业主或业主代表管理工程实施是EPC模式的特征之一。表现为：在EPC模式条件下，业主不聘请"工程师"（即我国的监理工程师）来管理工程，而是自己或委派业主代表来管理工程。EPC合同条件第3条规定，如果委派业主代表来管理，业主代表应是业主的全权代表。如果业主想更换业主代表，只需提前14天通知承包商，不需征得承包商的同意。而在其他模式中，如果业主想更换工程师，不仅提前通知承包商的时间大大增加（如FIDIC施工合同条件规定为42天），且需得到承包商的同意。由于承包商已承担了工程建设的大部分风险，所以，与其他模式条件下工程师管理工程的情况相比，EPC模式条件下业主或业主代表管理工程显得较为宽松，不太具体和深入。例如，对承包商所应提交的文件仅仅是"审阅"，而在其他模式条件下则是"审阅和批准"；对工程材料、工程设备的质量管理，虽然也有施工期间检验的规定，但重点是竣工检验，必要时还可能作竣工后检验（排除了承包商不在场作竣工后检验的可能性）。因此，本题的正确答案为BDE。

53.【试题答案】ABCD

【试题解析】本题考查重点是"EPC模式的特征"。EPC模式有以下几方面基本特征：①承包商承担大部分风险。在EPC模式条件下，由于承包商的承包范围包括设计，因而很自然地要承担设计风险。此外，在其他模式中均由业主承担的"一个有经验的承包商不可预见且无法合理防范的自然力的作用"的风险，在EPC模式中也由承包商承担；②业主或业主代表管理工程实施。在EPC模式条件下，业主不聘请"工程师"（即我国的监理工程师）来管理工程，而是自己或委派业主代表来管理工程；③总价合同。总价合同并不是EPC模式独有的，但是，与其他模式条件下的总价合同相比，EPC合同更接近于固定总价合同。选项E的"资源共享"不属于EPC模式基本特征，是Partnering模式的要素。因此，本题的正确答案为ABCD。

54.【试题答案】ABD

【试题解析】本题考查重点是"工程咨询公司联合承包工程的内容"。在国际上，一些大型工程咨询公司与设备制造商和土木工程承包商组成联合体，参与项目总承包或交钥匙工程的投标，中标后共同完成项目建设的全部任务。少数情况下，工程咨询公司甚至可以作为总承包商，承担项目的主要责任和风险，承包商则成为分包商。工程咨询公司还可能参与BOT项目，甚至作为这类项目的发起人和策划公司。虽然联合承包工程的风险相对较大，但可以给工程咨询公司带来更多的利润，而且在有些项目上可以更好地发挥工程咨询公司在技术、信息、管理等方面的优势。因此，本题的正确答案为ABD。

55.【试题答案】AE

【试题解析】本题考查重点是"项目法人责任制与建设工程监理制的关系"。项目法人责任制与建设工程监理制的关系：①项目法人责任制是实行建设工程监理制的必要条件。建设工程监理制的产生、发展取决于社会需求。没有社会需求，建设工程监理就会成为无源之水，也就难以发展；②建设工程监理制是实行项目法人责任制的基本保障。有了建设工程监理制，建设单位就可以根据自己的需要和有关的规定委托监理。在工程监理企业的协助下，做好投资控制、进度控制、质量控制、合同管理、信息管理、组织协调工作，就为在计划目标内实现建设项目提供了基本保证。因此，本题的正确答案为AE。

56.【试题答案】BCD

【试题解析】本题考查重点是"建设工程监理相关制度——工程招标投标制"。使用国有资金投资项目的范围包括：①使用各级财政预算资金的项目；②使用纳入财政管理的各种政府性专项建设基金的项目；③使用国有企业事业单位自有资金，并且国有资产投资者实际拥有控制权的项目。因此，本题的正确答案为BCD。

57.【试题答案】ACDE

【试题解析】本题考查重点是"建设工程三大目标控制的任务和措施"。组织措施是其他各类措施的前提和保障，包括：建立健全实施动态控制的组织机构、规章制度和人员，明确各级目标控制人员的任务和职责分工，改善建设工程目标控制的工作流程；建立建设工程目标控制工作考评机制，加强各单位（部门）之间的沟通协作；加强动态控制过程中的激励措施，调动和发挥员工实现建设工程目标的积极性和创造性等。因此，本题的正确答案为ACDE。

58.【试题答案】ABDE

【试题解析】本题考查重点是"中华人民共和国建筑法——建筑工程质量管理"。《中华人民共和国建筑法》第六十二条规定，建筑工程实行质量保修制度。建筑工程的保修范围应当包括地基基础工程、主体结构工程、屋面防水工程和其他土建工程，以及电气管线、上下水管线的安装工程，供热、供冷系统工程等项目；保修的期限应当按照保证建筑物合理寿命年限内正常使用，维护使用者合法权益的原则确定。具体的保修范围和最低保修期限由国务院规定。因此，本题的正确答案为ABDE。

59.【试题答案】ACDE

【试题解析】本题考查重点是"监理规划主要内容——监理工作制度"。项目监理机构内部工作制度：①项目监理机构工作会议制度，包括监理交底会议、监理例会、监理专题会、监理工作会议等；②项目监理机构人员岗位职责制度；③对外行文审批制度；④监理工作日志制度；⑤监理周报、月报制度；⑥技术、经济资料及档案管理制度；⑦监理人员教育培训制度；⑧监理人员考勤、业绩考核及奖惩制度。因此，本题的正确答案为ACDE。

60.【试题答案】CDE

【试题解析】本题考查重点是"项目总承包模式的优点"。项目总承包模式的优点有：①合同关系简单，组织协调工作量小。业主只与项目总承包单位签订一个合同，合同关系大大简化。监理工程师主要与项目总承包单位进行协调。许多协调工作量转移到项目总承包单位内部及其与分包单位之间，这就使建设工程监理单位的协调量大为减少；②有利于缩短建设周期。由于设计与施工由一个单位统筹安排，使两个阶段能够有机地融合，一般都能做到设计阶段与施工阶段相互搭接，因此对进度目标控制有利；③有利于投资控制。通过设计与施工的统筹考虑可以提高项目的经济性，从价值工程或全寿命费用的角度可以取得明显的经济效果，但这并不意味着项目总承包的价格低。因此，本题的正确答案为CDE。

61.【试题答案】ABCE

【试题解析】本题考查重点是"《生产安全事故报告和调查处理条例》相关内容"。事故调查组应当自事故发生之日起60日内提交事故调查报告；特殊情况下，经负责事故调查的人民政府批准，提交事故调查报告的期限可以适当延长，但延长的期限最长不超过60日。事故调查报告应当包括下列内容：①事故发生单位概况；②事故发生经过和事故救援情况；③事故造成的人员伤亡和直接经济损失；④事故发生的原因和事故性质；⑤事故责任的认定以及对事故责任者的处理建议；⑥事故防范和整改措施。事故调查报告应当附具有关证据材料。事故调查组成员应当在事故调查报告上签名。因此，本题的正确答案为ABCE。

62.【试题答案】CE

【试题解析】本题考查重点是"国际咨询工程师联合会（FIDIC）道德准则"。对社会和职业的责任是国际咨询工程师联合会（FIDIC）道德准则之一。包括：①接受对社会的职业责任；②寻求与确认的发展原则相适应的解决办法；③在任何时候，维护职业的尊严、名誉和荣誉。所以，选项 C、E 符合题意。选项 A 属于正直性的表现。选项 B 属于公正性的表现。选项 D 属于能力的表现。因此，本题的正确答案为 CE。

63.【试题答案】ABDE

【试题解析】本题考查重点是"监理规划主要内容——监理工作制度"。项目监理机构现场监理工作制度：①图纸会审及设计交底制度；②施工组织设计审核制度；③工程开工、复工审批制度；④整改制度，包括签发监理通知单和工程暂停令等；⑤平行检验、见证取样、巡视检查和旁站制度；⑥工程材料、半成品质量检验制度；⑦隐蔽工程验收、分项（部）工程质量验收制度；⑧单位工程验收、单项工程验收制度；⑨监理工作报告制度；⑩安全生产监督检查制度；⑪质量安全事故报告和处理制度；⑫技术经济签证制度；⑬工程变更处理制度；⑭现场协调会及会议纪要签发制度；⑮施工备忘录签发制度；⑯工程款支付审核、签认制度；⑰工程索赔审核、签认制度等。因此，本题的正确答案为ABDE。

64.【试题答案】ABC

【试题解析】本题考查重点是"建设工程监理工作内容——项目监理机构组织协调方法"。在建设工程监理实践中，并不是所有问题都需要开会来解决，有时可采用"交谈"的方法进行协调。交谈包括面对面的交谈和电话、电子邮件等形式交谈。因此，本题的正确答案为 ABC。

65.【试题答案】BCDE

【试题解析】本题考查重点是"建设工程监理相关制度——工程招标投标制"。国家融资项目的范围包括：①使用国家发行债券所筹资金的项目；②使用国家对外借款或者担保所筹资金的项目；③使用国家政策性贷款的项目；④国家授权投资主体融资的项目；⑤国家特许的融资项目。因此，本题的正确答案为 BCDE。

66.【试题答案】ABCD

【试题解析】本题考查重点是"建设工程监理性质"。建设工程监理的性质可概括为服务性、科学性、独立性和公平性四个方面。因此，本题的正确答案为 ABCD。

67.【试题答案】BCDE

【试题解析】本题考查重点是"质量控制的组织措施"。质量控制的具体措施包括：①质量控制的组织措施。包括：建立健全项目监理机构，完善职责分工，制定有关质量监督制度，落实质量控制责任；②质量控制的技术措施。包括：协助完善质量保证体系；严格事前、事中和事后的质量检查监督；③质量控制的经济措施及合同措施。包括：严格质检和验收，不符合合同规定质量要求的拒付工程款；达到业主特定质量目标要求的，按合同支付质量补偿金或奖金。所以，选项 B、C、D、E 符合题意。选项 A 属于质量控制的技术措施。因此，本题的正确答案为 BCDE。

68.【试题答案】BCE

【试题解析】本题考查重点是"建设实施阶段的工作内容"。建设工程新开工时间是指工程设计文件中规定的任何一项永久性工程第一次正式破土开槽的开始日期。不需要开槽的工程，以正式开始打桩的日期作为开工日期。铁路、公路、水库等需要进行大量土石方工程的，以开始进行土石方工程施工的日期作为正式开工日期。工程地质勘察、平整场地、旧建筑物拆除、临时建筑、施工用临时道路和水、电等工程开始施工的日期不能算作正式开工日期。分期建设的工程分别按各期工程开工的日期计算，如二期工程应根据工程设计文件规定的永久性工程开工的日期计算。因此，本题的正确答案为 BCE。

69.【试题答案】ABC

【试题解析】本题考查重点是"建设工程监理文件资料管理职责"。建设工程监理文件资料应以施工及验收规范、工程合同、设计文件、工程施工质量验收标准、建设工程监理规范等为依据填写，并随工程进度及时收集、整理，认真书写，项目齐全、准确、真实，无未了事项。表格应采用统一格式，特殊要求需增加的表格应统一归类，按要求归档。根据《建设工程监理规范》GB/T 50319－2013，项目监理机构文件资料管理的基本职责如下：①应建立和完善监理文件资料管理制度，宜设专人管理监理文件资料；②应及时、准确、完整地收集、整理、编制、传递监理文件资料，宜采用信息技术进行监理文件资料管理；③应及时整理、分类汇总监理文件资料，并按规定组卷，形成监理档案；④应根据工程特点和有关规定，保存监理档案，并应向有关单位、部门移交需要存档的监理文件资料。因此，本题的正确答案为 ABC。

70.【试题答案】ADE

【试题解析】本题考查重点是"《合同法》主要内容——缔约过失责任"。当事人在订立合同过程中有下列情形之一，给对方造成损失的，应当承担损害赔偿责任：①假借订立合同，恶意进行磋商；②故意隐瞒与订立合同有关的重要事实或者提供虚假情况；③有其他违背诚实信用原则的行为。当事人在订立合同过程中知悉的商业秘密，无论合同是否成立，不得泄露或者不正当地使用。泄露或者不正当地使用该商业秘密给对方造成损失的，应当承担损害赔偿责任。因此，本题的正确答案为 ADE。

71.【试题答案】ABCE

【试题解析】本题考查重点是"《合同法》主要内容——标的物提存"。有下列情形之一，难以履行债务的，债务人可以将标的物提存：①债权人无正当理由拒绝受领；②债权人下落不明；③债权人死亡未确定继承人或者丧失民事行为能力未确定监护人；④法律规定的其他情形。标的物不适于提存或者提存费用过高的，债务人可以依法拍卖或者变卖标的物，提存所得的价款。标的物提存后，除债权人下落不明的以外，债务人应当及时通知债权人或债权人的继承人、监护人。标的物提存后，毁损、灭失的风险由债权人承担。提存期间，标的物的孳息归债权人所有。提存费用由债权人负担。债权人可以随时领取提存物，但债权人对债务人负有到期债务的，在债权人未履行债务或提供担保之前，提存部门根据债务人的要求应当拒绝其领取提存物。债权人领取提存物的权利，自提存之日起 5 年内不行使而消灭，提存物扣除提存费用后归国家所有。因此，本题的正确答案为 ABCE。

72.【试题答案】BE

【试题解析】本题考查重点是"建设实施阶段的工作内容"。从事各类房屋建筑及其附属设施的建造、装修装饰和与其配套的线路、管道、设备的安装，以及城镇市政基础设施工程的施工，建设单位在开工前应当向工程所在地县级以上人民政府建设主管部门申请领取施工许可证。必须申请领取施工许可证的建筑工程未取得施工许可证的，一律不得开工。工程投资额在 30 万元以下或者建筑面积在 300m² 以下的建筑工程，可以不申请办理施工许可证。因此，本题的正确答案为 BE。

73.【试题答案】ADE

【试题解析】本题考查重点是"建设工程监理的法律地位"。《建设工程质量管理条例》第三十八条规定："监理工程师应当按照工程监理规范的要求，采取旁站、巡视和平行检验等形式，对建设工程实施监理。"因此，本题的正确答案为 ADE。

74.【试题答案】AC

【试题解析】本题考查重点是"建设工程监理规划的审核"。建设工程监理规划在编写完成后需要进行审核并经批准。监理规划审核的内容主要包括以下几个方面：①监理范围、工作内容及监理目标的审核。依据监理招标文件和委托监理合同，看其是否理解了业主对该工程的建设意图，监理范围、监理工作内容是否包括了全部委托的工作任务，监理目标是否与合同要求和建设意图相一致。所以，选项 D 不符合题意；②项目监理机构结构的审核。包括：a. 组织机构。在组织形式、管理模式等方面是否合理，是否结合了工程实施的具体特点，是否能够与业主的组织关系和承包方的组织关系相协调等；b. 人员配备。人员配备方案应该从以下几个方面来审查：派驻监理人员的专业满足程度、人员数量的满足程度、专业人员不足时采取的措施是否恰当、派驻现场人员计划表。根据 a 可知，选项 A 符合题意；③工作计划审核。在工程进展中各个阶段的工作实施计划是否合理、可行，审查其在每个阶段中如何控制建设工程目标以及组织协调的方法。所以，选项 B 不符合题意；④投资、进度、质量控制方法和措施的审核。对三大目标的控制方法和措施应重点审查，看其如何应用组织、技术、经济、合同措施保证目标的实现，方法是否科学、合理、有效；⑤监理工作制度审核。主要审查监理的内、外工作制度是否健全。所以，选项 C 符合题意。选项 E 不属于监理规划的审核内容。因此，本题的正确答案为 AC。

75.【试题答案】ABCD

【试题解析】本题考查重点是"监理工作总结的内容"。监理工作完成后，项目监理机构应及时从两方面进行监理工作总结。向业主提交的监理工作总结主要内容包括：委托监理合同履行情况概述，监理组织机构、监理人员和投入的监理设施，监理任务或监理目标完成情况的评价，工程实施过程中存在的问题和处理情况，由业主提供的供监理活动使用的办公用房、车辆、试验设施等的清单，必要的工程图片，表明监理工作终结的说明等。所以，选项 A、B、C、D 符合题意。选项 E 的"监理工作的经验"属于向监理单位提交的监理工作总结。向监理单位提交的监理工作总结主要内容包括：监理工作的经验，以及委托监理合同执行方面的经验或如何处理好与业主、承包单位关系的经验等；监理工作中存在的问题及改进的建议。因此，本题的正确答案为 ABCD。

76.【试题答案】BCDE

【试题解析】本题考查重点是"工程监理单位及监理工程师的法律责任"。《建设工程质量管理条例》第六十七条规定："工程监理单位有下列行为之一的，责令改正，处 50 万元以上 100 万元以下的罚款，降低资质等级或者吊销资质证书；有违法所得的，予以没收；造成损失的，承担连带赔偿责任：①与建设单位或者施工单位串通，弄虚作假、降低工程质量的；②将不合格的建设工程、建筑材料、建筑构配件和设备按照合格签字的。"所以，选项 A 的叙述不符合题意。因此，本题的正确答案为 BCDE。

77.【试题答案】AB

【试题解析】本题考查重点是"建设工程三大目标之间的关系"。建设工程质量、造价、进度三大目标之间相互关联，共同形成一个整体。从建设单位角度出发，往往希望建设工程的质量好、投资省、工期短（进度快），但在工程实践中，几乎不可能同时实现上述目标。确定和控制建设工程三大目标，需要统筹兼顾三大目标之间的密切联系，防止发生盲目追求单一目标而冲击或干扰其他目标，也不可分割三大目标。如果建设工程进度计划制定的既科学又合理，使工程进展具有连续性和均衡性，不但可以缩短建设工期，而且有可能获得较好的工程质量和降低工程造价。因此，本题的正确答案为 AB。

78.【试题答案】DE

【试题解析】本题考查重点是"Partnering 模式和 Project Controlling 模式的适用情况"。Partnering 模式总是与建设工程组织管理模式中的某一种模式结合使用的，较为常见的情况是与总分包模式、项目总承包模式、CM 模式结合使用。Partnering 模式并不能作为一种独立存在的模式。Partnering 模式的特点决定了它特别适用于以下几种类型的建设工程：①业主长期有投资活动的建设工程；②不宜采用公开招标或邀请招标的建设工程；③复杂的不确定因素较多的建设工程；④国际金融组织贷款的建设工程。Project Controlling 模式不能作为一种独立存在的模式。在这一点上，Project Controlling 模式与 Partnering 模式有共同之处。所以，Partnering 模式和 Project Controlling 模式均不能独立存在。因此，本题的正确答案为 DE。

79.【试题答案】CDE

【试题解析】本题考查重点是"建设工程监理规划的审核"。建设工程监理规划在编写完成后需要进行审核并经批准。监理单位的技术主管部门是内部审核单位，其负责人应当签认。监理规划审核的内容主要包括以下几个方面：①监理范围、工作内容及监理目标的审核：依据监理招标文件和委托监理合同，看其是否理解了业主对该工程的建设意图，监理范围、监理工作内容是否包括了全部委托的工作任务，监理目标是否与合同要求和建设意图相一致；②项目监理机构结构的审核：a. 组织机构：在组织形式、管理模式等方面是否合理，是否结合了工程实施的具体特点，是否能够与业主的组织关系和承包方的组织关系相协调等；b. 人员配备：派驻监理人员的专业满足程度、人员数量的满足程度、专业人员不足时采取的措施是否恰当、派驻现场人员计划表；③工作计划审核；④投资、进度、质量控制方法和措施的审核；⑤监理工作制度审核。因此，本题的正确答案为 CDE。

80.【试题答案】ABDE

【试题解析】本题考查重点是"注册监理工程师应履行的义务"。监理工程师应履行的义务有以下几方面：①遵守法律、法规和有关管理规定；②履行管理职责，执行技术标准、规范和规程；③保证执业活动成果的质量，并承担相应责任；④接受继续教育，努力提高执业水准；⑤在本人执业活动所形成的工程监理文件上签字、加盖执业印章；⑥保守在执业中知悉的国家秘密和他人的商业、技术秘密；⑦不得涂改、倒卖、出租、出借或者以其他形式非法转让注册证书或者执业印章；⑧不得同时在两个或者两个以上单位受聘或者执业；⑨在规定的执业范围和聘用单位业务范围内从事执业活动；⑩协助注册管理机构完成相关工作。所以，选项 A、B、D、E 符合题意。选项 C 属于监理工程师的职业道德。因此，本题的正确答案为 ABDE。

第二套模拟试卷

一、单项选择题（共 50 题，每题 1 分。每题的备选项中，只有 1 个最符合题意）

1. 上市监理股份有限公司组织机构的特殊要求是（　　）。
   A. 需要设立股东大会
   B. 需要设立董事会
   C. 需要设立监事会
   D. 需要设立独立董事和董事会秘书

2. 下列不属于监理工程师的职业道德守则所要求的内容的是（　　）。
   A. 不以个人名义承揽监理业务
   B. 不同时在两个或两个以上监理单位注册和从事监理活动
   C. 坚持公正的立场，公平地处理有关各方面的争议
   D. 坚持独立自主地开展工作

3. 下列监理工作措施中，属于进度控制技术措施的是（　　）。
   A. 完善职责分工及有关制度
   B. 确保资金的及时供应
   C. 建立多级网络计划体系
   D. 正确处理工程索赔事宜

4. 《建设工程质量管理条例》规定，当建设单位出现（　　）的情况时，要责令改正，并处 50 万元以上 100 万元以下的罚款。
   A. 将建设工程发包给不具有相应资质等级的施工单位
   B. 将建设工程肢解发包
   C. 任意压缩合理工期
   D. 迫使承包方以低于成本的价格竞标

5. 下列管理模式的特征中，属于 Partnering 模式特征的是（　　）。
   A. 承包商承担大部分风险
   B. 业主管理工程实施
   C. 信息的开放性
   D. 采用总价合同

6. 在正常使用条件下，屋面防水工程的最低保修期限为（　　）年。
   A. 1
   B. 2
   C. 3
   D. 5

7. 职能制监理组织形式的特点不包括（　　）。
   A. 提高管理效率
   B. 下级人员接受的指令单一
   C. 减轻总监理工程师的负担
   D. 可以发挥职能机构的专业管理作用

8. 约定的违约金低于造成的损失的，当事人可以请求（　　）予以增加。
   A. 监理单位
   B. 人民法院
   C. 人民检察院
   D. 建设行政主管部门

9. 当委托人更换其代表时，应提前（　　）天通知监理人。

A. 7   B. 14

C. 20   D. 30

10. 根据《建设工程质量管理条例》，施工单位在施工过程中发现设计文件和图样有差错的，应当（   ）。

    A. 及时提出意见和建议   B. 要求设计单位改正

    C. 报告建设单位要求设计单位改正   D. 报告监理单位要求设计单位改正

11. （   ）是政府对工程监理执业人员实行市场准入控制的有效手段。

    A. 监理工程师执业资格考试   B. 监理工程师注册

    C. 监理工程师继续教育   D. 监理工程师备案登记

12. 建立建设工程目标控制工作考评机制，加强各单位（部门）之间的沟通协作，属于监理工作的（   ）措施。

    A. 合同   B. 组织

    C. 技术   D. 经济

13. 在监理规划的内容中，（   ）属于质量目标控制方法与措施。

    A. 质量控制目标的分解   B. 质量控制目标的描述

    C. 目标的分解   D. 质量目标的描述

14. Project Controlling 模式的出现反映了建设项目管理（   ）。

    A. 向高层次方面发展   B. 向全过程、全方位服务方向发展

    C. 专业分工的细化   D. 社会化的强化

15. 注册监理工程师继续教育分为必修课和选修课，在每一注册有效期内各为（   ）学时。

    A. 24   B. 36

    C. 48   D. 72

16. 下列项目监理机构内部协调工作中，属于内部组织关系协调的是（   ）。

    A. 信息沟通上要建立制度   B. 工作分工上要职责分明

    C. 矛盾调解上要恰到好处   D. 成绩评价上要实事求是

17. （   ）是指跟踪、检查和调整项目进展和绩效，识别必要的计划变更并启动相应变更的一组过程。

    A. 启动过程组   B. 计划过程组

    C. 执行过程组   D. 监控过程组

18. 开展建设工程监理的依据包括行政法规，以下属于建设工程行政法规的是（   ）。

    A. 《中华人民共和国建筑法》

    B. 《建设工程安全生产管理条例》

    C. 《建设工程监理范围和规模标准规定》

    D. 《工程监理企业资质管理规定》

19. 采用非代理型 CM 模式时，CM 单位一般在项目（   ）阶段介入。

    A. 设计   B. 立项

    C. 招投标   D. 可行性研究

20. 见证取样过程中，见证人不得少于（   ）人。

A. 1   B. 2

C. 3   D. 5

21. 国际上的专业化项目管理公司受承包商委托时，主要为承包商提供（   ）服务。

A. 成本控制和进度控制   B. 进度控制和质量控制

C. 工程合同咨询和索赔   D. 质量控制和工程合同咨询

22. 《建筑法》规定，建筑工程施工现场安全由（   ）负责。

A. 建设单位   B. 监理单位

C. 建筑施工企业   D. 建设行政主管部门

23. 工程监理人员发现工程设计不符合建筑工程质量标准或者合同约定的质量要求的，应当报告（   ）要求设计单位改正。

A. 建设单位   B. 监理单位

C. 总承包单位   D. 建设行政主管部门

24. 监理实施细则的编制由（   ）负责。

A. 监理员   B. 专业监理工程师

C. 总监理工程师   D. 总监理工程师代表

25. 在维护建设单位的合法权益的同时，不损害施工单位的合法权益体现了监理的（   ）。

A. 服务性   B. 科学性

C. 独立性   D. 公平性

26. 《建设工程质量管理条例》规定，工程监理单位不得（   ）监理业务。

A. 以联合体名义承揽   B. 合作承揽

C. 分包   D. 转让

27. 下列不属于 BIM 的特点的是（   ）。

A. 可视化   B. 协调性

C. 模拟性   D. 不可出图性

28. 工程监理单位在建设单位的委托授权范围内从事（   ）。

A. 专业化服务活动   B. 严格的检验与验收

C. 全过程、全方位的系统控制   D. 监督与管理

29. 关于建设工程监理规划编写的说法，正确的是（   ）。

A. 监理规划的编写必须满足业主的要求，且宜粗不宜细

B. 监理规划编写应留有审批时间，以便监理单位负责人对监理规划进行审批

C. 监理工作的组织、控制、方法、措施等是监理规划中必不可少的内容

D. 监理规划编写阶段应按监理投标阶段和监理合同实施阶段分别编制

30. 对择优选择承建单位最有利的工程承发包模式是（   ）。

A. 平行承发包   B. 设计和施工总分包

C. 项目总承包   D. 设计和施工联合体承包

31. 建设工程施工实行平行发包时，若业主委托多家监理单位实施监理，则"总监理工程师单位"在监理工作中的主要职责是（   ）。

A. 协调、管理各承建单位的工作

B. 协调、管理各监理单位的工作

C. 协调业主与各参建单位的关系

D. 协调、管理各承建单位和监理单位的工作

32. 项目监理机构的设置应合理，要突出监理人员素质，尤其是（   ）人选，将是建设单位重点考察的对象。

    A. 监理员   B. 技术负责人

    C. 专业监理工程师   D. 总监理工程师

33. 根据《建设工程监理规范》，监理规划应在（   ）后开始编制。

    A. 收到设计文件和施工组织设计

    B. 签订委托监理合同及收到设计文件和施工组织设计

    C. 签订委托监理合同及收到施工组织设计

    D. 签订委托监理合同及收到设计文件

34. 重大生产安全事故由（   ）组织事故调查组进行调查。

    A. 县级人民政府   B. 省级人民政府

    C. 设区的市级人民政府   D. 国务院或者国务院授权有关部门

35. 根据《建设工程安全生产管理条例》，注册执业人员未执行法律、法规和工程建设强制性标准，情节严重的，吊销执业资格证书，（   ）不予注册。

    A. 1 年内   B. 5 年内

    C. 8 年内   D. 终身

36. 根据《建设工程质量管理条例》，隐蔽工程在隐蔽前，施工单位应当通知（   ）。

    A. 建设单位和监理单位

    B. 建设单位和建设工程质量监督机构

    C. 监理单位和设计单位

    D. 设计单位和建设工程质量监督机构

37. 根据《建设工程质量管理条例》，施工单位须做好隐蔽工程的质量检查和记录。隐蔽工程在隐蔽前，施工单位应通知建设单位和（   ）。

    A. 建设工程质量监督机构   B. 设计单位

    C. 勘察单位   D. 监理单位

38. 依法必须进行招标的项目，其评标委员会中技术、经济等方面的专家不得少于成员总数的（   ）。

    A. 三分之一   B. 三分之二

    C. 四分之一   D. 一半

39. 下列属于建设工程监理操作性文件的是（   ）。

    A. 监理大纲   B. 监理规划

    C. 专项施工方案   D. 监理实施细则

40. 监理规划中，协助完善质量保证体系，严格事前、事中和事后的质量检查监督，属于质量控制的（   ）措施。

    A. 技术   B. 经济

    C. 合同   D. 组织

41. 根据《建设工程质量管理条例》，监理工程师应当按照工程监理规范的要求，采取旁站、巡视和（　　）检验等形式，对建设工程实施监理。

    A. 等距
                      B. 随机

    C. 平行
                      D. 抽样

42. 下列关于必须进行招标的工程中，说法正确的是（　　）。

    A. 施工单项合同估算价在 500 万元人民币以上的

    B. 监理等服务的采购，单项合同估算价在 100 万元人民币以上的

    C. 重要设备、材料等货物的采购，单项合同估算价在 200 万元人民币以上的

    D. 勘察服务的采购，单项合同估算价在 50 万元人民币以上的

43. 依据《建设工程监理规范》，项目监理机构批准工程延期时，应依据施工进度滞后（　　）等条件。

    A. 是否具有持续性
          B. 是否涉及费用

    C. 影响到施工合同约定的工期
      D. 对建设单位的影响程度

44. 第一次工地会议应在（　　）举行。

    A. 开工时
                  B. 开工后

    C. 总监理工程师下达开工令之时
    D. 总监理工程师下达开工令之前

45. 下列文件中，由专业监理工程师编制并报总监理工程师批准后实施的操作性文件是（　　）。

    A. 监理规划
              B. 监理实施细则

    C. 监理大纲
              D. 监理月报

46. 工程咨询公司可为承包商提供全部或绝大部分设计服务工作。如果承包商仅承担施工任务时，工程咨询公司也可仅提供（　　）服务。

    A. 方案设计
              B. 详细设计

    C. 初步设计
              D. 技术设计

47. 获准注册的监理工程师将获得监理工程师注册证书和执业印章。执业印章由（　　）保管。

    A. 申请注册所在监理单位
      B. 本地建设行政主管部门

    C. 国家建设行政主管部门
      D. 监理工程师本人

48. 工程监理单位在委托监理的工程中拥有一定的管理权限，能够开展管理活动，这是（　　）。

    A. 建设单位授权的结果
      B. 监理单位服务性的体现

    C. 政府部门监督管理的需要
      D. 施工单位提升管理的需要

49. 开标应当在（　　）的主持下，在招标文件确定的提交投标文件截止时间的同一时间公开进行。

    A. 招标人
                  B. 投标人

    C. 建设行政主管部门
         D. 评标委员会

50. 协助业主改善目标控制的工作流程是监理单位对建设工程目标控制采取的（　　）措施。

    A. 合同
                  B. 技术

C. 经济 　　　　　　　　　　　　D. 组织

二、多项选择题（共 30 题，每题 2 分。每题的备选项中，有 2 个或 2 个以上符合题意，至少有 1 个错项。错选，本题不得分；少选，所选的每个选项得 0.5 分）

51. 根据《建设工程安全生产管理条例》，关于工程监理单位职责的说法，正确的有（　　）。

　　A. 工程监理单位应审查施工组织设计中的安全技术措施或专项施工方案是否符合工程建设强制性标准

　　B. 工程监理单位发现存在安全事故隐患，应要求施工单位整改

　　C. 专职安全生产管理人员发现存在安全事故隐患，应向总监理工程师报告

　　D. 危险性较大的分部分项工程专项施工方案，应由施工单位技术负责人签字后实施

　　E. 工程监理单位应委派专职安全生产管理人员现场监督专项施工方案的实施

52. 下列内容中，属于监理工作师在施工阶段为完成质量控制任务，应当做好的工作的有（　　）。

　　A. 做好材料和设备检查工作，确认其质量

　　B. 做好工程计量工作

　　C. 检查施工机械和机具，保证施工质量

　　D. 进行施工工艺过程质量控制二作

　　E. 做好各项隐蔽工程的检查工作

53. 工程监理企业丙级资质的业务范围有（　　）。

　　A. 技术咨询

　　B. 建设工程的项目管理

　　C. 相应专业工程类别一级建设工程项目的工程监理业务

　　D. 相应专业工程类别二级建设工程项目的工程监理业务

　　E. 相应专业工程类别三级建设工程项目的工程监理业务

54. 执行政府定价或者政府指导价的标的物，下列价格调整说法正确的有（　　）。

　　A. 逾期交付标的物的，遇价格上涨时，按照原价格执行

　　B. 逾期交付标的物的，遇价格下降时，按照新价格执行

　　C. 逾期提取标的物或者逾期付款的，遇价格上涨时，按照新价格执行

　　D. 逾期提取标的物或者逾期付款的，遇价格下降时，按照原价格执行

　　E. 在合同约定的交付期限内政府价格调整时，按照签订合同时的价格计价

55. 关于建设工程组织管理基本模式的说法，正确的有（　　）。

　　A. 平行承发包模式的优点是有利于投资控制

　　B. 项目总承包模式的缺点是不利于投资控制

　　C. 项目总承包模式的优点是监理单位的组织协调工作量小

　　D. 项目总承包管理模式的优点是有利于进度控制

　　E. 平行承发包模式的缺点是不利于业主选择承建单位

56. 下列情形属于可以不招标的有（　　）。

　　A. 国有资金占控股或者主导地位的依法必须进行招标的项目

B. 需要采用不可替代的专利或者专有技术的项目

C. 采购人依法能够自行建设、生产或者提供的项目

D. 技术复杂、有特殊要求或者受自然环境限制，只有少量潜在投标人可供选择的项目

E. 已通过招标方式选定的特许经营项目投资人依法能够自行建设、生产或者提供的项目

57. 监理工程师的常规工作方法包括(　　)。

A. 旁站   B. 巡视

C. 指令文件   D. 见证取样

E. 平行检测

58. 监理工作总结包括(　　)。

A. 向总监理工程师提交的工作总结

B. 向监理单位提交的工作总结

C. 向政府有关部门提交的工作总结

D. 向建设单位提交的监理工作总结

E. 向资质年检部门提交的工作总结

59. 根据《工程监理企业资质管理规定》的规定，县级以上人民政府建设主管部门及有关部门有(　　)的，由其上级行政主管部门或者监察机关责令改正，对直接负责的主管人员和其他直接责任人员依法给予处分；构成犯罪的，依法追究刑事责任。

A. 超越法定职权作出准予工程监理企业资质许可

B. 对符合法定条件的申请人不予工程监理企业资质许可或者不在法定期限内作出准予许可决定

C. 对符合法定条件的申请不予受理或者未在法定期限内初审完毕

D. 利用职务上的便利，收受他人财物或者其他好处

E. 不依法履行监理职责或者监督不力，造成严重后果

60. 损失控制计划系统中的灾难计划，应至少包含(　　)等内容。

A. 安全撤离现场人员方案

B. 援救及处理伤亡人员方案

C. 控制事故发展和减少资产损害措施

D. 调整施工进度计划方案

E. 调整材料和设备采购计划方案

61. 设立监理股份有限公司可以采取(　　)方式。

A. 认缴设立   B. 发起设立

C. 募集设立   D. 合作设立

E. 独资设立

62. 根据《建设工程质量管理条例》，未经总监理工程师签字，不得进行的工作包括(　　)。

A. 建筑材料、建筑构配件在工程上使用   B. 设备在工程上安装

C. 施工单位进行下一道工序的施工   D. 建设单位拨付工程款

E. 建设单位进行竣工验收

63. 下列关于合同生效的说法正确的有（　　）。

A. 依法成立的合同，自成立时生效

B. 附生效条件的合同，自条件成就时生效

C. 附解除条件的合同，自条件成就时生效

D. 附生效期限的合同，自期限届至时失效

E. 附终止期限的合同，自期限届满时失效

64. 《建设工程安全生产管理条例》规定，施工单位从事建设工程的新建、扩建、改建和拆除等活动，应当具备国家规定的（　　）等条件。

A. 技术装备　　　　　　　　　　　B. 专业监理人员

C. 注册资本　　　　　　　　　　　D. 专业技术人员

E. 安全生产

65. 依据《注册监理工程师管理规定》，注册监理工程师可以从事（　　）等业务。

A. 工程监理　　　　　　　　　　　B. 工程审价

C. 工程经济与技术咨询　　　　　　D. 工程招标与采购咨询

E. 工程项目管理服务

66. 从 CM 模式的特点来看，其适用情况主要包括（　　）。

A. 规模小、技术简单的建设工程

B. 设计变更可能性较大的建设工程

C. 时间因素最为重要的建设工程

D. 因质量和功能要求高而可能突破投资目标的建设工程

E. 因总的范围和规模不确定而无法准确定价的建设工程

67. 从事建筑活动的建筑施工企业、勘察单位、设计单位和工程监理单位，应当具备的条件有（　　）

A. 有符合国家规定的注册资本

B. 有与其从事的建筑活动相适应的具有法定执业资格的专业技术人员

C. 有从事相关建筑活动所应有的技术装备

D. 有满足施工需要的施工图纸及技术资料

E. 有保证工程质量和安全的具体措施

68. 同时满足下列（　　）情形可以不必编制监理实施细则。

A. 采用新材料、新工艺、新技术、新设备的工程

B. 专业性较强的分部分项工程

C. 危险性较大的分部分项工程

D. 工程规模较小、技术较为简单

E. 有成熟监理经验和施工技术措施落实的情况下

69. 根据《建筑法》，建设单位申请领取施工许可证应当具备的条件包括（　　）。

A. 已经取得规划许可证

B. 拆迁完毕

C. 已经确定建筑施工企业

D. 有保证工程质量和安全的具体措施

E. 建设资金已经落实

70. 项目监理组织有合理的人员结构才能适应监理工作的要求，合理的人员结构包括（　　）几方面内容。

A. 监理人员的技术职务、职称越高越好

B. 要有合理的专业结构

C. 要有合理的技术职务、职称结构

D. 中级职称人员以及初级职称人员仅占少数

E. 不能包括没有职称的工人，即使其具有丰富的实践经验

71. 旁站监理人员的工作内容和职责有（　　）。

A. 确定工程的开工时间和结束时间

B. 检查施工企业现场质检人员到岗情况

C. 核查进场建筑材料、建筑构配件等的质量检验报告

D. 在现场跟班监督关键部位、关键工序的施工，执行施工方案

E. 做好旁站监理记录和监理日记，保存旁站监理原始资料

72. 根据《工程监理企业资质管理规定》，专业甲级资质标准包括（　　）。

A. 注册资本不少于 300 万元

B. 注册资本不少于 100 万元

C. 企业近 2 年内独立监理过 3 个以上相应专业的二级工程项目

D. 注册造价工程师不少于 2 人

E. 注册监理工程师不少于 25 人

73. 下列属于招标公告应当载明的有（　　）。

A. 建设单位的名称和地址　　　　　B. 招标项目的性质

C. 招标项目的实施地点　　　　　　D. 获取招标文件的办法

E. 招标项目的最高报价

74. 下列关于项目法人责任制的表述中，正确的有（　　）。

A. 所有的大中型建设工程都必须在建设阶段组建项目法人

B. 项目法人可设立有限责任公司

C. 项目可行性研究报告被批准后，正式成立项目法人

D. 项目法人可设立股份有限公司

E. 项目法人只对项目的决策和实施负责

75. PMBOK 的九大知识领域包括（　　）。

A. 项目质量管理　　　　　　　　　B. 项目范围管理

C. 项目运营管理　　　　　　　　　D. 项目集成管理

E. 项目人力资源管理

76. 目前在我国工程建设实践中，按照工程项目管理单位与建设单位的结合方式不同，全过程集成化项目管理服务可归纳为（　　）三种模式。

A. 咨询式　　　　　　　　　　　　B. 一体化

C. 多样化　　　　　　　　　　　　D. 植入式

E. 结合式

77. 招标公告与投标邀请书应当载明的内容有（　　）。

A. 投标人须知   B. 招标项目的性质

C. 招标项目的实施地点   D. 招标项目的实施时间

E. 建设单位的名称和地址

78. 风险的分析与评价采用（　　）相结合的方法来进行，这二者之间并不是相互排斥的，而是相互补充的。

A. 定性   B. 定量

C. 定时   D. 定质

E. 定期

79. 工程监理招标一般包括（　　）。

A. 招标准备   B. 编制监理规划

C. 组织现场踏勘   D. 编制和发售招标文件

E. 签订工程监理合同

80. 下列表述中，反映工程项目三大目标之间对立关系的是（　　）。

A. 文件材质、幅面、书写、绘图、用墨、托裱等符合要求

B. 建设单位向城建档案管理部门移交工程档案（监理文件资料），应办理移交手续，填写移交目录，双方签字、盖章后交接

C. 监理文件资料分类齐全，系统完整

D. 监理文件资料的内容真实，准确反映了建设工程监理活动和工程实际状况

E. 监理文件资料的形成、来源符合实际，要求单位或个人签章的文件，签章手续完备

第二套模拟试卷参考答案、考点分析

一、单项选择题

1. 【试题答案】D

【试题解析】本题考查重点是"工程监理企业组织形式——股份有限公司"。股份有限公司的公司组织机构：①股东大会。股份有限公司股东大会由全体股东组成。股东大会是公司的权力机构，依照《公司法》行使职权；②董事会。股份有限公司设董事会，其成员为5～19人。上市公司需要设立独立董事和董事会秘书；③经理。股份有限公司设经理，由董事会决定聘任或者解聘。公司董事会可以决定由董事会成员兼任经理；④监事会。股份有限公司设监事会，其成员不得少于3人。因此，本题的正确答案为D。

2. 【试题答案】C

【试题解析】本题考查重点是"注册监理工程师职业道德"。注册监理工程师在执业过程中也要公平，不能损害工程建设任何一方的利益，为此，注册监理工程师应严格遵守如下职业道德守则：①维护国家的荣誉和利益，按照"守法、诚信、公平、科学"的经营活动准则执业；②执行有关工程建设法律、法规、标准和制度，履行建设工程监理合同规定的义务；③努力学习专业技术和建设工程监理知识，不断提高业务能力和监理水平；④不以个人名义承揽监理业务；⑤不同时在两个或两个以上工程监理单位注册和从事监理活动，不在政府部门和施工、材料设备的生产供应等单位兼职；⑥不为所监理工程指定承包商、建筑构配件、设备、材料生产厂家和施工方法；⑦不收受施工单位的任何礼金、有价证券等；⑧不泄露所监理工程各方认为需要保密的事项；⑨坚持独立自主地开展工作。四个选项中，只有选项C符合题意。因此，本题的正确答案为C。

3. 【试题答案】C

【试题解析】本题考查重点是"进度目标控制的措施"。进度目标控制的具体措施包括：①进度控制的组织措施。包括：落实进度控制的责任，建立进度控制协调制度；②进度控制的技术措施。包括：建立多级网络计划体系，监控承建单位的作业实施计划；③进度控制的经济措施。包括：对工期提前者实行奖励；对应急工程实行较高的计件单价；确保资金的及时供应等；④进度控制的合同措施。包括：按合同要求及时协调有关各方的进度，以确保建设工程的形象进度。根据第②点可知，选项C符合题意。因此，本题的正确答案为C。

4. 【试题答案】A

【试题解析】本题考查重点是"建设工程质量管理条例——罚则"。《建设工程质量管理条例》第五十四条规定，违反本条例规定，建设单位将建设工程发包给不具有相应资质等级的勘察、设计、施工单位或者委托给不具有相应资质等级的工程监理单位的，责令改正，处50万元以上100万元以下的罚款。因此，本题的正确答案为A。

5. 【试题答案】C

【试题解析】本题考查重点是"Partnering模式的特征"。Partnering模式的特征主要表现在以下几方面：①出于自愿；②高层管理的参与；③Partnering协议不是法律意义上的合同；④信息的开放性。根据第④点可知，选项 C 符合题意。选项 A、B、D 均属于 EPC 模式的特征。因此，本题的正确答案为 C。

6. 【试题答案】D

【试题解析】本题考查重点是"《建设工程质量管理条例》相关内容"。在正常使用条件下，建设工程最低保修期限为：①基础设施工程、房屋建筑的地基基础工程和主体结构工程，为设计文件规定的该工程合理使用年限；②屋面防水工程、有防水要求的卫生间、房间和外墙面的防渗漏，为 5 年；③供热与供冷系统，为 2 个采暖期、供冷期；④电气管道、给水排水管道、设备安装和装修工程，为 2 年。其他工程的保修期限由发包方与承包方约定。根据第②点可知，选项 D 符合题意。因此，本题的正确答案为 D。

7. 【试题答案】B

【试题解析】本题考查重点是"项目监理机构组织形式——职能制组织形式"。职能制组织形式是在项目监理机构内设立一些职能部门，将相应的监理职责和权力交给职能部门，各职能部门在其职能范围内有权直接发布指令指挥下级。职能制组织形式一般适用于大中型建设工程。如果子项目规模较大时，也可以在子项目层设置职能部门。职能组织形式的主要优点是加强了项目监理目标控制的职能化分工，可以发挥职能机构的专业管理作用，提高管理效率，减轻总监理工程师负担。但由于下级人员受多头指挥，如果这些指令相互矛盾，会使下级在监理工作中无所适从。因此，本题的正确答案为 B。

8. 【试题答案】B

【试题解析】本题考查重点是"《合同法》主要内容"。当事人可以约定一方违约时应当根据违约情况向对方支付一定数额的违约金，也可以约定因违约产生的损失赔偿额的计算方法。约定的违约金低于造成的损失的，当事人可以请求人民法院或者仲裁机构予以增加；约定的违约金过分高于造成的损失的，当事人可以请求人民法院或者仲裁机构予以适当减少。当事人就迟延履行约定违约金的，违约方支付违约金后，还应当履行债务。因此，本题的正确答案为 B。

9. 【试题答案】A

【试题解析】本题考查重点是"建设工程监理合同履行——委托人的义务"。委托人应授权一名熟悉工程情况的代表，负责与监理人联系。委托人应在双方签订合同后 7 天内，将其代表的姓名和职责书面告知监理人。当委托人更换其代表时，也应提前 7 天通知监理人。因此，本题的正确答案为 A。

10. 【试题答案】A

【试题解析】本题考查重点是"建设工程质量管理条例——施工单位的质量责任和义务"。《建设工程质量管理条例》第二十八条规定，施工单位必须按照工程设计图纸和施工技术标准施工，不得擅自修改工程设计，不得偷工减料。施工单位在施工过程中发现设计文件和图纸有差错的，应当及时提出意见和建议。因此，本题的正确答案为 A。

11. 【试题答案】B

【试题解析】本题考查重点是"监理工程师注册"。监理工程师注册是政府对工程监理执业人员实行市场准入控制的有效手段。取得监理工程师资格证书的人员，经过注册方能以注册监理工程师的名义执业。监理工程师依据其所学专业、工作经历、工程业绩，按照《工程监理企业资质管理规定》划分的工程类别，按专业注册。每人最多可以申请两个专业注册。因此，本题的正确答案为 B。

12.【试题答案】B

【试题解析】本题考查重点是"建设工程三大目标控制的任务和措施"。组织措施是其他各类措施的前提和保障，包括：建立健全实施动态控制的组织机构、规章制度和人员，明确各级目标控制人员的任务和职责分工，改善建设工程目标控制的工作流程；建立建设工程目标控制工作考评机制，加强各单位（部门）之间的沟通协作；加强动态控制过程中的激励措施，调动和发挥员工实现建设工程目标的积极性和创造性等。因此，本题的正确答案为 B。

13.【试题答案】B

【试题解析】本题考查重点是"监理规划主要内容——工程质量控制"。工程质量控制重点在于预防，即在既定目标的前提下，遵循质量控制原则，制定总体质量控制措施、专项工程预控方案，以及质量事故处理方案，具体包括：①工程质量控制目标描述。a. 施工质量控制目标；b. 材料质量控制目标；c. 设备质量控制目标；d. 设备安装质量控制目标；e. 质量目标实现的风险分析：项目监理机构宜根据工程特点、施工合同、工程设计文件及经过批准的施工组织设计对工程质量目标控制进行风险分析，并提出防范性对策；②工程质量控制主要任务；③工程质量控制工作流程与措施；④旁站方案；⑤工程质量目标状况动态分析；⑥工程质量控制表格。因此，本题的正确答案为 B。

14.【试题答案】C

【试题解析】本题考查重点是"Project Controlling 模式"。Project Controlling 模式的出现反映了建设项目管理专业化发展的一种新的趋势，即专业分工的细化。因此，本题的正确答案为 C。

15.【试题答案】C

【试题解析】本题考查重点是"注册监理工程师继续教育"。随着现代科学技术日新月异的发展，注册监理工程师不能一劳永逸地停留在原有知识水平上，要随着时代的进步不断更新知识、扩大知识面，学习新的理论知识、法规政策及标准，了解新技术、新工艺、新材料、新设备，这样才能不断提高执业能力和工作水平，以适应工程建设事业发展及监理实务的需要。注册监理工程师继续教育分为必修课和选修课，在每一注册有效期内各为 48 学时。继续教育作为注册监理工程师逾期初始注册、延续注册和重新申请注册的条件之一。因此，本题的正确答案为 C。

16.【试题答案】A

【试题解析】本题考查重点是"项目监理机构内部组织关系的协调"。项目监理机构内部组织关系的协调可从几个方面来进行：①在目标分解的基础上设置组织机构，根据工程对象及委托监理合同所规定的工作内容，设置配套的管理部门；②明确规定每个部门的目标、职责和权限，最好以规章制度的形式作出明文规定；③事先约定各个部门在工作中的相互关系。在工程建设中许多工作是由多个部门共同完成的，其中有主办、牵头和协作、配合之分，事先约定，才不至于出现误事、脱节等贻误工作的现象；④建立信息沟通制度，例如，采用工作例会、发会议纪要、业务碰头会、工作流程图或信息传递卡等方式来沟通信息，这样可使局部了解全局，服从并适应全局需要；⑤及时消除工作中的矛盾或冲突。总监理工程师应采用民主的作风，注意从心理学、行为科学的角度激励各个成员的工作积极性；采用公开的信息政策，让大家了解建设工程实施情况、遇到的问题或危机；经常性地指导工作，和成员一起商讨遇到的问题，多倾听他们的意见、建议，鼓励大家同舟共济。根据第④点可知，选项 A 符合题意。选项 B、C、D 均属于项目监理机构内部人际关系的协调。因此，本题的正确答案为 A。

17.【试题答案】D

【试题解析】本题考查重点是"PMBOK 总体框架的五个基本过程组"。PMBOK 将项目管理活动归结为五个基本过程组，即：启动、计划、执行、监控和收尾。项目作为临时性工作，必然以启动过程组开始，以收尾过程组结束。项目管理的集成化要求项目管理的监控过程组与其他过程组相互作用，形成一个整体。监控过程组是指跟踪、检查和调整项目进展和绩效，识别必要的计划变更并启动相应变更的一组过程。因此，本题的正确答案为 D。

18.【试题答案】B

【试题解析】本题考查重点是"《建设工程质量管理条例》相关内容"。建设工程行政法规是指由国务院通过的规范工程建设活动的法律规范，以国务院令的形式予以公布。与建设工程监理密切相关的行政法规有：《建设工程质量管理条例》、《建设工程安全生产管理条例》、《生产安全事故报告和调查处理条例》和《招标投标法实施条例》。所以，选项 B 符合题意。选项 A 的"《中华人民共和国建筑法》"属于法律。选项 C 的"《建设工程监理范围和规模标准规定》"和选项 D 的"《工程监理企业资质管理规定》"均属于部门规章。因此，本题的正确答案为 B。

19.【试题答案】A

【试题解析】本题考查重点是"非代理型 CM 模式"。非代理型 CM 模式中，CM 单位与施工单位之间似乎是总分包关系，但实际上却与总分包模式有本质的不同，根本区别表现在：①虽然 CM 单位与各个分包商直接签订合同，但 CM 单位对各分包商的资格预审、招标、议标和签约都对业主公开并必须经过业主的确认才有效；②由于 CM 单位介入工程时间较早（一般在设计阶段介入），且不承担设计任务，所以 CM 单位并不向业主直接报出具体数额的价格，而是报 CM 费，至于工程本身的费用则是今后 CM 单位与各分包商、供应商的合同价之和。根据第②点可知，选项 A 符合题意。因此，本题的正确答案为 A。

20.【试题答案】B

【试题解析】本题考查重点是"建设工程监理主要方式——见证取样程序"。见证取样中的授权程序，建设单位或工程监理单位应向施工单位、工程质监站和工程检测单位递交"见证单位和见证人员授权书"。授权书应写明本工程见证人单位及见证人姓名、证号，见证人不得少于 2 人。因此，本题的正确答案为 B。

21.【试题答案】C

【试题解析】本题考查重点是"工程咨询公司为承包商提供服务的内容"。工程咨询公司为承包商服务主要有以下几种情况：①为承包商提供合同咨询和索赔服务；②为承包商提供技术咨询服务；③为承包商提供工程设计服务。在这种情况下，工程咨询公司实质上是承包商的设计分包商，其具体表现又有两种方式：一种是工程咨询公司仅承担详细设计（相当于我国的施工图设计）工作。另一种是工程咨询公司承担全部或绝大部分设计工作。根据第①点可知，选项 C 符合题意。因此，本题的正确答案为 C。

22. 【试题答案】C

【试题解析】本题考查重点是"《建筑法》主要内容——施工现场安全管理"。施工现场安全由建筑施工企业负责。实行施工总承包的，由总承包单位负责。分包单位向总承包单位负责，服从总承包单位对施工现场的安全生产管理。因此，本题的正确答案为C。

23. 【试题答案】A

【试题解析】本题考查重点是"建设工程监理的法律地位"。《建筑法》第三十二条规定："工程监理人员认为工程施工不符合工程设计要求、施工技术标准和合同约定的，有权要求建筑施工企业改正。""工程监理人员发现工程设计不符合建筑工程质量标准或者合同约定的质量要求的，应当报告建设单位要求设计单位改正。"因此，本题的正确答案为A。

24. 【试题答案】B

【试题解析】本题考查重点是"项目监理机构各类人员基本职责"。根据《建设工程监理规范》GB/T 50319—2013，专业监理工程师应履行下列职责：①参与编制监理规划，负责编制监理实施细则；②审查施工单位提交的涉及本专业的报审文件，并向总监理工程师报告；③参与审核分包单位资格；④指导、检查监理员工作，定期向总监理工程师报告本专业监理工作实施情况；⑤检查进场的工程材料、构配件、设备的质量；⑥验收检验批、隐蔽工程、分项工程，参与验收分部工程；⑦处置发现的质量问题和安全事故隐患；⑧进行工程计量；⑨参与工程变更的审查和处理；⑩组织编写监理日志，参与编写监理月报；⑪收集、汇总、参与整理监理文件资料；⑫参与工程竣工预验收和竣工验收。因此，本题的正确答案为B。

25. 【试题答案】D

【试题解析】本题考查重点是"建设工程监理性质"。与FIDIC《土木工程施工合同条件》中的（咨询）工程师类似，我国工程监理单位受建设单位委托实施建设工程监理，也无法成为公正或不偏不倚的第三方，但需要公平地对待建设单位和施工单位。公平性是建设工程监理行业能够长期生存和发展的基本职业道德准则。特别是当建设单位与施工单位发生利益冲突或者矛盾时，工程监理单位应以事实为依据，以法律法规和有关合同为准绳，在维护建设单位合法权益的同时，不能损害施工单位的合法权益。例如，在调解建设单位与施工单位之间争议、处理费用索赔和工程延期、进行工程款支付控制及结算时，应尽量客观、公平地对待建设单位和施工单位。因此，本题的正确答案为D。

26. 【试题答案】D

【试题解析】本题考查重点是"《建设工程质量管理条例》相关内容"。工程监理单位应当依法取得相应等级的资质证书，并在其资质等级许可的范围内承担工程监理业务。禁止工程监理单位超越本单位资质等级许可的范围或者以其他工程监理单位的名义承担建设工程监理业务；禁止工程监理单位允许其他单位或者个人以本单位的名义承担建设工程监理业务。工程监理单位不得转让建设工程监理业务。因此，本题的正确答案为D。

27. 【试题答案】D

【试题解析】本题考查重点是"建设工程监理工作内容——建筑信息建模（BIM）"。BIM是利用数字模型对工程进行设计、施工和运营的过程。BIM以多种数字技术为依托，可以实现建设工程全寿命期集成管理。在建设工程实施阶段，借助于BIM技术，可以进行设计方案比选，实际施工模拟，在施工之前就能发现施工阶段会出现的各种问题，以便能提前处理，从而可提供合理的施工方案，合理配置人员、材料和设备，在最大范围内实现资源的合理运用。BIM具有可视化、协调性、模拟性、优化性、可出图性等特点。因此，本题的正确答案为D。

28.【试题答案】A

【试题解析】本题考查重点是"建设工程监理含义"。建设单位（业主、项目法人）是建设工程监理任务的委托方，工程监理单位是监理任务的受托方。工程监理单位在建设单位的委托授权范围内从事专业化服务活动。与国际上一般的工程项目管理咨询服务不同，建设工程监理是一项具有中国特色的工程建设管理制度，目前的工程监理不仅定位于工程施工阶段，而且法律法规将工程质量、安全生产管理方面的责任赋予工程监理单位。因此，本题的正确答案为A。

29.【试题答案】C

【试题解析】本题考查重点是"建设工程监理规划编写的要求"。建设工程监理规划的基本构成内容应当力求统一。这是监理工作规范化、制度化、科学化的要求。监理规划基本构成内容的确定，首先应依据建设监理制度对建设工程监理的内容要求。建设工程监理的主要内容是控制建设工程的投资、工期和质量，进行建设工程合同管理，协调有关单位间的工作关系。这些内容无疑是构成监理规划的基本内容。因此，对整个监理工作的组织、控制、方法、措施等将成为监理规划必不可少的内容。所以，选项C的叙述是正确的。在监理规划编写的过程中，应当充分听取业主的意见，最大限度地满足他们的合理要求，为进一步搞好监理服务奠定基础。所以，选项A的叙述是不正确的。监理规划一般要分阶段编写。监理规划的编写需要有一个过程，需要将编写的整个过程划分为若干个阶段。监理规划编写阶段可按工程实施的各阶段来划分，前一阶段工程实施所输出的工程信息就成为后一阶段监理规划信息。在监理规划的编写过程中需要进行审查和修改，因此，监理规划的编写还要留出必要的审查和修改的时间。所以，选项B、D的叙述均是不正确的。因此，本题的正确答案为C。

30.【试题答案】A

【试题解析】本题考查重点是"平行承发包模式下建设工程监理委托方式"。采用平行承发包模式，由于各承包单位在其承包范围内同时进行相关工作，有利于缩短工期、控制质量，也有利于建设单位在更广范围内选择施工单位。但该模式的缺点是：合同数量多，会造成合同管理困难；工程造价控制难度大，表现为：一是工程总价不易确定，影响工程造价控制的实施；二是工程招标任务量大，需控制多项合同价格，增加了工程造价控制难度；三是在施工过程中设计变更和修改较多，导致工程造价增加。采用建设工程总承包模式，建设单位的合同关系简单，组织协调工作量小。由于工程设计与施工由一个承包单位统筹安排，一般能做到工程设计与施工的相互搭接，有利于控制工程进度，可缩短建设周期。通过统筹考虑工程设计与施工，可以从价值工程或全寿命期费用角度取得明显的经济效果，有利于工程造价控制。但该模式的缺点是：合同条款不易准确确定，容易造成合同争议。合同数量虽少，但合同管理难度一般较大，造成招标发包工作难度大；由于承包范围大，介入工程项目时间早，工程信息未知数多，总承包单位要承担较大风险；由于有工程总承包能力的单位数量相对较少，建设单位择优选择工程总承包单位的范围小；工程质量标准和功能要求不易做到全面、具体、准确，"他人控制"机制薄弱，使工程质量控制难度加大。因此，本题的正确答案为A。

31.【试题答案】B

【试题解析】本题考查重点是"平行承发包模式下建设工程监理委托方式"。建设单位委托多家工程监理单位针对不同施工单位实施监理，需要分别与多家工程监理单位签订工程监理合同，这样，各工程监理单位之间的相互协作与配合需要建设单位进行协调。采用这种委托方式，工程监理单位的监理对象相对单一，便于管理，但建设工程监理工作被肢解，各家工程监理单位各负其责，缺少一个对建设工程进行总体规划与协调控制的工程监理单位。为了克服上述不足，在某些大、中型建设工程监理实践中，建设单位首先委托一个"总监理工程师单位"，总体负责建设工程总规划和协调控制，再由建设单位与"总监理工程师单位"共同选择几家工程监理单位分别承担不同施工合同段监理任务。在建设工程监理工作中，由"总监理工程师单位"负责协调、管理各工程监理单位工作，从而可大大减轻建设单位的管理压力。因此，本题的正确答案为B。

32.【试题答案】D

【试题解析】本题考查重点是"建设工程监理投标工作内容——投标文件编制"。建设工程监理招标、评标注重对工程监理单位能力的选择。因此，工程监理单位在投标时应在体现监理能力方面下功夫，应着重解决下列问题：①投标文件应对招标文件内容作出实质性响应；②项目监理机构的设置应合理，要突出监理人员素质，尤其是总监理工程师人选，将是建设单位重点考察的对象；③应有类似建设工程监理经验；④监理大纲能充分体现工程监理单位的技术、管理能力；⑤监理服务报价应符合国家收费规定和招标文件对报价的要求，以及建设工程监理成本—利润测算；⑥投标文件既要响应招标文件要求，又要巧妙回避建设单位的苛刻要求，同时还要避免为提高竞争力而盲目扩大监理工作范围，否则会给合同履行留下隐患。因此，本题的正确答案为D。

33.【试题答案】D

【试题解析】本题考查重点是"建设工程监理规范——监理规划"。《建设工程监理规范》第4.1.2条第一款规定，监理规划应在签订委托监理合同及收到设计文件后开始编制，完成后必须经监理单位技术负责人审核批准，并应在召开第一次工地会议前报送建设单位。因此，本题的正确答案为D。

34.【试题答案】B

【试题解析】本题考查重点是"《生产安全事故报告和调查处理条例》相关内容"。特别重大生产安全事故由国务院或者国务院授权有关部门组织事故调查组进行调查。重大事故、较大事故、一般事故分别由事故发生地省级人民政府、设区的市级人民政府、县级人民政府负责调查。省级人民政府、设区的市级人民政府、县级人民政府可以直接组织事故调查组进行调查，也可以授权或者委托有关部门组织事故调查组进行调查。未造成人员伤亡的一般事故，县级人民政府也可以委托事故发生单位组织事故调查组进行调查。因此，本题的正确答案为B。

35.【试题答案】B

【试题解析】本题考查重点是"建设工程安全生产管理条例——法律责任"。《建设工程安全生产管理条例》第五十八条规定，注册执业人员未执行法律、法规和工程建设强制性标准的，责令停止执业3个月以上1年以下；情节严重的，吊销执业资格证书，5年内不予注册；造成重大安全事故的，终身不予注册；构成犯罪的，依照刑法有关规定追究刑事责任。因此，本题的正确答案为B。

36.【试题答案】B

【试题解析】本题考查重点是"建设工程质量管理条例——施工单位的质量责任和义务"。《建设工程质量管理条例》第三十条规定，施工单位必须建立、健全施工质量的检验制度，严格工序管理，做好隐蔽工程的质量检查和记录。隐蔽工程在隐蔽前，施工单位应当通知建设单位和建设工程质量监督机构。因此，本题的正确答案为B。

37.【试题答案】A

【试题解析】本题考查重点是"建设工程质量管理条例——施工单位的质量责任和义务"。《建设工程质量管理条例》第三十条规定，施工单位必须建立、健全施工质量的检验制度，严格工序管理，做好隐蔽工程的质量检查和记录。隐蔽工程在隐蔽前，施工单位应当通知建设单位和建设工程质量监督机构。因此，本题的正确答案为A。

38.【试题答案】B

【试题解析】本题考查重点是"《招标投标法》主要内容"。依法必须进行招标的项目，其评标委员会由招标人的代表和有关技术、经济等方面的专家组成，成员人数为5人以上单数。其中，技术、经济等方面的专家不得少于成员总数的2/3。评标委员会的专家成员应当从国务院有关部门或者省、自治区、直辖市人民政府有关部门提供的专家名册或者招标代理机构的专家库内的相关专业的专家名单中确定。一般招标项目可以采取随机抽取方式，特殊招标项目可以由招标人直接确定。与投标人有利害关系的人不得进入相关项目的评标委员会，已经进入的应当进行更换。评标委员会成员的名单在中标结果确定前应当保密。因此，本题的正确答案为B。

39.【试题答案】D

【试题解析】本题考查重点是"建设工程监理实施程序"。监理规划是项目监理机构全面开展建设工程监理工作的指导性文件。监理实施细则是在监理规划的基础上，根据有关规定、监理工作需要针对某一专业或某一方面建设工程监理工作而编制的操作性文件。因此，本题的正确答案为D。

40.【试题答案】A

【试题解析】本题考查重点是"监理规划主要内容——工程质量控制"。工程质量控制的具体措施：①组织措施：建立健全项目监理机构，完善职责分工，制定有关质量监督制度，落实质量控制责任；②技术措施：协助完善质量保证体系；严格事前、事中和事后的质量检查监督；③经济措施及合同措施：严格质量检查和验收，不符合合同规定质量要求的，拒付工程款；达到建设单位特定质量目标要求的，按合同支付工程质量补偿金或奖金。根据第②点可知，选项A符合题意。因此，本题的正确答案为A。

41.【试题答案】C

【试题解析】本题考查重点是"建设工程质量管理条例——工程监理单位的质量责任和义务"。《建设工程质量管理条例》第三十八条规定，监理工程师应当按照工程监理规范的要求，采取旁站、巡视和平行检验等形式，对建设工程实施监理。因此，本题的正确答案为C。

42.【试题答案】D

【试题解析】本题考查重点是"建设工程监理相关制度——工程招标投标制"。2000年5月1日开始施行的《工程建设项目招标范围和规模标准规定》（国家发展计划委员会令第3号）进一步明确了工程招标的范围和规模标准的五类项目的勘察、设计、施工、监理以及与工程建设有关的重要设备、材料等的采购，达到下列标准之一的，必须进行招标：①施工单项合同估算价在200万元人民币以上的；②重要设备、材料等货物的采购，单项合同估算价在100万元人民币以上的；③勘察、设计、监理等服务的采购，单项合同估算价在50万元人民币以上的；④单项合同估算价低于前三项规定的标准，但项目总投资额在3000万元人民币以上的。依法必须进行招标的项目，全部使用国有资金投资或者国有资金投资占控股或者主导地位的，应当公开招标。因此，本题的正确答案为D。

43.【试题答案】C

【试题解析】本题考查重点是"建设工程监理规范——工程延期及工期延误"。《建设工程监理规范》第6.5.4条规定，项目监理机构批准工程延期应同时满足下列三个条件：①施工单位在施工合同约定的期限内提出工程延期；②因非施工单位原因造成施工进度滞后；③施工进度滞后影响到施工合同约定的工期。根据第③点可知，选项C符合题意。因此，本题的正确答案为C。

44.【试题答案】D

【试题解析】本题考查重点是"建设工程监理工作内容——项目监理机构组织协调方法"。第一次工地会议是建设工程尚未全面展开、总监理工程师下达开工令前，建设单位、工程监理单位和施工单位对各自人员及分工、开工准备、监理例会的要求等情况进行沟通和协调的会议，也是检查开工前各项准备工作是否就绪并明确监理程序的会议。第一次工地会议应由建设单位主持，监理单位、总承包单位授权代表参加，也可邀请分包单位代表参加，必要时可邀请有关设计单位人员参加。第一次工地会议上，总监理工程师应介绍监理工作的目标、范围和内容、项目监理机构及人员职责分工、监理工作程序、方法和措施等。因此，本题的正确答案为D。

45.【试题答案】B

【试题解析】本题考查重点是"监理实施细则编写依据"。监理实施细则是在监理规划的基础上，当落实了各专业监理责任和工作内容后，由专业监理工程师针对工程具体情况制定出更具实施性和操作性的业务文件，其作用是具体指导监理业务的实施。因此，本题的正确答案为B。

46.【试题答案】B

【试题解析】本题考查重点是"工程咨询公司为承包商提供服务的内容"。工程咨询公司可以为承包商提供工程设计服务。在这种情况下，工程咨询公司实质上是承包商的设计分包商，其具体表现又有两种方式：一种是工程咨询公司仅承担详细设计（相当于我国的施工图设计）工作。在国际工程招标时，在不少情况下仅达到基本设计，承包商不仅要完成施工任务，而且要完成详细设计。如果承包商不具备完成详细设计的能力，就需要委托工程咨询公司来完成。另一种是工程咨询公司承担全部或绝大部分设计工作。其前提是承包商以项目总承包或交钥匙方式承包工程，且承包商没有能力自己完成工程设计。这时，工程咨询公司通常在投标阶段完成到概念设计或基本设计，中标后再进一步深化设计。因此，本题的正确答案为 B。

47.【试题答案】D

【试题解析】本题考查重点是"监理工程师注册"。取得资格证书并受聘于一个建设工程勘察、设计、施工、监理、招标代理、造价咨询等单位的人员，应当通过聘用单位向单位工商注册所在地的省、自治区、直辖市人民政府建设主管部门提出注册申请；省、自治区、直辖市人民政府建设主管部门受理后提出初审意见，并将初审意见和全部申报材料报国务院建设主管部门审批；符合条件的，由国务院建设主管部门核发注册证书和执业印章。注册证书和执业印章是注册监理工程师的执业凭证，由注册监理工程师本人保管、使用。注册证书和执业印章的有效期为 3 年。因此，本题的正确答案为 D。

48.【试题答案】A

【试题解析】本题考查重点是"建设工程监理实施的前提"。《中华人民共和国建筑法》明确规定，建设单位与其委托的工程监理企业应当订立书面建设工程委托监理合同。也就是说，建设工程监理的实施需要建设单位的委托和授权。工程监理企业应根据委托监理合同和有关建设工程合同的规定实施监理。工程监理企业在委托监理的工程中拥有一定的管理权限，能够开展管理活动，是建设单位授权的结果。工程监理企业对哪些单位的哪些建设行为实施监理要根据有关建设工程合同的规定确定。例如，仅委托施工阶段监理的工程，工程监理企业只能根据委托监理合同和施工合同对施工行为实行监理。因此，本题的正确答案为 A。

49.【试题答案】A

【试题解析】本题考查重点是"《招标投标法》主要内容"。开标应当在招标人的主持下，在招标文件确定的提交投标文件截止时间的同一时间公开进行。开标地点应当为招标文件中预先确定的地点。开标应邀请所有投标人参加。开标时，由投标人或者其推选的代表检查投标文件的密封情况，也可以由招标人委托的公证机构检查并公证。经确认无误后，由工作人员当众拆封，宣读投标人名称、投标价格和投标文件的其他主要内容。招标人在招标文件要求提交投标文件的截止时间前收到的所有投标文件，开标时都应当当众予以拆封、宣读。开标过程应当记录，并存档备查。因此，本题的正确答案为 A。

50.【试题答案】D

【试题解析】本题考查重点是"建设工程目标控制的措施"。所谓组织措施是从目标控制的组织管理方面采取的措施，如落实目标控制的组织机构和人员，明确各级目标控制人员的任务和职能分工、权力和责任、改善目标控制的工作流程等。组织措施是其他各类措施的前提和保障，而且一般不需要增加什么费用，运用得当可以收到良好的效果。由于业主原因所导致的目标偏差，组织措施可能成为首选措施。所以，协助业主改善目标控制的工作流程是监理单位对建设工程目标控制采取的组织措施。因此，本题的正确答案为 D。

二、多项选择题

51.【试题答案】AB

【试题解析】本题考查重点是"建设工程安全生产管理条例——工程监理单位的安全责任"。《建设工程安全生产管理条例》第十四条规定，工程监理单位应当审查施工组织设

48

计中的安全技术措施或者专项施工方案是否符合工程建设强制性标准。工程监理单位在实施监理过程中，发现存在安全事故隐患的，应当要求施工单位整改；情况严重的，应当要求施工单位暂时停止施工，并及时报告建设单位。施工单位拒不整改或者不停止施工的，工程监理单位应当及时向有关主管部门报告。工程监理单位和监理工程师应当按照法律、法规和工程建设强制性标准实施监理，并对建设工程安全生产承担监理责任。因此，本题的正确答案为AB。

52.【试题答案】ACDE

【试题解析】本题考查重点是"建设工程三大目标控制的任务和措施"。为完成施工阶段质量控制任务，项目监理机构需要做好以下工作：①协助建设单位做好施工现场准备工作，为施工单位提交合格的施工现场；②审查确认施工总承包单位及分包单位资格；③检查工程材料、构配件、设备质量；④检查施工机械和机具质量；⑤审查施工组织设计和施工方案；⑥检查施工单位的现场质量管理体系和管理环境；⑦控制施工工艺过程质量；⑧验收分部分项工程和隐蔽工程；⑨处置工程质量问题、质量缺陷；⑩协助处理工程质量事故；⑪审核工程竣工图，组织工程预验收；⑫参加工程竣工验收等。因此，本题的正确答案为ACDE。

53.【试题答案】ABE

【试题解析】本题考查重点是"工程监理企业资质等级和业务范围"。工程监理企业资质相应许可的业务范围如下：①综合资质企业。可承担所有专业工程类别建设工程项目的工程监理业务；②专业资质企业。a. 专业甲级资质企业。可承担相应专业工程类别建设工程项目的工程监理业务；b. 专业乙级资质企业。可承担相应专业工程类别二级以下（含二级）建设工程项目的工程监理业务；c. 专业丙级资质企业。可承担相应专业工程类别三级建设工程项目的工程监理业务；③事务所资质企业。可承担三级建设工程项目的工程监理业务，但国家规定必须实行强制监理的工程除外。此外，工程监理企业可以开展相应类别建设工程的项目管理、技术咨询等业务。因此，本题的正确答案为ABE。

54.【试题答案】ABCD

【试题解析】本题考查重点是"《合同法》主要内容"。执行政府定价或政府指导价的，在合同约定的交付期限内政府价格调整时，按照交付时的价格计价。逾期交付标的物的，遇价格上涨时，按照原价格执行；价格下降时，按照新价格执行。逾期提取标的物或者逾期付款的，遇价格上涨时，按照新价格执行；价格下降时，按照原价格执行。因此，本题的正确答案为ABCD。

55.【试题答案】CD

【试题解析】本题考查重点是"建设工程组织管理基本模式"。平行承发包模式的缺点是投资控制难度大。所以，选项A的叙述是不正确的。平行承发包模式的优点：①有利于缩短工期；②有利于质量控制；③有利于业主选择承建单位。所以，选项E的叙述是不正确的。项目总承包模式的优点是有利于投资控制。所以，选项B的叙述是不正确的。项目总承包模式的优点：①合同关系简单，组织协调工作量小；②缩短建设周期；③利于投资控制。所以，选项C的叙述是正确的。项目总承包管理模式的优点：合同关系简单、组织协调比较有利，进度控制也有利。所以，选项D的叙述是正确的。因此，本题的正确答案为CD。

56.【试题答案】BCE

【试题解析】本题考查重点是"《招标投标法实施条例》相关内容——可以不招标的项目"。除《招标投标法》规定的可以不进行招标的特殊情况外，有下列情形之一的，可以不进行招标：①需要采用不可替代的专利或者专有技术；②采购人依法能够自行建设、生产或者提供；③已通过招标方式选定的特许经营项目投资人依法能够自行建设、生产或者提供；④需要向原中标人采购工程、货物或者服务，否则将影响施工或者功能配套要求；⑤国家规定的其他特殊情形。因此，本题的正确答案为BCE。

57.【试题答案】ABDE

【试题解析】本题考查重点是"监理实施细则主要内容——监理工作方法及措施"。监理工程师通过旁站、巡视、见证取样、平行检测等监理方法，对专业工程作全面监控，对每一个专业工程的监理实施细则而言，其工作方法必须加以详尽阐明。除上述四种常规方法外，监理工程师还可采用指令文件、监理通知、支付控制手段等方法实施监理。因此，本题的正确答案为ABDE。

58.【试题答案】BD

【试题解析】本题考查重点是"建设工程监理实施程序"。监理工作完成后，项目监理机构应及时从两面进行监理工作总结。①向建设单位提交的监理工作总结。主要内容包括：建设工程监理合同履行情况概述、监理任务或监理目标完成情况评价，由建设单位提供的供项目监理机构使用的办公用房、车辆、试验设施等的清单，表明建设工程监理工作终结的说明等；②向工程监理单位提交的监理工作总结。主要内容包括：建设工程监理工作的成效和经验，可以是采用某种监理技术、方法的成效和经验，也可以是采用某种经济措施、组织措施的成效和经验，以及建设工程监理合同执行方面的成效和经验或如何处理好与建设单位、施工单位关系的经验等；建设工程监理工作中发现的问题、处理情况及改进建议。因此，本题的正确答案为BD。

59.【试题答案】BCDE

【试题解析】本题考查重点是"工程监理企业资质管理规定——法律责任"。《工程监理企业资质管理规定》第三十三条规定，县级以上人民政府建设主管部门及有关部门有下列情形之一的，由其上级行政主管部门或者监察机关责令改正，对直接负责的主管人员和其他直接责任人员依法给予处分；构成犯罪的，依法追究刑事责任：①对不符合本规定条件的申请人准予工程监理企业资质许可的；②对符合本规定条件的申请人不予工程监理企业资质许可或者不在法定期限内作出准予许可决定的；③对符合法定条件的申请不予受理或者未在法定期限内初审完毕的；④利用职务上的便利，收受他人财物或者其他好处的；⑤不依法履行监督管理职责或者监督不力，造成严重后果的。根据《工程监理企业资质管理规定》第二十四条第二款的规定，超越法定职权作出准予工程监理企业资质许可的，资质许可机关或者其上级机关，根据利害关系人的请求或者依据职权，可以撤销工程监理企业资质。所以，选项A的叙述不符合题意。因此，本题的正确答案为BCDE。

60.【试题答案】ABC

【试题解析】本题考查重点是"建设工程风险对策及监控"。灾难计划是一组事先编制好的、目的明确的工作程序和具体措施，为现场人员提供明确的行动指南，使其在灾难性的风险事件发生后，不至于惊慌失措，也不需要临时讨论研究应对措施，可以做到从容不迫、及时妥善地处理风险事故，从而减少人员伤亡以及财产和经济损失。灾难计划的内容应满足以下要求：①安全撤离现场人员；②援救及处理伤亡人员；③控制事故的进一步发展，最大限度地减少资产和环境损害；④保证受影响区域的安全尽快恢复正常。灾难计划在灾难性风险事件发生或即将发生时付诸实施。因此，本题的正确答案为 ABC。

61.【试题答案】BC

【试题解析】本题考查重点是"工程监理企业组织形式——股份有限公司"。股份有限公司的设立，可以采取发起设立或者募集设立的方式。发起设立是指由发起人认购公司应发行的全部股份而设立公司。募集设立是指由发起人认购公司应发行股份的一部分，其余股份向社会公开募集或者向特定对象募集而设立公司。因此，本题的正确答案为 BC。

62.【试题答案】DE

【试题解析】本题考查重点是"建设工程质量管理条例——工程监理单位的质量责任和义务"。《建设工程质量管理条例》第三十七条规定，工程监理单位应当选派具备相应资格的总监理工程师和监理工程师进驻施工现场。未经监理工程师签字，建筑材料、建筑构配件和设备不得在工程上使用或者安装，施工单位不得进行下一道工序的施工。未经总监理工程师签字，建设单位不拨付工程款，不进行竣工验收。所以，选项 D、E 符合题意。选项 A、B、C 均属于未经监理工程师签字，不得进行的工作。因此，本题的正确答案为 DE。

63.【试题答案】ABE

【试题解析】本题考查重点是"《合同法》主要内容——合同生效"。依法成立的合同，自成立时生效。依照法律、行政法规规定应当办理批准、登记等手续的，待手续完成时合同生效。当事人对合同的效力可以约定附条件。附生效条件的合同，自条件成就时生效。附解除条件的合同，自条件成就时失效。当事人为自己的利益不正当地阻止条件成就的，视为条件已成就；不正当地促成条件成就的，视为条件不成就。当事人对合同的效力可以约定附期限。附生效期限的合同，自期限届至时生效。附终止期限的合同，自期限届满时失效。因此，本题的正确答案为 ABE。

64.【试题答案】ACDE

【试题解析】本题考查重点是"《建设工程安全生产管理条例》相关内容"。施工单位从事建设工程的新建、扩建、改建和拆除等活动，应当具备国家规定的注册资本、专业技术人员、技术装备和安全生产等条件，依法取得相应等级的资质证书，并在其资质等级许可的范围内承揽工程。因此，本题的正确答案为 ACDE。

65.【试题答案】ACDE

【试题解析】本题考查重点是"注册监理工程师执业"。注册监理工程师可以从事建设工程监理、工程经济与技术咨询、工程招标与采购咨询、工程项目管理服务以及国务院有关部门规定的其他业务。因此，本题的正确答案为 ACDE。

66.【试题答案】BCE

【试题解析】本题考查重点是"CM 模式的适用情况"。从 CM 模式的特点来看，其适用情况主要包括：①设计变更可能性较大的建设工程；②时间因素最为重要的建设工程；③因总的范围和规模不确定而无法准确定价的建设工程。以上都是从建设工程本身的情况说明 CM 模式的适用情况。而不论哪一种情况，应用 CM 模式都需要有具备丰富施工经验的高水平的 CM 单位，这可以说是应用 CM 模式的关键和前提条件。因此，本题的正确答案为 BCE。

67. 【试题答案】ABC

【试题解析】本题考查重点是"《建筑法》主要内容——工程建设参与单位资质要求"。从事建筑活动的建筑施工企业、勘察单位、设计单位和工程监理单位，应当具备下列条件：①有符合国家规定的注册资本；②有与其从事的建筑活动相适应的具有法定执业资格的专业技术人员；③有从事相关建筑活动所应有的技术装备；④法律、行政法规规定的其他条件。从事建筑活动的建筑施工企业、勘察单位、设计单位和工程监理单位，按照其拥有的注册资本、专业技术人员、技术装备和已完成的建筑工程业绩等资质条件，划分为不同的资质等级，经资质审查合格，取得相应等级的资质证书后，方可在其资质等级许可的范围内从事建筑活动。因此，本题的正确答案为 ABC。

68. 【试题答案】DE

【试题解析】本题考查重点是"监理实施细则编写要求"。《建设工程监理规范》GB/T 50319—2013 规定，采用新材料、新工艺、新技术、新设备的工程，以及专业性较强、危险性较大的分部分项工程，应编制监理实施细则。对于工程规模较小、技术较为简单且有成熟监理经验和施工技术措施落实的情况下，可以不必编制监理实施细则。因此，本题的正确答案为 DE。

69. 【试题答案】ACDE

【试题解析】本题考查重点是"中华人民共和国建筑法——建筑工程施工许可"。《建筑法》第八条规定，建设单位申请领取施工许可证，应当具备以下几个条件：①已经办理该建筑工程用地批准手续；②在城市规划区的建筑工程，已经取得规划许可证；③需要拆迁的，其拆迁进度符合施工要求；④已经确定建筑施工企业；⑤有满足施工需要的施工图纸及技术资料；⑥有保证工程质量和安全的具体措施；⑦建设资金已经落实；⑧法律、行政法规规定的其他条件。所以，选项 A、C、D、E 符合题意。根据第③点可知，选项 B 不符合题意。因此，本题的正确答案为 ACDE。

70. 【试题答案】BC

【试题解析】本题考查重点是"项目监理机构人员配备"。项目监理机构应具有合理的人员结构，包括以下两方面：①合理的专业结构。项目监理机构应由与所监理工程的性质（专业性强的生产项目或是民用项目）及建设单位对建设工程监理的要求（是否包含相关服务内容，是工程质量、造价、进度的多目标控制或是某一目标的控制）相适应的各专业人员组成，也即各专业人员要配套，以满足项目各专业监理工作要求；②合理的技术职称结构。为了提高管理效率和经济性，应根据建设工程的特点和建设工程监理工作需要，确定项目监理机构中监理人员的技术职称结构。合理的技术职称结构表现为监理人员的高级职称、中级职称和初级职称的比例与监理工作要求相适应。通常，工程勘察设计阶段的服务，对人员职称要求更高些，具有高级职称及中级职称的人员在整个监理人员构成中应占绝大多数。施工阶段监理，可由较多的初级职称人员从事实际操作工作，如旁站、见证取样、检查工序施工结果、复核工程计量有关数据等。所以，选项 B、C 符合题意，选项 D、E 不符合题意。选项 A 中，监理人员的技术职务、职称并不是越高越好。因此，本题的正确答案为 BC。

71. 【试题答案】BCDE

【试题解析】本题考查重点是"建设工程监理主要方式——旁站工作职责"。旁站人员的主要工作职责包括但不限于以下内容：①检查施工单位现场质量管理人员到岗、特殊工种人员持证上岗以及施工机械、建筑材料准备情况；②在现场跟班监督关键部位、关键工序的施工单位执行施工方案以及工程建设强制性标准情况；③核查进场建筑材料、建筑构配件、设备和商品混凝土的质量检验报告等，并可在现场监督施工单位进行检验或者委托具有资格的第三方进行复验；④做好旁站记录和监理日记，保存旁站原始资料。因此，本题的正确答案为 BCDE。

72. 【试题答案】ACD

【试题解析】本题考查重点是"工程监理企业的资质等级标准"。《工程监理企业资质管理规定》第七条规定，甲级企业的专业资质等级标准包括：①具有独立法人资格且注册资本不少于 300 万元；②企业技术负责人应为注册监理工程师，并具有 15 年以上从事工程建设工作的经历或者具有工程类高级职称；③注册监理工程师、注册造价工程师、一级注册建造师、一级注册建筑师、一级注册结构工程师或者其他勘察设计注册工程师合计不少于 25 人次；其中，相应专业注册监理工程师不少于《专业资质注册监理工程师人数配备表》中要求配备的人数，注册造价工程师不少于 2 人；④企业近 2 年内独立监理过 3 个以上相应专业的二级工程项目，但是，具有甲级设计资质或一级及以上施工总承包资质的企业申请本专业工程类别甲级资质的除外；⑤企业具有完善的组织结构和质量管理体系，有健全的技术、档案等管理制度；⑥企业具有必要的工程试验检测设备；⑦申请工程监理资质之日前一年内没有规定禁止的行为；⑧申请工程监理资质之日前一年内没有因本企业监理责任造成重大质量事故；⑨申请工程监理资质之日前一年内没有因本企业监理责任发生三级以上工程建设重大安全事故或者发生两起以上四级工程建设安全事故。因此，本题的正确答案为 ACD。

73. 【试题答案】ABCD

【试题解析】本题考查重点是"建设工程监理招标程序"。建设单位采用公开招标方式的，应当发布招标公告。招标公告必须通过一定的媒介进行发布。投标邀请书是指采用邀请招标方式的建设单位，向三个以上具备承担招标项目能力、资信良好的特定工程监理单位发出的参加投标的邀请。招标公告与投标邀请书应当载明：建设单位的名称和地址；招标项目的性质；招标项目的数量；招标项目的实施地点；招标项目的实施时间；获取招标文件的办法等内容。因此，本题的正确答案为 ABCD。

74. 【试题答案】BCD

【试题解析】本题考查重点是"建设工程监理相关制度——项目法人责任制"。为了建立投资约束机制，规范建设单位行为，原国家计委于 1996 年 3 月发布了《关于实行建设项目法人责任制的暂行规定》（计建设 [1996] 673 号），要求"国有单位经营性基本建设大中型项目在建设阶段必须组建项目法人"。所以，选项 A 的叙述是不正确的。"由项目法人对项目的策划、资金筹措、建设实施、生产经营、债务偿还和资产的保值增值，实行全过程负责"。所以，选项 E 的叙述是不正确的。项目公司可以是有限责任公司（包括国有独资公司），也可以是股份有限公司。所以，选项 B、D 的叙述是正确的。新上项目在项目建议书被批准后，应由项目的投资方派代表组成项目法人筹备组，具体负责项目法人的筹建工作。有关单位在申报项目可行性研究报告时，须同时提出项目法人的组建方案，否则，其可行性研究报告将不予审批。在项目可行性研究报告被批准后，应正式成立项目法人。按有关规定确保资本金按时到位，并及时办理公司设立登记。所以，选项 C 的叙述是正确的。因此，本题的正确答案为 BCD。

75.【试题答案】ABDE

【试题解析】本题考查重点是"PMBOK 总体框架的九大知识领域"。PMBOK 的九大知识领域包括：项目集成管理、项目范围管理、项目时间管理、项目费用管理、项目质量管理、项目人力资源管理、项目沟通管理、项目风险管理、项目采购管理。各知识领域均包含有计划及其实施过程中的监控。因此，本题的正确答案为 ABDE。

76.【试题答案】ABD

【试题解析】本题考查重点是"项目全过程集成化管理服务模式"。目前在我国工程建设实践中，按照工程项目管理单位与建设单位的结合方式不同，全过程集成化项目管理服务可归纳为咨询式、一体化和植入式三种模式。因此，本题的正确答案为 ABD。

77.【试题答案】BCDE

【试题解析】本题考查重点是"建设工程监理招标程序"。建设单位采用公开招标方式的，应当发布招标公告。招标公告必须通过一定的媒介进行发布。投标邀请书是指采用邀请招标方式的建设单位，向三个以上具备承担招标项目能力、资信良好的特定工程监理单位发出的参加投标的邀请。招标公告与投标邀请书应当载明：建设单位的名称和地址；招标项目的性质；招标项目的数量；招标项目的实施地点；招标项目的实施时间；获取招标文件的办法等内容。因此，本题的正确答案为 BCDE。

78.【试题答案】AB

【试题解析】本题考查重点是"建设工程风险识别与评价"。风险的分析与评价往往采用定性与定量相结合的方法来进行，这二者之间并不是相互排斥的，而是相互补充的。目前，常用的风险分析与评价方法有调查打分法、蒙特卡洛模拟法、计划评审技术法和敏感性分析法等。因此，本题的正确答案为 AB。

79.【试题答案】ACDE

【试题解析】本题考查重点是"建设工程监理招标程序"。建设工程监理招标一般包括：招标准备；发出招标公告或投标邀请书；组织资格审查；编制和发售招标文件；组织现场踏勘；召开投标预备会；编制和递交投标文件；开标、评标和定标；签订建设工程监理合同等程序。因此，本题的正确答案为 ACDE。

80.【试题答案】ACDE

【试题解析】本题考查重点是"建设工程监理文件资料验收与移交"。城建档案管理部门对需要归档的建设工程监理文件资料验收要求包括：①监理文件资料分类齐全，系统完整；②监理文件资料的内容真实，准确反映了建设工程监理活动和工程实际状况；③监理文件资料已整理组卷，组卷符合《建设工程文件归档整理规范》GB/T 50328－2001 的规定；④监理文件资料的形成、来源符合实际，要求单位或个人签章的文件，签章手续完备：⑤文件材质、幅面、书写、绘图、用墨、托裱等符合要求。对国家、省市重点工程项目或一些特大型、大型工程项目的预验收和验收，必须有地方城建档案管理部门参加。为确保监理文件资料的质量，编制单位、地方城建档案管理部门、建设行政管理部门等要对归档的监理文件资料进行严格检查、验收。对不符合要求的，一律退回编制单位进行改正、补齐。因此，本题的正确答案为 ACDE。

第三套模拟试卷

一、**单项选择题**（共 50 题，每题 1 分。每题的备选项中，只有 1 个最符合题意）

1. 根据《建设工程质量管理条例》，建筑材料、建筑构配件和设备等，未经（　　）签字认可，不得在工程上使用或安装。

    A. 建设单位代表   B. 总监理工程师代表

    C. 监理工程师   D. 监理员

2. 建设工程监理实施中，总监理工程师负责制的核心是（　　）。

    A. 权力   B. 责任

    C. 服务   D. 监督

3. （　　）是指工程监理各项工作都应按一定的逻辑顺序展开，使工程监理工作能有效地达到目的而不致造成工作状态的无序和混乱。

    A. 工作的时序性   B. 职责分工的严密性

    C. 工作目标的确定性   D. 权责一致性

4. 工程进度动态比较的内容包括（　　）。

    A. 工程进度目标值的预测分析   B. 工程预算值与概算值

    C. 工程合同价与工程预算值   D. 工程进度目标分解值与合同价比较

5. 《建设工程质量管理条例》规定，设计文件应当符合国家规定的设计深度要求，并注明工程（　　）使用年限。

    A. 经济   B. 最长

    C. 合理   D. 法定

6. 申请综合资质、专业甲级资质的，省、自治区、直辖市人民政府建设主管部门应当自受理申请之日起（　　）日内初审完毕，并将初审意见和申请材料报国务院建设主管部门。

    A. 7   B. 15

    C. 20   D. 30

7. 监理人员对施工现场进行的定期或不定期的检查活动称为（　　）。

    A. 旁站   B. 见证

    C. 巡视   D. 施工监理

8. 下列内容中，属于 FIDIC 工程师职业道德准则的是（　　）。

    A. 能力   B. 科学

    C. 守法   D. 诚信

9. 根据监理规划编写要求，监理规划应在签订建设工程监理合同及收到工程设计文件后由总监理工程师组织编制，并应在召开第一次工地会议（　　）天前报建设单位。

    A. 3   B. 5

C. 7　　　　　　　　　　　　　　　D. 10

10. 下列属于项目监理机构内部工作制度的是（　　　）。

　　A. 监理工作日志制度

　　B. 工程材料、半成品质量检验制度

　　C. 监理工作报告制度

　　D. 施工备忘录签发制度

11. 我国建设工程法律法规体系中，《建设工程质量管理条例》属于（　　　）。

　　A. 法律　　　　　　　　　　　　　B. 行政规章

　　C. 行政法规　　　　　　　　　　　D. 部门规章

12. 从事建筑活动的（　　　），应当依法取得相应的执业资格证书。

　　A. 专业技术人员　　　　　　　　　B. 监理工程师

　　C. 建设管理人员　　　　　　　　　D. 建筑施工人员

13. （　　　）是指项目监理机构对施工单位进行的涉及结构安全的试块、试件及工程材料现场取样、封样、送检工作的监督活动。

　　A. 旁站　　　　　　　　　　　　　B. 巡视

　　C. 见证取样　　　　　　　　　　　D. 施工监理

14. 对于采用（　　　）方式建设的政府投资项目，政府要审批项目建议书、可行性研究报告、初步设计和概算。

　　A. 转贷　　　　　　　　　　　　　B. 贷款贴息

　　C. 投资补助　　　　　　　　　　　D. 资本金注入

15. 根据《招标投标法》的规定，招标人采用邀请招标方式的，应当向（　　　）个以上具备承担招标项目的能力、资信良好的特定法人或者其他组织发出投标邀请书。

　　A. 1　　　　　　　　　　　　　　B. 2

　　C. 3　　　　　　　　　　　　　　D. 4

16. 下列体现建设工程三大目标之间对立关系的是（　　　）。

　　A. 适当增加投资数量，缩短工期，使工程项目尽早动用，投资尽早收回

　　B. 适当提高建设工程功能要求和质量标准，能够节约工程项目动用后的运行费和维修费

　　C. 制定科学合理的建设工程进度计划，不但可以缩短建设工期，而且有可能获得较好的工程质量和降低工程造价

　　D. 如果要抢时间、争进度，以极短的时间完成建设工程，势必会增加投资或者使工程质量下降

17. 建设工程风险按照风险影响范围划分为（　　　）。

　　A. 局部风险和总体风险

　　B. 可管理风险和不可管理风险

　　C. 建设单位的风险、设计单位的风险、施工单位的风险、工程监理单位的风险

　　D. 自然风险、社会风险、经济风险、法律风险和政治风险

18. 根据《国务院关于投资体制改革的决定》，政府投资工程实行（　　　）。

　　A. 审批制　　　　　　　　　　　　B. 核准制

C. 登记制   D. 备案制

19. 邀请招标的缺点是(   )。
    A. 招标时间短   B. 招标费用较高
    C. 不需要发布招标公告   D. 限制了竞争范围

20. 复核或从施工现场直接获取工程计量的有关数据，是(   )的职责。
    A. 总监理工程师   B. 总监理工程师代表
    C. 专业监理工程师   D. 监理员

21. 下列选项中，不属于监理实施细则内容的是(   )。
    A. 监理工作流程   B. 本工程的试验项目及其要求
    C. 专业工程特点   D. 监理工作要点

22. 选择合理的承发包模式和合同计价方式是目标控制的(   )。
    A. 组织措施   B. 技术措施
    C. 经济措施   D. 合同措施

23. 下列关于"监理工程师通知回复单"应用的说法中，正确的是(   )。
    A. 一般由监理员签认，重大问题由专业监理工程师签认
    B. 一般由专业监理工程师签认，重大问题由总监理工程师签认
    C. 承包单位可对多份监理工程师通知单予以综合答复
    D. 由承包单位负责人对监理工程师通知单予以答复

24. 因适应大型建设工程业主高层管理人员决策需要而产生的建设工程管理模式是
(   )模式。
    A. EPC   B. CM
    C. Partnering   D. Project Controlling

25. 下列工作中，属于建设准备阶段监理单位工作的是(   )。
    A. 组织招标选择工程监理单位   B. 编制施工组织设计
    C. 签订产品供货及运输协议   D. 组织设计文件评审

26. 下列关于 Project Controlling 模式与建设项目管理差异的说法中，不正确的是(   )。
    A. 两者的控制目标不同   B. 两者的地位不同
    C. 两者的权力不同   D. 两者的工作内容不同

27. 工程监理企业组织形式中，有限责任公司的注册资本说法错误的有(   )。
    A. 公司全体股东的首次出资额不得低于注册资本的 20%
    B. 不得低于法定的注册资本最低限额
    C. 投资公司可以在 5 年内缴足
    D. 一个自然人或法人有限责任公司的注册资本最低限额为人民币 3 万元

28. 在国外工程咨询公司的阶段性服务内容中，除了(   )之外，其余各阶段工作业主
都可能单独委托工程咨询公司来完成。
    A. 工程设计   B. 工程招标与设备采购
    C. 生产准备和调试验收   D. 项目后评价

29. 建设工程监理规划的审核应侧重于(   )是否与合同要求和业主建设意图一致。
    A. 监理范围、工作内容及监理目标   B. 项目监理机构结构

C. 投资、进度、质量目标控制方法和措施 D. 监理工作制度

30. （　　）是工程进度控制的经济措施。

A. 严格质量检查和验收，不符合合同规定质量要求的，拒付工程款

B. 及时进行计划费用与实际费用的分析比较

C. 按合同支付工程质量补偿金或奖金

D. 确保资金的及时供应

31. 不需要建设单位审批同意的表式是(　　)。

A. 工程款支付报审表 　　　　　　　B. 专项施工方案

C. 费用索赔报审表 　　　　　　　　D. 工程临时或最终延期报审表

32. 监理任务确定并签订委托监理合同后，工程监理单位首先要做的工作是(　　)。

A. 编制监理大纲 　　　　　　　　　B. 编制监理规划

C. 组建项目监理机构 　　　　　　　D. 编制监理实施细则

33. 为了防止偷工减料，应该采取（　　）监理方式。

A. 巡视 　　　　　　　　　　　　　B. 旁站

C. 平行检验 　　　　　　　　　　　D. 见证取样

34. （　　）是一个建设工程监理工作的总负责人。

A. 监理员 　　　　　　　　　　　　B. 专业监理工程师

C. 总监理工程师代表 　　　　　　　D. 总监理工程师

35. 巡视监理人员认为发现的问题自己无法解决或无法判断是否能够解决时，应立即向(　　)汇报。

A. 总监理工程师 　　　　　　　　　B. 专业监理工程师

C. 监理单位技术负责人 　　　　　　D. 建设行政主管部门

36. 下列关于监理工程师注册规定的表述中，正确的是(　　)。

A. 初始注册者，可自资格证书签发之日起3年内提出申请

B. 注册有效期满需继续执业的，应在有效期满1周前，提出延续注册申请

C. 在注册有效期内变更执业单位时，应办理变更注册手续，变更注册有效期为3年

D. 每次申请注册均需提供达到继续教育要求的证明材料

37. 工程监理企业专业资质按照工程性质和技术特点划分为（　　）个工程类别。

A. 10 　　　　　　　　　　　　　　B. 12

C. 14 　　　　　　　　　　　　　　D. 16

38. 关于对监理例会上各方意见不一致的重大问题在会议纪要中处理方式的说法，正确的是(　　)。

A. 不应记入会议纪要，以免影响各方意见一致问题的解决

B. 应将各方的主要观点记入会议纪要，但与会各方代表不签字

C. 应将各方的主要观点记入会议纪要的"其他事项"中

D. 应就意见一致和不一致的问题分别形成会议纪要

39. 相关服务的范围和内容属于（　　）的内容。

A. 附录A 　　　　　　　　　　　　B. 附录B

C. 专用条件 　　　　　　　　　　　D. 通用条件

40. 《建筑法》规定，两个以上不同资质等级的单位实行联合共同承包的，应当按照（　　）的业务许可范围承揽工程。

    A. 建设行政主管部门确认　　　　　　B. 两个单位共同

    C. 资质等级高的单位　　　　　　　　D. 资质等级低的单位

41. 与其他模式相比，（　　）合同更接近于固定总价合同。

    A. CM　　　　　　　　　　　　　　B. EPC

    C. Partnering　　　　　　　　　　　D. Project Controlling

42. 具有纵向职能系统和横向子项目系统的监理组织形式为（　　）监理组织形式。

    A. 矩阵制　　　　　　　　　　　　　B. 直线制

    C. 直线职能制　　　　　　　　　　　D. 职能制

43. （　　）既要反映建设工程监理工作及建设工程实施情况，也能确保建设工程监理工作可追溯。

    A. 监理日志　　　　　　　　　　　　B. 监理月报

    C. 监理例会　　　　　　　　　　　　D. 工程质量评估报告

44. 对于采用投资补助、转贷和贷款贴息方式的政府投资工程，只审批（　　）。

    A. 项目建议书　　　　　　　　　　　B. 可行性研究报告

    C. 资金申请报告　　　　　　　　　　D. 初步设计和概算

45. 专题会议是由总监理工程师或其授权的专业监理工程师主持或参加的，为解决工程监理过程中的工程专项问题而（　　）召开的会议。

    A. 不定期　　　　　　　　　　　　　B. 定期主持召开

    C. 每月组织召开一次　　　　　　　　D. 按建设单位要求组织

46. 风险识别方法中，不属于专家调查法的是（　　）。

    A. 头脑风暴法　　　　　　　　　　　B. 德尔菲法

    C. 访谈法　　　　　　　　　　　　　D. 风险调查法

47. 工程招标投标制是实行工程监理制的（　　）。

    A. 首要条件　　　　　　　　　　　　B. 必要条件

    C. 重要保障　　　　　　　　　　　　D. 重要保证

48. 下列关于建设工程投资、进度、质量三大目标之间基本关系的说法中，表达目标之间统一关系的是（　　）。

    A. 缩短工期，可能增加工程投资

    B. 减少投资，可能要降低功能和质量要求

    C. 提高功能和质量要求，可能延长工期

    D. 提高功能和质量要求，可能降低运行费用和维修费用

49. 《建设工程质量管理条例》规定，有防水要求的卫生间最低保修期限为（　　）年。

    A. 1　　　　　　　　　　　　　　　B. 2

    C. 3　　　　　　　　　　　　　　　D. 5

50. 下列单位中，不能使用工程变更单的是（　　）。

    A. 建设单位　　　　　　　　　　　　B. 监理单位

    C. 施工单位　　　　　　　　　　　　D. 检测单位

二、多项选择题（共30题，每题2分。每题的备选项中，有2个或2个以上符合题意，至少有1个错项。错选，本题不得分；少选，所选的每个选项得0.5分）

51. 工程监理企业组织形式中，有限责任公司的组织机构包括（　　）。

A. 股东会
B. 项目经理
C. 董事会
D. 经理
E. 监事会

52. 投标文件编制原则有（　　）。

A. 响应招标文件，保证不被废标
B. 充分衡量自身人员和技术实力能否满足工程项目要求
C. 认真研究招标文件，深入领会招标文件意图
D. 对于竞争激烈、风险特别大或把握不大的工程项目，应主动放弃投标
E. 投标文件要内容详细、层次分明、重点突出

53. 下列组织形式中，可能对基层监理人员产生矛盾命令的监理组织形式有（　　）。

A. 按子项目分解的监理组织
B. 按建设阶段分解的监理组织
C. 职能制监理组织
D. 直线职能制监理组织
E. 矩阵制监理组织

54. 总监理工程师应对项目监理机构内的每一个岗位都订立明确的工作目标和岗位责任，使（　　）。

A. 管理职能不重不漏
B. 事事有人管
C. 人人有专责
D. 人员能力互补
E. 人员性格互补

55. 根据《建设工程监理规范》，总监理工程师不得委托给总监理工程师代表的工作有（　　）。

A. 组织编制监理规划
B. 根据工程进展及监理工作情况调配监理人员
C. 审查和处理工程变更
D. 主持监理工作会议
E. 组织审核竣工结算

56. 项目监理机构组织结构设计中，管理层次中的中间控制层包括（　　）。

A. 决策层
B. 协调层
C. 操作层
D. 执行层
E. 指导层

57. 对监理规划进行审核时，对于人员配备方案应着重从（　　）等方面审查。

A. 人员专业满足程度
B. 人员数量满足程度
C. 派驻现场人员计划表
D. 人员工作业绩考核
E. 专业人员不足时采取的措施

58. 建设工程组织管理的基本模式包括（　　）。

A. 单独承发包模式
B. 工程总承包模式
C. 施工总分包模式
D. 平行承发包模式

E. 项目总承包管理模式

59. 根据有关建设工程档案管理的规定，暂由建设单位保管工程档案的工程有（　　）。

    A. 维修工程　　　　　　　　　　　　B. 缓建工程

    C. 改建工程　　　　　　　　　　　　D. 扩建工程

    E. 停建工程

60. 监理文件档案经（　　）程序后，必须使用科学的分类方法进行存放，这样既可满足项目实施过程查阅、求证的需要，又方便项目竣工后文件和档案的归档和移交。

    A. 收文　　　　　　　　　　　　　　B. 发文

    C. 登记　　　　　　　　　　　　　　D. 传阅工作

    E. 作废

61. 下列内容中，属于非保险转移缺点的有（　　）。

    A. 可能因合同条款有歧义而导致转移失效

    B. 机会成本大

    C. 有时转移代价可能超过实际损失

    D. 可能因转移者心理麻痹而导致实际损失增加

    E. 可能因被转移者无力承担实际发生的重大损失而导致仍然由转移者来承担损失

62. 合同终止的情形包括（　　）。

    A. 债务人依法将标的物提存　　　　　B. 债务已经按照约定履行

    C. 债务相互抵销　　　　　　　　　　D. 债权债务同归于一人

    E. 债务人没有能力偿还债务

63. 快速路径法可在下列模式中采用（　　）。

    A. 平行承发包模式　　　　　　　　　B. 设计和施工总分包模式

    C. 项目总承包模式　　　　　　　　　D. Partnering 模式

    E. CM 模式

64. 监理规划审核内容中，对安全生产管理监理工作内容的审核包括（　　）。

    A. 在工程进展中各个阶段的工作实施计划是否合理、可行

    B. 审核安全生产管理的监理工作内容是否明确

    C. 是否建立了对现场安全隐患的巡视检查制度

    D. 是否制定了相应的安全生产管理实施细则

    E. 是否建立了对施工组织设计、专项施工方案的审查制度

65. 建设工程监理合同的组成文件有（　　）。

    A. 协议书　　　　　　　　　　　　　B. 中标通知书

    C. 投标文件　　　　　　　　　　　　D. 专用条件

    E. 格式条款

66. Partnering 模式的要素通常包括（　　）。

    A. 共享　　　　　　　　　　　　　　B. 合作

    C. 信任　　　　　　　　　　　　　　D. 有共同的目标

    E. 短期协议

67. 根据《建设工程监理规范》，专业监理工程师应履行的职责包括（　　）。

A. 参与工程质量事故的调查

B. 指导、检查监理员工作，定期向总监理工程师报告本专业监理工作实施情况

C. 验收检验批、隐蔽工程、分项工程，参与验收分部工程

D. 检查承包单位投入工程项目的人力、材料、主要设备及其使用、运行状况

E. 参与工程竣工预验收和竣工验收

68. 下列有关归档工程文件组卷方法及要求的表述正确的有(　　　)。

A. 案卷不宜过厚，一般不超过50mm

B. 同一事项的请示与批复，按批复在前、请示在后的顺序排列

C. 文字材料按事项、专业顺序排列

D. 一个建设工程由多个单位工程组成时，应按组成单位工程的分部工程组卷

E. 监理文件资料可按单位工程等组卷

69. 项目监理机构的组织结构设计工作内容包括(　　　)。

A. 确定项目监理机构目标　　　　　　B. 选择组织结构形式

C. 划分项目监理机构部门　　　　　　D. 制定岗位职责和考核标准

E. 制定工作流程和信息流程

70. 监理规划组织协调中的建设工程系统内的单位是指进行建设工程系统内的单位协调重点分析，主要包括(　　　)。

A. 建设单位　　　　　　　　　　　　B. 工程毗邻单位

C. 材料和设备供应单位　　　　　　　D. 社会团体

E. 资金提供单位

71. 施工总分包模式的优点之一是利于质量控制，其原因在于(　　　)。

A. 有分包单位的自控

B. 有总包单位的监督

C. 有监理单位的检查认可

D. 有合同约束与分包单位之间相互制约

E. 有监理单位监督与分包单位之间相互制约

72. 在建设工程监理工作的基本表式中，《＿＿＿报验表》可用于 (　　　) 的申报。

A. 开工或复工　　　　　　　　　　　B. 隐蔽工程报验

C. 检验批报验　　　　　　　　　　　D. 分项工程报验

E. 竣工验收

73. 《建设工程监理规范》规定，编制监理实施细则的依据有(　　　)。

A. 监理合同

B. 工程承包合同

C. 已批准的监理规划

D. 与专业工程相关的标准、设计文件和技术资料

E. 施工组织设计

74. 建设工程监理的实施原则包括(　　　)。

A. 集权与分权统一的原则

B. 公平、独立、诚信、科学的原则

C. 严格监理，热情服务的原则

D. 管理跨度与管理层次统一的原则

E. 综合效益的原则

75. 对于采用直接投资和资本金注入方式的政府投资工程，政府需要从投资决策的角度审批（　　　）。

A. 项目建议书　　　　　　　　　　B. 可行性研究报告

C. 资金申请报告　　　　　　　　　D. 初步设计和概算

E. 复工报告

76. 工程监理评标办法中，通常会将（　　　）作为评标内容。

A. 工程监理单位的基本素质

B. 工程监理人员配备

C. 工程监理规划

D. 试验检测仪器设备及其应用能力

E. 工程监理费用报价

77. 项目监理机构中管理跨度的确定应考虑（　　　），并按监理工作实际需要确定。

A. 监理人员的素质　　　　　　　　B. 监理工作流程

C. 监理业务的标准化程度　　　　　D. 规章制度的建立健全情况

E. 管理活动的复杂性和相似性

78. 工程监理企业组织形式中，有限责任公司的设立条件有（　　　）。

A. 股东符合法定人数

B. 有公司住所

C. 股东出资达到法定资本最低限额

D. 发起人认购和募集的股本达到法定资本最低限额

E. 有公司名称，建立符合有限责任公司要求的组织机构

79. 国际工程中，工程咨询公司主要为业主提供（　　　）服务。

A. 技术咨询　　　　　　　　　　　B. 材料设备采购

C. 合同咨询和索赔　　　　　　　　D. 生产准备、调试验收

E. 工程招标

80. 初始清单法中，对于大型复杂工程的单位工程应分别从（　　　）进行分解。

A. 时间维　　　　　　　　　　　　B. 目标维

C. 分部工程　　　　　　　　　　　D. 分项工程

E. 因素维

第三套模拟试卷参考答案、考点分析

一、单项选择题

1.【试题答案】 C

【试题解析】 本题考查重点是"建设工程质量管理条例——工程监理单位的质量责任和义务"。《建设工程质量管理条例》第三十七条规定，工程监理单位应当选派具备相应资格的总监理工程师和监理工程师进驻施工现场。未经监理工程师签字，建筑材料、建筑构配件和设备不得在工程上使用或者安装，施工单位不得进行下一道工序的施工。未经总监理工程师签字，建设单位不拨付工程款，不进行竣工验收。因此，本题的正确答案为 C。

2.【试题答案】 B

【试题解析】 本题考查重点是"建设工程监理实施原则"。总监理工程师负责制指由总监理工程师全面负责建设工程监理实施工作，其内涵包括：①总监理工程师是建设工程监理的责任主体。总监理工程师是实现建设工程监理目标的最高责任者，应是向建设单位和工程监理单位所负责任的承担者。责任是总监理工程师负责制的核心，它构成了对总监理工程师的工作压力和动力，也是确定总监理工程师权力和利益的依据；②总监理工程师是建设工程监理的权力主体。根据总监理工程师承担责任的要求，总监理工程师负责制体现了总监理工程师全面领导工程项目监理工作。包括组建项目监理机构，组织编制监理规划，组织实施监理活动，对监理工作进行总结、监督、评价等；③总监理工程师是建设工程监理的利益主体。总监理工程师对社会公众利益负责，对建设单位投资效益负责，同时也对所监理项目的监理效益负责，并负责项目监理机构所有监理人员利益的分配。因此，本题的正确答案为 B。

3.【试题答案】 A

【试题解析】 本题考查重点是"建设工程监理实施程序"。项目监理机构应按照建设工程监理合同约定，依据监理规划及监理实施细则规范化地开展建设工程监理工作。建设工程监理工作的规范化体现在以下几个方面：①工作的时序性。是指建设工程监理各项工作都应按一定的逻辑顺序展开，使建设工程监理工作能有效地达到目的而不致造成工作状态的无序和混乱；②职责分工的严密性。建设工程监理工作是由不同专业、不同层次的专家群体共同来完成的，他们之间严密的职责分工是协调进行建设工程监理工作的前提和实现建设工程监理目标的重要保证；③工作目标的确定性。在职责分工的基础上，每一项监理工作的具体目标都应确定，完成的时间也应有明确的限定，从而能通过书面资料对建设工程监理工作及其效果进行检查和考核。因此，本题的正确答案为 A。

4.【试题答案】 A

【试题解析】 本题考查重点是"监理规划主要内容——工程进度控制"。施工进度计划在实施过程中受各种因素的影响可能会出现偏差，项目监理机构应对施工进度计划的实施情况进行动态检查，对照施工实际进度和计划进度，判定实际进度是否出现偏差。发现实际进度严重滞后且影响合同工期时，应签发监理通知单，召开专题会议，要求施工单位采取调整措施加快施工进度，并督促施工单位按调整后批准的施工进度计划实施。工程进度动态比较的内容包括：①工程进度目标分解值与进度实际值的比较；②工程进度目标值的预测分析。因此，本题的正确答案为A。

5.【试题答案】C

【试题解析】本题考查重点是"《建设工程质量管理条例》相关内容"。勘察、设计单位必须按照工程建设强制性标准进行勘察、设计，并对其勘察、设计的质量负责。勘察单位提供的地质、测量、水文等勘察成果必须真实、准确。设计单位应当根据勘察成果文件进行建设工程设计。设计文件应当符合国家规定的设计深度要求，注明工程合理使用年限。注册建筑师、注册结构工程师等注册执业人员应当在设计文件上签字，对设计文件负责。设计单位还应当就审查合格的施工图设计文件向施工单位作出详细说明。因此，本题的正确答案为C。

6.【试题答案】C

【试题解析】本题考查重点是"工程监理企业资质申请与审批"。申请综合资质、专业甲级资质的，省、自治区、直辖市人民政府建设主管部门应当自受理申请之日起20日内初审完毕，并将初审意见和申请材料报国务院建设主管部门。国务院建设主管部门应当自省、自治区、直辖市人民政府建设主管部门受理申请材料之日起60日内完成审查，公示审查意见，公示时间为10日。其中，涉及铁路、交通、水利、通信、民航等专业工程监理资质的，由国务院建设主管部门送国务院有关部门审核。国务院有关部门应当在20日内审核完毕，并将审核意见报国务院建设主管部门。国务院建设主管部门根据初审意见审批。因此，本题的正确答案为C。

7.【试题答案】C

【试题解析】本题考查重点是"建设工程监理主要方式——巡视的作用"。巡视是指项目监理机构监理人员对施工现场进行定期或不定期的检查活动。巡视检查是项目监理机构实施建设工程监理的重要方式之一，是监理人员针对施工现场进行的日常检查。因此，本题的正确答案为C。

8.【试题答案】A

【试题解析】本题考查重点是"咨询工程师的职业道德"。FIDIC道德准则要求咨询工程师具有正直、公平、诚信、服务等的工作态度和敬业精神，充分体现了FIDIC对咨询工程师要求的精髓，主要内容如下：①对社会和咨询业的责任；②能力；③廉洁和正直；④公平；⑤对他人公正；⑥反腐败。因此，本题的正确答案为A。

9.【试题答案】C

【试题解析】本题考查重点是"监理规划编写要求"。监理规划的编制应充分考虑时效性，监理规划应在签订建设工程监理合同及收到工程设计文件后由总监理工程师组织编制，并应在召开第一次工地会议7天前报建设单位。监理规划报送前还应由监理单位技术负责人审核签字。因此，监理规划的编写还要留出必要的审查和修改时间。为此，应当对监理规划的编写时间事先作出明确规定，以免编写时间过长，从而耽误监理规划对监理工作的指导，使监理工作陷于被动和无序。因此，本题的正确答案为C。

10.【试题答案】A

【试题解析】本题考查重点是"监理规划主要内容——监理工作制度"。项目监理机构内部工作制度：①项目监理机构工作会议制度，包括监理交底会议、监理例会、监理专题会、监理工作会议等；②项目监理机构人员岗位职责制度；③对外行文审批制度；④监理工作日志制度；⑤监理周报、月报制度；⑥技术、经济资料及档案管理制度；⑦监理人员教育培训制度；⑧监理人员考勤、业绩考核及奖惩制度。因此，本题的正确答案为A。

11.【试题答案】C

【试题解析】本题考查重点是"《建设工程质量管理条例》相关内容"。建设工程行政法规是指由国务院通过的规范工程建设活动的法律规范，以国务院令的形式予以公布。与建设工程监理密切相关的行政法规有：《建设工程质量管理条例》、《建设工程安全生产管理条例》、《生产安全事故报告和调查处理条例》和《招标投标法实施条例》。因此，本题的正确答案为C。

12.【试题答案】A

【试题解析】本题考查重点是"《建筑法》主要内容——专业技术人员执业资格要求"。从事建筑活动的专业技术人员，应当依法取得相应的执业资格证书，并在执业资格证书许可的范围内从事建筑活动。如：注册建筑师、注册结构工程师、注册监理工程师、注册造价工程师、注册建造师等。因此，本题的正确答案为A。

13.【试题答案】C

【试题解析】本题考查重点是"建设工程监理主要方式——见证取样程序"。见证取样是指项目监理机构对施工单位进行的涉及结构安全的试块、试件及工程材料现场取样、封样、送检工作的监督活动。项目监理机构应根据工程的特点和具体情况，制定工程见证取样送检工作制度，将材料进场报验、见证取样送检的范围、工作程序、见证人员和取样人员的职责、取样方法等内容纳入监理实施细则，并可召开见证取样工作专题会议，要求工程参建各方在施工中必须严格按制定的工作程序执行。因此，本题的正确答案为C。

14.【试题答案】D

【试题解析】本题考查重点是"建设工程可行性研究阶段工作内容"。对于采用直接投资和资本金注入方式的政府投资项目，政府需要从投资决策的角度审批项目建议书和可行性研究报告，除特殊情况外不再审批开工报告，同时还要严格审批其初步设计和概算；对于采用投资补助、转贷和贷款贴息方式的政府投资项目，则只审批资金申请报告。因此，本题的正确答案为D。

15.【试题答案】C

【试题解析】本题考查重点是"《招标投标法》主要内容"。招标分为公开招标和邀请招标两种方式。公开招标是指招标人以招标公告的方式邀请不特定的法人或者其他组织投标。邀请招标，是指招标人以投标邀请书的方式邀请特定的法人或者其他组织投标。招标人采用公开招标方式的，应当发布招标公告。依法必须进行招标的项目，应当通过国家指定的报刊、信息网络或者媒介发布招标公告。招标人采用邀请招标方式的，应当向3个以上具备承担招标项目的能力、资信良好的特定法人或者其他组织发出投标邀请书。招标公告或投标邀请书应当载明招标人的名称和地址、招标项目的性质、数量、实施地点和时间以及获取招标文件的办法等事项。招标人不得以不合理的条件限制或者排斥潜在投标人，不得对潜在投标人实行歧视待遇。因此，本题的正确答案为C。

16.【试题答案】D

【试题解析】本题考查重点是"建设工程三大目标之间的关系"。三大目标之间的对立关系：在通常情况下，如果对工程质量有较高的要求，就需要投入较多的资金和花费较长的建设时间；如果要抢时间、争进度，以极短的时间完成建设工程，势必会增加投资或者使工程质量下降；如果要减少投资、节约费用，势必会考虑降低工程项目的功能要求和质量标准。这些表明，建设工程三大目标之间存在着矛盾和对立的一面。因此，本题的正确答案为D。

17.【试题答案】A

【试题解析】本题考查重点是"建设工程风险及其管理过程"。建设工程的风险因素有很多，可以从不同的角度进行分类。①按照风险来源进行划分。风险因素包括自然风险、社会风险、经济风险、法律风险和政治风险；②按照风险涉及的当事人划分。风险因素包括建设单位的风险、设计单位的风险、施工单位的风险、工程监理单位的风险等；③按风险可否管理划分。可分为：可管理风险和不可管理风险；④按风险影响范围划分。可分为：局部风险和总体风险。因此，本题的正确答案为A。

18.【试题答案】A

【试题解析】本题考查重点是"策划决策阶段的工作内容"。根据《国务院关于投资体制改革的决定》（国发〔2004〕20号），政府投资工程实行审批制；非政府投资工程实行核准制或登记备案制。因此，本题的正确答案为A。

19.【试题答案】D

【试题解析】本题考查重点是"建设工程监理招标方式"。邀请招标是指建设单位以投标邀请书方式邀请特定工程监理单位参加投标，向其发售招标文件，按照招标文件规定的评标方法、标准，从符合投标资格要求的投标人中优选中标人，并与中标人签订建设工程监理合同的过程。邀请招标属于有限竞争性招标，也称为选择性招标。采用邀请招标方式，建设单位不需要发布招标公告，也不进行资格预审（但可组织必要的资格审查），使招标程序得到简化。这样，既可节约招标费用，又可缩短招标时间。邀请招标虽然能够邀请到有经验和资信可靠的工程监理单位投标，但由于限制了竞争范围，选择投标人的范围和投标人竞争的空间有限，可能会失去技术和报价方面有竞争力的投标者，失去理想中标人，达不到预期竞争效果。因此，本题的正确答案为D。

20.【试题答案】D

【试题解析】本题考查重点是"项目监理机构各类人员基本职责"。根据《建设工程监理规范》GB/T 50319—2013，监理员应履行下列职责：①检查施工单位投入工程的人力、主要设备的使用及运行状况；②进行见证取样；③复核工程计量有关数据；④检查工序施工结果；⑤发现施工作业中的问题，及时指出并向专业监理工程师报告。监理员的上述职责为其基本职责，在建设工程监理实施过程中，项目监理机构还应针对建设工程实际情况，明确各岗位专业监理工程师和监理员的职责分工。根据第③点可知，选项D符合题意。因此，本题的正确答案为D。

21.【试题答案】B

【试题解析】本题考查重点是"监理实施细则主要内容"。监理实施细则主要内容包括：①专业工程特点；②监理工作流程；③监理工作要点；④监理工作方法及措施。选项B属于对承包单位的试验室进行考核的内容。因此，本题的正确答案为B。

22.【试题答案】D

【试题解析】本题考查重点是"建设工程三大目标控制的任务和措施"。加强合同管理是控制建设工程目标的重要措施。建设工程总目标及分目标将反映在建设单位与工程参建主体所签订的合同之中。由此可见，通过选择合理的承发包模式和合同计价方式，选定满意的施工单位及材料设备供应单位，拟定完善的合同条款，并动态跟踪合同执行情况及处理好工程索赔等，是控制建设工程目标的重要合同措施。因此，本题的正确答案为D。

23.【试题答案】B

【试题解析】本题考查重点是"监理工程师通知回复单（A6）"。监理工程师通知回复单（A6）用于承包单位接到项目监理部的"监理工程师通知单"（B1），并已完成了监理工程师通知单上的工作后，报请项目监理部进行核查。表中应对监理工程师通知单中所提问题产生的原因、整改经过和今后预防同类问题准备采取的措施进行详细的说明，且要求承包单位对每一份监理工程师通知都要予以答复。所以，选项C、D的叙述均是不正确的。监理工程师应对本表所述完成的工作进行核查，签署意见，批复给承包单位。本表一般可由专业监理工程师签认，重大问题由总监理工程师签认。所以，选项A的叙述是不正确的，选项B的叙述是正确的。因此，本题的正确答案为B。

24.【试题答案】D

【试题解析】本题考查重点是"Project Controlling 模式的概念"。Project Controlling 模式是适应大型建设工程业主高层管理人员决策需要而产生的。在大型建设工程的实施中，即使业主委托了建设项目管理咨询单位进行全过程、全方位的项目管理，但重大问题仍需业主自己决策。因此，本题的正确答案为D。

25.【试题答案】A

【试题解析】本题考查重点是"建设实施阶段的工作内容"。工程项目在开工建设之前要切实做好各项准备工作，其主要内容包括：①征地、拆迁和场地平整；②完成施工用水、电、通信、道路等接通工作；③组织招标选择工程监理单位、施工单位及设备、材料供应商；④准备必要的施工图纸；⑤办理工程质量监督和施工许可手续。根据第③点可知，选项A符合题意。因此，本题的正确答案为A。

26.【试题答案】A

【试题解析】本题考查重点是"Project Controlling 与建设项目管理的比较"。Project Controlling 与建设项目管理的不同之处主要表现在：①两者的服务对象不尽相同；②两者的地位不同；③两者的服务时间不尽相同；④两者的工作内容不同；⑤两者的权力不同。所以，选项B、C、D均属于 Project Controlling 模式与建设项目管理的不同处。Project Controlling 与建设项目管理的相同点主要表现在：①工作属性相同，都属于工程咨询服务；②控制目标相同，都有控制项目的投资、进度和质量三大目标；③控制原理相同，都采用动态控制、主动控制与被动控制相结合并尽可能采用主动控制。根据第②点可知，选项A符合题意。因此，本题的正确答案为A。

27.【试题答案】D

【试题解析】本题考查重点是"工程监理企业组织形式——有限责任公司"。有限责任公司的注册资本为在公司登记机关登记的全体股东认缴的出资额。公司全体股东的首次出资额不得低于注册资本的20%，也不得低于法定的注册资本最低限额，其余部分由股东自公司成立之日起2年内缴足；其中，投资公司可以在5年内缴足。有限责任公司注册资本的最低限额为人民币 3 万元，但一个自然人或法人有限责任公司的注册资本最低限额为人民币 10 万元。因此，本题的正确答案为 D。

28. 【试题答案】C

【试题解析】本题考查重点是"工程咨询公司的服务对象和内容——为业主服务"。阶段性服务是指工程咨询公司仅承担上述工程建设全过程服务中某一阶段的服务工作。一般来说，除了生产准备和调试验收之外，其余各阶段工作业主都可能单独委托工程咨询公司来完成。阶段性服务又分为两种不同的情况：一种是业主已经委托某工程咨询公司进行全过程服务，但同时又委托其他工程咨询公司对其中某一或某些阶段的工作成果进行审查、评价，例如，对可行性研究报告、设计文件都可以采取这种方式。另一种是业主分别委托多个工程咨询公司完成不同阶段的工作，在这种情况下，业主仍然可能将某一阶段工作委托某一工程咨询公司完成，再委托另一工程咨询公司审查、评价其工作成果；业主还可能将某一阶段工作（如施工监理）分别委托多个工程咨询公司来完成。因此，本题的正确答案为 C。

29. 【试题答案】A

【试题解析】本题考查重点是"监理规划的审核内容"。依据监理招标文件和建设工程监理合同，审核是否理解建设单位的工程建设意图，监理范围、监理工作内容是否已包括全部委托的工作任务，监理目标是否与建设工程监理合同要求和建设意图相一致。因此，本题的正确答案为 A。

30. 【试题答案】D

【试题解析】本题考查重点是"监理规划主要内容——工程进度控制"。工程进度控制的具体措施：①组织措施：落实进度控制的责任，建立进度控制协调制度；②技术措施：建立多级网络计划体系，监控施工单位的实施作业计划；③经济措施：对工期提前者实行奖励；对应急工程实行较高的计件单价；确保资金的及时供应等；④合同措施：按合同要求及时协调有关各方的进度，以确保建设工程的形象进度。因此，本题的正确答案为 D。

31. 【试题答案】A

【试题解析】本题考查重点是"建设工程监理基本表式应用说明"。下列表式需要建设单位审批同意：①B.0.1 施工组织设计或（专项）施工方案报审表（仅对超过一定规模的危险性较大的分部分项工程专项施工方案）；②B.0.2 工程开工报审表；③B.0.3 工程复工报审表；④B.0.12 施工进度计划报审表；⑤B.0.13 费用索赔报审表；⑥B.0.14 工程临时或最终延期报审表。因此，本题的正确答案为 A。

32. 【试题答案】C

【试题解析】本题考查重点是"建设工程监理实施程序"。监理任务确定并签订委托监理合同后，工程监理单位首先要做的工作是确定项目总监理工程师，成立项目监理机构。因此，本题的正确答案为 C。

33. 【试题答案】B

【试题解析】本题考查重点是"建设工程监理主要方式——旁站的作用"。旁站是建设工程监理工作中用以监督工程质量的一种手段，可以起到及时发现问题、第一时间采取措施、防止偷工减料、确保施工工艺工序按施工方案进行、避免其他干扰正常施工的因素发生等作用。旁站与监理工作其他方法手段结合使用，成为工程质量控制工作中相当重要和必不可少的工作方式。因此，本题的正确答案为 B。

34.【试题答案】D

【试题解析】本题考查重点是"建设工程监理实施程序"。工程监理单位在参与建设工程监理投标、承接建设工程监理任务时，应根据建设工程规模、性质、建设单位对建设工程监理的要求，选派称职的人员主持该项工作。在建设工程监理任务确定并签订建设工程监理合同时，该主持人即可作为总监理工程师在建设工程监理合同中予以明确。总监理工程师是一个建设工程监理工作的总负责人，他对内向工程监理单位负责，对外向建设单位负责。项目监理机构人员构成是建设工程监理投标文件中的重要内容，是建设单位在评标过程中认可的。总监理工程师应根据监理大纲和签订的建设工程监理合同组建项目监理机构，并在监理规划和具体实施计划执行中进行及时调整。因此，本题的正确答案为 D。

35.【试题答案】A

【试题解析】本题考查重点是"建设工程监理主要方式——巡视工作内容和职责"。监理人员应按照监理规划及监理实施细则的要求开展巡视检查工作。在巡视检查中发现问题，应及时采取相应处理措施（比如：巡视监理人员发现个别施工人员在砌筑作业中砂浆饱满度不够，可口头要求施工人员加以整改）；巡视监理人员认为发现的问题自己无法解决或无法判断是否能够解决时，应立即向总监理工程师汇报；在监理巡视检查记录表中及时、准确、真实地记录巡视检查情况；对已采取相应处理措施的质量问题、生产安全事故隐患，检查施工单位的整改落实情况，并反映在巡视检查记录表中。监理文件资料管理人员应及时将巡视检查记录表归档，同时，注意巡视检查记录与监理日志、监理通知单等其他监理资料的呼应关系。因此，本题的正确答案为 A。

36.【试题答案】A

【试题解析】本题考查重点是"监理工程师注册"。取得资格证书并受聘于一个建设工程勘察、设计、施工、监理、招标代理、造价咨询等单位的人员，应当通过聘用单位向单位工商注册所在地的省、自治区、直辖市人民政府建设主管部门提出注册申请；省、自治区、直辖市人民政府建设主管部门受理后提出初审意见，并将初审意见和全部申报材料报国务院建设主管部门审批；符合条件的，由国务院建设主管部门核发注册证书和执业印章。注册证书和执业印章是注册监理工程师的执业凭证，由注册监理工程师本人保管、使用。注册证书和执业印章的有效期为 3 年。初始注册者，可自资格证书签发之日起 3 年内提出申请。逾期未申请者，须符合继续教育的要求后方可申请初始注册。注册监理工程师每一注册有效期为 3 年，注册有效期满需继续执业的，应当在注册有效期满 30 日前，按照规定的程序申请延续注册。延续注册有效期 3 年。在注册有效期内，注册监理工程师变更执业单位，应当与原聘用单位解除劳动关系，并按照规定的程序办理变更注册手续，变更注册后仍延续原注册有效期。因此，本题的正确答案为 A。

37.【试题答案】C

【试题解析】本题考查重点是"工程监理企业资质等级和业务范围"。工程监理企业资质分为综合资质、专业资质和事务所资质三个等级。其中，专业资质按照工程性质和技术特点又划分为 14 个工程类别。综合资质、事务所资质不分级别。专业资质分为甲级、乙级；其中，房屋建筑、水利水电、公路和市政公用专业资质可设立丙级。因此，本题的正确答案为 C。

38.【试题答案】C

【试题解析】本题考查重点是"监理例会会议纪要"。例会上意见不一致的重大问题，应将各方的主要观点，特别是相互对立的意见记入"其他事项"中。会议纪要的内容应准确如实，简明扼要，经总监理工程师审阅，与会各方代表会签，发至合同有关各方，并应有签收手续。因此，本题的正确答案为C。

39.【试题答案】A

【试题解析】本题考查重点是"《建设工程监理合同（示范文本）》GF－2012－0202的结构"。协议书不仅明确了委托人和监理人，而且明确了双方约定的委托建设工程监理与相关服务的工程概况（工程名称、工程地点、工程规模、工程概算投资额或建筑安装工程费）；总监理工程师（姓名、身份证号、注册号）；签约酬金（监理酬金、相关服务酬金）；服务期限（监理期限、相关服务期限）；双方对履行合同的承诺及合同订立的时间、地点、份数等。协议书还明确了建设工程监理合同的组成文件：①协议书；②中标通知书（适用于招标工程）或委托书（适用于非招标工程）；③投标文件（适用于招标工程）或监理与相关服务建议书（适用于非招标工程）；④专用条件；⑤通用条件；⑥附录，即：附录A：相关服务的范围和内容；附录B：委托人派遣的人员和提供的房屋、资料、设备。建设工程监理合同签订后，双方依法签订的补充协议也是建设工程监理合同文件的组成部分。协议书是一份标准的格式文件，经当事人双方在空格处填写具体规定的内容并签字盖章后，即发生法律效力。因此，本题的正确答案为A。

40.【试题答案】D

【试题解析】本题考查重点是"《建筑法》主要内容"。大型建筑工程或者结构复杂的建筑工程，可以由两个以上的承包单位联合共同承包。两个以上不同资质等级的单位实行联合共同承包的，应当按照资质等级低的单位的业务许可范围承揽工程。共同承包的各方对承包合同的履行承担连带责任。因此，本题的正确答案为D。

41.【试题答案】B

【试题解析】本题考查重点是"EPC模式的特征"。总价合同并不是EPC模式独有的，但是，与其他模式条件下的总价合同相比，EPC合同更接近于固定总价合同。通常，在国际工程承包中，固定总价合同仅用于规模小、工期短的工程。而EPC模式所适用的工程一般规模均较大、工期较长，且具有相当的技术复杂性。因此，在这类工程上采用接近固定的总价合同。因此，本题的正确答案为B。

42.【试题答案】A

【试题解析】本题考查重点是"项目监理机构组织形式——矩阵制组织形式"。矩阵制组织形式是由纵横两套管理系统组成的矩阵组织结构，一套是纵向职能系统，另一套是横向子项目系统。这种组织形式的纵、横两套管理系统在监理工作中是相互融合关系。因此，本题的正确答案为A。

43.【试题答案】B

【试题解析】本题考查重点是"建设工程监理文件资料编制要求"。监理月报是项目监理机构每月向建设单位和本监理单位提交的建设工程监理工作及建设工程实施情况等分析总结报告。监理月报既要反映建设工程监理工作及建设工程实施情况，也能确保建设工程监理工作可追溯。监理月报由总监理工程师组织编写，签认后报送建设单位和本监理单位。报送时间由监理单位与建设单位协商确定，一般在收到施工单位报送的工程进度，汇总本月已完工程量和本月计划完成工程量的工程量表、工程款支付申请表等相关资料后，在协商确定的时间内提交。因此，本题的正确答案为B。

44.【试题答案】C

【试题解析】本题考查重点是"策划决策阶段的工作内容"。对于采用直接投资和资本金注入方式的政府投资工程，政府需要从投资决策的角度审批项目建议书和可行性研究报告，除特殊情况外，不再审批开工报告，同时还要严格审批其初步设计和概算；对于采用投资补助、转贷和贷款贴息方式的政府投资工程，则只审批资金申请报告。因此，本题的正确答案为C。

45.【试题答案】A

【试题解析】本题考查重点是"建设工程监理工作内容——项目监理机构组织协调方法"。专题会议是由总监理工程师或其授权的专业监理工程师主持或参加的，为解决建设工程监理过程中的工程专项问题而不定期召开的会议。因此，本题的正确答案为A。

46.【试题答案】D

【试题解析】本题考查重点是"建设工程风险识别与评价"。识别建设工程风险的方法有专家调查法、财务报表法、流程图法、初始清单法、经验数据法、风险调查法等。其中专家调查法主要包括头脑风暴法、德尔菲法和访谈法。因此，本题的正确答案为D。

47.【试题答案】D

【试题解析】本题考查重点是"建设工程监理相关制度——工程招标投标制"。工程招标投标制与工程监理制的关系：①工程招标投标制是实行工程监理制的重要保证。对于法律法规规定必须实施监理招标的工程项目，建设单位需要按规定采用招标方式选择工程监理单位。通过工程监理招标，有利于建设单位优选高水平工程监理单位，确保建设工程监理效果；②工程监理制是落实工程招标投标制的重要保障。实行工程监理制，建设单位可以通过委托工程监理单位做好招标工作，更好地优选施工单位和材料设备供应单位。因此，本题的正确答案为D。

48.【试题答案】D

【试题解析】本题考查重点是"建设工程三大目标之间的统一关系"。对于建设工程三大目标之间的统一关系，需要从不同的角度分析和理解。例如，提高功能和质量要求，虽然需要增加一次性投资，但是可能降低工程投入使用后的运行费用和维修费用，从全寿命费用分析的角度则是节约投资的；在不少情况下，功能好、质量优的工程投入使用后的收益往往较高；从质量控制的角度，如果在实施过程中进行严格的质量控制，保证实现工程预定的功能和质量要求，则不仅可减少实施过程中的返工费用，而且可以大大减少投入使用后的维修费用。所以，选项D表达了目标之间的统一关系。选项A、B、C均体现了目标之间的对立关系。因此，本题的正确答案为D。

49.【试题答案】D

【试题解析】本题考查重点是"《建设工程质量管理条例》相关内容"。在正常使用条件下，建设工程最低保修期限为：①基础设施工程、房屋建筑的地基基础工程和主体结构工程，为设计文件规定的该工程合理使用年限；②屋面防水工程、有防水要求的卫生间、房间和外墙面的防渗漏，为5年；③供热与供冷系统，为2个采暖期、供冷期；④电气管道、给水排水管道、设备安装和装修工程，为2年。其他工程的保修期限由发包方与承包方约定。因此，本题的正确答案为D。

50. 【试题答案】D

【试题解析】本题考查重点是"建设工程监理基本表式——工程变更单（C.0.2）"。施工单位、建设单位、工程监理单位提出工程变更时，应填写《工程变更单》，由建设单位、设计单位、监理单位和施工单位共同签认。所以，使用工程变更单的单位不包括选项D的"检测单位"。因此，本题的正确答案为D。

二、多项选择题

51. 【试题答案】ACDE

【试题解析】本题考查重点是"工程监理企业组织形式——有限责任公司"。有限责任公司的公司组织机构：①股东会。有限责任公司股东会由全体股东组成。股东会是公司的权力机构，依照《公司法》行使职权；②董事会。有限责任公司设董事会，其成员为3～13人。股东人数较少或者规模较小的有限责任公司，可以设一名执行董事，不设董事会。执行董事可以兼任公司经理；③经理。有限责任公司可以设经理，由董事会决定聘任或者解聘。经理对董事会负责，行使公司管理职权；④监事会。有限责任公司设监事会，其成员不得少于3人。股东人数较少或者规模较小的有限责任公司，可以设1～2名监事，不设监事会。因此，本题的正确答案为ACDE。

52. 【试题答案】ACE

【试题解析】本题考查重点是"建设工程监理投标工作内容——投标文件编制"。投标文件编制原则：①响应招标文件，保证不被废标。建设工程监理投标文件编制的前提是要按招标文件要求的条款和内容格式编制，必须在满足招标文件要求的基本条件下，尽可能精益求精，响应招标文件实质性条款，防止废标发生；②认真研究招标文件，深入领会招标文件意图。一本规范化的招标文件少则十余页，多则几十页，甚至上百页，只有全部熟悉并领会各项条款要求，事先发现不理解或前后矛盾、表述不清的条款，通过标前答疑会，解决所有发现的问题，防止因不熟悉招标文件导致"失之毫厘，差之千里"的后果发生；③投标文件要内容详细、层次分明、重点突出。完整、规范的投标文件，应尽可能将投标人的想法、建议及自身实力叙述详细，做到内容深入而全面。为了尽可能让招标人或评标专家在很短的评标时间内了解投标文件内容及投标单位实力，就要在投标文件的编制上下功夫，做到层次分明，表达清楚，重点突出。投标文件体现的内容要针对招标文件评分办法的重点得分内容，如企业业绩、人员素质及监理大纲中建设工程目标控制要点等，要有意识地说明和标设，并在目录上专门列出或在编辑包装中采用装饰手法等，力求起到加深印象的作用，这样做会起到事半功倍的效果。因此，本题的正确答案为ACE。

53. 【试题答案】CE

【试题解析】本题考查重点是"项目监理机构组织形式"。职能组织形式的主要优点是加强了项目监理目标控制的职能化分工，可以发挥职能机构的专业管理作用，提高管理效率，减轻总监理工程师负担。但由于下级人员受多头指挥，如果这些指令相互矛盾，会使下级在监理工作中无所适从。矩阵制组织形式的优点是加强了各职能部门的横向联系，具有较大的机动性和适应性，将上下左右集权与分权实行最优结合，有利于解决复杂问题，有利于监理人员业务能力的培养。缺点是纵横向协调工作量大，处理不当会造成扯皮现象，产生矛盾。因此，本题的正确答案为CE。

54.【试题答案】ABC

【试题解析】本题考查重点是"建设工程监理工作内容——项目监理机构组织协调内容"。项目监理机构是由工程监理人员组成的工作体系，工作效率在很大程度上取决于人际关系的协调程度。总监理工程师应首先协调好人际关系，激励项目监理机构人员。在工作委任上要职责分明。对项目监理机构中的每一个岗位，都要明确岗位目标和责任，应通过职位分析，使管理职能不重不漏，做到事事有人管，人人有专责，同时明确岗位职权。因此，本题的正确答案为ABC。

55.【试题答案】ABE

【试题解析】本题考查重点是"项目监理机构各类人员基本职责"。按总监理工程师的授权，负责总监理工程师指定或交办的监理工作，行使总监理工程师的部分职责和权力。但其中涉及工程质量、安全生产管理及工程索赔等重要职责不得委托给总监理工程师代表。具体而言，总监理工程师不得将下列工作委托给总监理工程师代表：①组织编制监理规划，审批监理实施细则；②根据工程进展及监理工作情况调配监理人员；③组织审查施工组织设计、（专项）施工方案；④签发工程开工令、暂停令和复工令；⑤签发工程款支付证书，组织审核竣工结算；⑥调解建设单位与施工单位的合同争议，处理工程索赔；⑦审查施工单位的竣工申请，组织工程竣工预验收，组织编写工程质量评估报告，参与工程竣工验收；⑧参与或配合工程质量安全事故的调查和处理。选项A、B、E符合题意。选项C、D均属于总监理工程师应履行的职责。因此，本题的正确答案为ABE。

56.【试题答案】BD

【试题解析】本题考查重点是"项目监理机构设立的步骤"。项目监理机构中的三个层次：①决策层。主要是指总监理工程师、总监理工程师代表，根据建设工程监理合同的要求和监理活动内容进行科学化、程序化决策与管理；②中间控制层（协调层和执行层）。由各专业监理工程师组成，具体负责监理规划的落实，监理目标控制及合同实施的管理；③操作层。主要由监理员组成，具体负责监理活动的操作实施。因此，本题的正确答案为BD。

57.【试题答案】ABCE

【试题解析】本题考查重点是"监理规划的审核内容"。建设工程监理规划中项目监理机构人员配备方案应该从以下几个方面来审查：①派驻监理人员的专业满足程度。应根据工程特点和委托监理任务的工作范围审查，不仅考虑专业监理工程师如土建监理工程师、机械监理工程师等能否满足开展监理工作的需要，而且还要看其专业监理人员是否覆盖了工程实施过程中的各种专业要求，以及高、中级职称和年龄结构的组成；②人员数量的满足程度。主要审核从事监理工作人员在数量和结构上的合理性；③专业人员不足时采取的措施是否恰当。大中型建设工程由于技术复杂、涉及的专业面宽，当监理单位的技术人员不足以满足全部监理工作要求时，对拟临时聘用的监理人员的综合素质应认真审核；④派驻现场人员计划表。因此，本题的正确答案为ABCE。

58.【试题答案】BCD

【试题解析】本题考查重点是"建设工程监理委托方式及实施程序"。建设工程监理委托方式的选择与建设工程组织管理模式密切相关。建设工程可采用平行承发包、施工总分包、工程总承包等组织管理模式，在不同建设工程组织管理模式下，可选择不同的建设工程监理委托方式。因此，本题的正确答案为BCD。

59. 【试题答案】BE

【试题解析】本题考查重点是"建设工程档案的移交"。建设工程档案的移交要求包括：①列入城建档案管理部门接收范围的工程，建设单位应在工程竣工验收后3个月内向城建档案管理部门移交一套符合规定的工程档案；②停建、缓建工程的工程档案，暂由建设单位保管；③对改建、扩建和维修工程，建设单位应当组织设计单位、监理单位、施工单位据实修改、补充和完善工程档案。对改变的部位，应重新编写工程档案，并在工程竣工验收后3个月内向城建档案管理部门移交；④建设单位向城建档案管理部门移交工程档案时，应办理移交手续，填写移交目录，双方签字、盖章后交接；⑤施工单位、监理单位等有关单位应在工程竣工验收前将工程档案按合同或协议规定的时间、套数移交给建设单位，办理移交手续。根据第②点可知，选项B、E符合题意。因此，本题的正确答案为BE。

60. 【试题答案】ABCD

【试题解析】本题考查重点是"建设工程监理文件资料分类存放"。建设工程监理文件资料经收/发文、登记和传阅工作程序后，必须进行科学的分类后进行存放。这样既可以满足工程项目实施过程中查阅、求证的需要，又便于工程竣工后文件资料的归档和移交。项目监理机构应备有存放监理文件资料的专用柜和用于监理文件资料分类存放的专用资料夹。大中型工程项目监理信息应采用计算机进行辅助管理。因此，本题的正确答案为ABCD。

61. 【试题答案】ACE

【试题解析】本题考查重点是"建设工程风险对策及监控"。非保险转移的媒介是合同，这就可能因为双方当事人对合同条款的理解发生分歧而导致转移失效。另外，在某些情况下，可能因被转移者无力承担实际发生的重大损失而导致仍然由转移者来承担损失。例如，在采用固定总价合同的条件下，如果施工单位报价中所考虑涨价风险费很低，而实际的通货膨胀率很高，从而导致施工单位亏损破产，最终只得由建设单位自己来承担涨价造成的损失。此外，非保险转移一般都要付出一定的代价，有时转移风险的代价可能会超过实际发生的损失，从而对转移者不利。因此，本题的正确答案为ACE。

62. 【试题答案】ABCD

【试题解析】本题考查重点是"《合同法》主要内容——合同终止的条件"。合同终止的情形包括：①债务已经按照约定履行；②合同解除；③债务相互抵销；④债务人依法将标的物提存；⑤债权人免除债务；⑥债权债务同归于一人；⑦法律规定或者当事人约定终止的其他情形。债权人免除债务人部分或者全部债务的，合同的权利义务部分或者全部终止；债权和债务同归于一人的，合同的权利义务终止，但涉及第三人利益的除外。合同权利义务的终止，不影响合同中结算和清理条款的效力以及通知、协助、保密等义务的履行。因此，本题的正确答案为ABCD。

63. 【试题答案】ACE

【试题解析】本题考查重点是"快速路径法的适用情况"。快速路径法又称为阶段施工法。此方法的基本特征是将设计工作分为若干阶段完成，每一阶段设计工作完成后，就组织相应工程内容的施工招标，确定施工单位后即开始相应工程内容的施工。快速路径法改进了传统模式条件下建设工程的实施顺序，不仅可在 CM 模式中使用，也可在其他模式中使用，如平行承发包模式、项目总承包模式（此时设计与施工的搭接是在项目总承包商内部完成的，且不存在施工与招标的搭接）。因此，本题的正确答案为 ACE。

64.【试题答案】BCDE

【试题解析】本题考查重点是"监理规划的审核内容"。对安全生产管理监理工作内容的审核，主要是审核安全生产管理的监理工作内容是否明确；是否制定了相应的安全生产管理实施细则；是否建立了对施工组织设计、专项施工方案的审查制度；是否建立了对现场安全隐患的巡视检查制度；是否建立了安全生产管理状况的监理报告制度；是否制定了安全生产事故的应急预案等。因此，本题的正确答案为 BCDE。

65.【试题答案】ABCD

【试题解析】本题考查重点是"《建设工程监理合同（示范文本）》GF-2012-0202 的结构"。协议书不仅明确了委托人和监理人，而且明确了双方约定的委托建设工程监理与相关服务的工程概况（工程名称、工程地点、工程规模、工程概算投资额或建筑安装工程费）；总监理工程师（姓名、身份证号、注册号）；签约酬金（监理酬金、相关服务酬金）；服务期限（监理期限、相关服务期限）；双方对履行合同的承诺及合同订立的时间、地点、份数等。协议书还明确了建设工程监理合同的组成文件：①协议书；②中标通知书（适用于招标工程）或委托书（适用于非招标工程）；③投标文件（适用于招标工程）或监理与相关服务建议书（适用于非招标工程）；④专用条件；⑤通用条件；⑥附录，即：附录A：相关服务的范围和内容；附录B：委托人派遣的人员和提供的房屋、资料、设备。建设工程监理合同签订后，双方依法签订的补充协议也是建设工程监理合同文件的组成部分。协议书是一份标准的格式文件，经当事人双方在空格处填写具体规定的内容并签字盖章后，即发生法律效力。因此，本题的正确答案为 ABCD。

66.【试题答案】ABCD

【试题解析】本题考查重点是"Partnering 模式的组成要素"。成功运作 Partnering 模式所不可缺少的元素包括以下几个方面：①长期协议；②共享；③信任；④共同的目标；⑤合作。所以，选项 A、B、C、D 符合题意。选项 E 应为"长期协议"。因此，本题的正确答案为 ABCD。

67.【试题答案】BCE

【试题解析】本题考查重点是"项目监理机构各类人员基本职责"。根据《建设工程监理规范》GB/T 50319－2013，专业监理工程师应履行下列职责：①参与编制监理规划，负责编制监理实施细则；②审查施工单位提交的涉及本专业的报审文件，并向总监理工程师报告；③参与审核分包单位资格；④指导、检查监理员工作，定期向总监理工程师报告本专业监理工作实施情况；⑤检查进场的工程材料、构配件、设备的质量；⑥验收检验批、隐蔽工程、分项工程，参与验收分部工程；⑦处置发现的质量问题和安全事故隐患；⑧进行工程计量；⑨参与工程变更的审查和处理；⑩组织编写监理日志，参与编写监理月报；⑪收集、汇总、参与整理监理文件资料；⑫参与工程竣工预验收和竣工验收。所以，选项 B、C、E 符合题意。选项 A 属于总监理工程师应履行的职责。选项 D 属于监理员的职责。因此，本题的正确答案为 BCE。

68.【试题答案】BCE

【试题解析】本题考查重点是"建设工程监理文件资料组卷归档"。建设工程监理文件资料组卷方法及要求：（1）组卷原则及方法：①组卷应遵循监理文件资料的自然形成规律，保持卷内文件的有机联系，便于档案的保管和利用；②一个建设工程由多个单位工程组成时，应按单位工程组卷；③监理文件资料可按单位工程、分部工程、专业、阶段等组卷。（2）组卷要求：①案卷不宜过厚，一般不超过 40mm；②案卷内不应有重份文件，不同载体的文件一般应分别组卷。（3）卷内文件排列：①文字材料按事项、专业顺序排列。同一事项的请示与批复、同一文件的印本与定稿、主件与附件不能分开，并按批复在前、请示在后，印本在前、定稿在后，主件在前、附件在后的顺序排列；②图纸按专业排列，同专业图纸按图号顺序排列；③既有文字材料又有图纸的案卷，文字材料排前，图纸排后。因此，本题的正确答案为 BCE。

69.【试题答案】BCD

【试题解析】本题考查重点是"项目监理机构的组织结构设计"。项目监理机构的组织结构设计的步骤为：①选择组织结构形式。由于建设工程规模、性质、建设阶段等的不同，设计项目监理机构的组织结构时应选择适宜的组织结构形式以适应监理工作的需要。②确定管理层次和管理跨度。项目监理机构中一般应有决策层、中间控制层和作用层三个层次。项目监理机构中管理跨度的确定应考虑监理人员的素质、管理活动的复杂性和相似性、监理业务的标准化程度、各项规章制度的建立健全情况、建设工程的集中或分散情况等，按监理工作实际需要确定。③划分项目监理机构部门。项目监理机构中合理划分各职能部门，应依据监理机构目标、监理机构可利用的人力和物力资源以及合同结构情况，将投资控制、进度控制、质量控制、合同管理、组织协调等监理工作内容按不同的职能活动或按子项分解形成相应的职能管理部门或子项目管理部门。④制定岗位职责和考核标准。岗位职务及职责的确定，要有明确的目的性，不可因人设事。根据责权一致的原则，应进行适当的授权，以承担相应的职责；并应确定考核标准，对监理人员的工作进行定期考核，包括考核内容、考核标准及考核时间。⑤安排监理人员。根据监理工作的任务，确定监理人员的合理分工，包括专业监理工程师和监理员，必要时可配备总监理工程师代表。所以，选项 B、C、D 符合题意。选项 A、E 均属于建立项目监理机构的步骤。因此，本题的正确答案为 BCD。

70.【试题答案】ACE

【试题解析】本题考查重点是"监理规划主要内容——组织协调"。组织协调的主要工作中，与工程建设有关单位的外部协调：①建设工程系统内的单位：进行建设工程系统内的单位协调重点分析，主要包括建设单位、设计单位、施工单位、材料和设备供应单位、资金提供单位等；②建设工程系统外的单位：进行建设工程系统外的单位协调重点分析，主要包括政府建设行政主管机构、政府其他有关部门、工程毗邻单位、社会团体等。因此，本题的正确答案为 ACE。

71.【试题答案】ABC

【试题解析】本题考查重点是"施工总分包模式的优点"。施工总分包模式的优点包括：①有利于建设工程的组织管理。由于业主只与一个设计总包单位或一个施工总包单位签订合同，工程合同数量比平行承发包模式要少很多，有利于业主的合同管理，也使业主协调工作量减少，可发挥监理工程师与总包单位多层次协调的积极性；②有利于投资控制。总包合同价格可以较早确定，并且监理单位也易于控制；③有利于质量控制。在质量方面，既有分包单位的自控，又有总包单位的监督，还有工程监理单位的检查认可，对质量控制有利；④有利于工期控制。总包单位具有控制的积极性，分包单位之间也有相互制约的作用；有利于总体进度的协调控制，也有利于监理工程师控制进度。根据第③点可知，选项 A、B、C 符合题意。选项 D、E 均属于有利于工期控制的原因。因此，本题的正确答案为 ABC。

72. 【试题答案】BCD

【试题解析】本题考查重点是"建设工程监理基本表式"。＿＿＿报验、报审表主要用于隐蔽工程、检验批、分项工程的报验，也可用于为施工单位提供服务的试验室的报审。专业监理工程师审查合格后予以签认。因此，本题的正确答案为 BCD。

73. 【试题答案】CDE

【试题解析】本题考查重点是"建设工程监理规范——监理实施细则"。编制监理实施细则的依据有：①已批准的监理规划；②与专业工程相关的标准、设计文件和技术资料；③施工组织设计。因此，本题的正确答案为 CDE。

74. 【试题答案】BCE

【试题解析】本题考查重点是"建设工程监理实施原则"。建设工程监理单位受建设单位委托实施建设工程监理时，应遵循以下基本原则：①公平、独立、诚信、科学的原则；②权责一致的原则；③总监理工程师负责制的原则；④严格监理，热情服务的原则；⑤综合效益的原则；⑥实事求是的原则。根据第①④⑤点可知，选项 B、C、E 符合题意。选项 A、D 均属于项目监理机构组织设计的原则。因此，本题的正确答案为 BCE。

75. 【试题答案】ABD

【试题解析】本题考查重点是"策划决策阶段的工作内容"。对于采用直接投资和资本金注入方式的政府投资工程，政府需要从投资决策的角度审批项目建议书和可行性研究报告，除特殊情况外，不再审批开工报告，同时还要严格审批其初步设计和概算；对于采用投资补助、转贷和贷款贴息方式的政府投资工程，则只审批资金申请报告。因此，本题的正确答案为 ABD。

76. 【试题答案】ABDE

【试题解析】本题考查重点是"建设工程监理评标内容"。建设工程监理评标办法中，通常会将下列要素作为评标内容：①工程监理单位的基本素质；②工程监理人员配备；③建设工程监理大纲；④试验检测仪器设备及其应用能力；⑤建设工程监理费用报价。因此，本题的正确答案为 ABDE。

77. 【试题答案】ACDE

【试题解析】本题考查重点是"项目监理机构设立的步骤"。管理跨度是指一名上级管理人员所直接管理的下级人数。管理跨度越大，领导者需要协调的工作量越大，管理难度也越大。为使组织结构能高效运行，必须确定合理的管理跨度。项目监理机构中管理跨度的确定应考虑监理人员的素质、管理活动的复杂性和相似性、监理业务的标准化程度、各规章制度的建立健全情况、建设工程的集中或分散情况等。因此，本题的正确答案为 ACDE。

78.【试题答案】ABCE

【试题解析】本题考查重点是"工程监理企业组织形式——有限责任公司"。有限责任公司由 50 个以下股东出资设立。设立有限责任公司,应当具备下列条件:①股东符合法定人数;②股东出资达到法定资本最低限额;③股东共同制定公司章程;④有公司名称,建立符合有限责任公司要求的组织机构;⑤有公司住所。因此,本题的正确答案为ABCE。

79.【试题答案】BDE

【试题解析】本题考查重点是"工程咨询公司为业主提供服务的内容"。工程咨询公司为业主服务既可以是全过程服务,也可以是阶段性服务。工程建设全过程服务的内容包括可行性研究(投资机会研究、初步可行性研究、详细可行性研究)、工程设计(概念设计、基本设计、详细设计)、工程招标(编制招标文件、评标、合同谈判)、材料设备采购、施工管理(监理)、生产准备、调试验收、后评价等一系列工作。在全过程服务的条件下,咨询工程师不仅是作为业主的受雇人开展工作,而且也代行了业主的部分职责。所以,选项 B、D、E 符合题意。选项 A 的"技术咨询"和选项 C 的"合同咨询和索赔"均是工程咨询公司为承包商提供的主要服务。因此,本题的正确答案为BDE。

80.【试题答案】ABE

【试题解析】本题考查重点是"建设工程风险识别与评价"。初始清单法是指有关人员利用所掌握的丰富知识设计而成的初始风险清单表,尽可能详细地列举建设工程所有的风险类别,按照系统化、规范化的要求去识别风险。建立初始清单有两种途径:一是参照保险公司或风险管理机构公布的潜在损失一览表,再结合某建设工程所面临的潜在损失,对一览表中的损失予以具体化,从而建立特定工程的风险一览表;二是通过适当的风险分解方式来识别风险。对于大型复杂工程,首先将其按单项工程、单位工程分解,再对各单项工程、单位工程分别从时间维、目标维和因素维进行分解,可以较容易地识别出建设工程主要的、常见的风险。因此,本题的正确答案为ABE。

第四套模拟试卷

一、单项选择题 （共 50 题，每题 1 分。每题的备选项中，只有 1 个最符合题意）

1. 建设工程风险按照风险涉及的当事人划分为（   ）。

    A. 局部风险和总体风险

    B. 可管理风险和不可管理风险

    C. 建设单位的风险、设计单位的风险、施工单位的风险、工程监理单位的风险

    D. 自然风险、社会风险、经济风险、法律风险和政治风险

2. 委托人派遣的人员和提供的房屋、资料、设备是（   ）的内容。

    A. 专用条件   B. 通用条件

    C. 附录 A   D. 附录 B

3. 根据《建设工程监理规范》，监理规划应（   ）。

    A. 在签订委托监理合同后开始编制，并应在召开第一次工地会议前报送建设单位

    B. 在签订委托监理合同后开始编制，并应在工程开工前报送建设单位

    C. 在签订委托监理合同及收到设计文件后开始编制，并应在召开第一次工地会议前报送建设单位

    D. 在签订委托监理合同及收到设计文件后开始编制，并应在工程开工前报送建设单位

4. 未经（   ）签字，建设单位不拨付工程款，不进行竣工验收。

    A. 专业监理工程师   B. 总监理工程师

    C. 监理员   D. 建设单位代表

5. 下列职责中，属于监理员职责的是（   ）。

    A. 核查进场材料的质量证明文件及质量情况，并对合格者予以签认

    B. 检查施工单位投入工程的人力、主要设备的使用及运行状况

    C. 负责本专业的工程计量工作，审核工程计量的数据

    D. 审查分包单位的资质，并提出审查意见

6. 根据《建设工程质量管理条例》，（   ）在建设工程竣工验收后，应及时向建设行政主管部门或者其他有关部门移交建设项目档案。

    A. 设计单位   B. 施工单位

    C. 监理单位   D. 建设单位

7. 下列文件中，由总监理工程师负责组织编制的是（   ）。

    A. 监理细则   B. 监理规划

    C. 监理大纲   D. 监理投标书

8. 监理规划是指其可能随着工程进展进行不断的补充、修改和完善，这体现的监理规划编写要求是（   ）。

A. 分阶段编写　　　　　　　　　　　B. 要把握工程项目运行脉搏

C. 先易后难　　　　　　　　　　　　D. 统一性与针对性相结合

9. 在 EPC 合同条件中，对业主更换业主代表的规定是（　　）。

　　A. 需提前 28 天通知承包商，且需征得承包商的同意

　　B. 只需提前 28 天通知承包商，不需征得承包商的同意

　　C. 需提前 14 天通知承包商，且需征得承包商的同意

　　D. 只需提前 14 天通知承包商，不需征得承包商的同意

10. 建设工程监理规划是开展工程监理活动的纲领性文件，当进一步收集建设工程监理有关资料后，监理单位应（　　）。

　　A. 确定项目总监理工程师

　　B. 成立项目监理机构

　　C. 规范化地开展监理工作

　　D. 编制监理规划及监理实施细则

11. （　　）是指将若干项目或项目群与其他工作组合在一起进行有效管理，以实现组织的战略目标。

　　A. 单一项目管理　　　　　　　　　B. 项目群管理

　　C. 多项目管理　　　　　　　　　　D. 组合项目管理

12. （　　）是确定建设工程参与各方共同目标和建设良好合作关系的前提，是 Partnering 模式的基础和关键。

　　A. 长期协议　　　　　　　　　　　B. 共享

　　C. 相互信任　　　　　　　　　　　D. 共同的目标

13. 根据《建筑法》，建设单位应当自领取施工许可证之日起的（　　）个月内开工，因故不能按期开工的，应向发证机关申请延期。

　　A. 1　　　　　　　　　　　　　　　B. 2

　　C. 3　　　　　　　　　　　　　　　D. 6

14. 下列属于组织协调方法中书面协调的是（　　）。

　　A. 月报　　　　　　　　　　　　　B. 走访

　　C. 监理例会　　　　　　　　　　　D. 面谈

15. 根据《建筑法》，建筑施工企业（　　）。

　　A. 必须为从事危险作业的职工办理意外伤害保险，支付保险费

　　B. 应当为从事危险作业的职工办理意外伤害保险，支付保险费

　　C. 必须为职工参加工伤保险缴纳工伤保险费

　　D. 应当为职工参加工伤保险缴纳工伤保险费

16. 关于建设工程文件移交的说法，错误的是（　　）。

　　A. 施工单位应将在工程建设过程中形成的文件向监理单位档案管理机构移交

　　B. 监理单位应将在工程建设过程中形成的文件向建设单位档案管理机构移交

　　C. 停建、缓建工程的工程档案，暂由建设单位保管

　　D. 建设单位应将汇总的建设工程文件档案向地方城建档案管理部门移交

17. 工程监理与项目管理服务的区别不包括（　　）。

A. 服务性质不同　　　　　　　　　　B. 服务对象不同

C. 服务范围不同　　　　　　　　　　D. 服务侧重点不同

18. 项目法人责任制是实行工程监理制的(　　)。

A. 基本保证　　　　　　　　　　　　B. 基本保障

C. 必要条件　　　　　　　　　　　　D. 首要条件

19. 如果对建设工程的功能和质量要求较高,就需要投入较多的资金和需要较长的建设时间,这说明建设工程质量目标与投资和进度目标存在 (　　) 关系。

A. 既对立又统一　　　　　　　　　　B. 既不对立又不统一

C. 统一　　　　　　　　　　　　　　D. 对立

20. 组织工程建设实施,负责控制工程投资、工期和质量属于 (　　) 职权。

A. 项目总经理　　　　　　　　　　　B. 项目总工程师

C. 项目董事会　　　　　　　　　　　D. 总监理工程师

21. 下列不属于投标文件编制依据的是(　　)。

A. 监理大纲

B. 工程监理招标文件

C. 企业现有的设备资源

D. 国家及地方有关工程监理投标的法律法规及政策

22. 根据《工程监理企业资质管理规定》,综合资质工程监理企业须具有 (　　) 个以上工程类别的专业甲级工程监理资质。

A. 6　　　　　　　　　　　　　　　　B. 5

C. 4　　　　　　　　　　　　　　　　D. 3

23. 《工程款支付证书》需要由 (　　) 签字,并加盖执业印章。

A. 总监理工程师　　　　　　　　　　B. 法定代表人

C. 技术负责人　　　　　　　　　　　D. 专业监理工程师

24. 无论是内部协调还是外部协调,使用频率都相当高的监理组织协调方法是(　　)。

A. 会议协调法　　　　　　　　　　　B. 交谈协调法

C. 书面协调法　　　　　　　　　　　D. 情况介绍法

25. 下列不属于监理员职责的是(　　)。

A. 进行工程计量　　　　　　　　　　B. 进行见证取样

C. 检查工序施工结果　　　　　　　　D. 复核工程计量有关数据

26. 《关于实行建设项目法人责任制的暂行规定》要求,国有单位经营性基本建设大中型项目在建设阶段必须组建(　　)。

A. 分公司　　　　　　　　　　　　　B. 项目经理部

C. 项目法人　　　　　　　　　　　　D. 项目监理部

27. 下列专业乙级工程监理企业资质中,不可以设立丙级的是(　　)。

A. 房屋建筑专业　　　　　　　　　　B. 水利水电专业

C. 市政公用专业　　　　　　　　　　D. 机电安装专业

28. 根据《建设工程监理规范》,属于专业监理工程师职责的是(　　)。

A. 审查分包单位的资质,并提出审查意见

B. 根据本专业监理工作实施情况做好监理日记

C. 检查承包单位投入工程的人力、材料和设备的使用运行状态并做好检查记录

D. 按设计图及有关标准，对施工工序进行检查和记录

29. 为了保证住宅质量，对高层住宅及地基、结构复杂的（　　　）应当实行监理。

  A. 多层住宅   B. 住宅小区

  C. 住宅群落   D. 保护性住宅

30. 监理实施细则中，监理工作涉及的流程不包括（　　　）。

  A. 进度控制流程   B. 造价控制流程

  C. 监理大纲编制流程   D. 分包单位资格审核流程

31. 下列非代理型 CM 模式的表述中，正确的是（　　　）。

  A. CM 单位一般在设计阶段介入，对设计单位有指令权

  B. CM 单位一般在设计阶段介入，对设计单位没有指令权

  C. CM 单位在施工阶段介入，对施工单位有指令权

  D. CM 单位在施工阶段介入，对施工单位没有指令权

32. 资格预审是指在（　　　），对申请参加投标的潜在投标人进行资质条件、业绩、信誉、技术、资金等多方面情况的审查。

  A. 开标后   B. 投标前

  C. 中标后   D. 发出招标公告后

33. 在代理型 CM 模式下，CM 合同价格为（　　　）。

  A. CM 费＋与 CM 单位签订合同的各分包商、供应商合同价

  B. CM 费＋GMP

  C. CM 费

  D. GMP

34. 建设工程施工完成以后，监理单位应（　　　）。

  A. 组织工程竣工验收

  B. 与建设单位一起组织竣工验收

  C. 在正式验收前组织工程竣工预验收

  D. 与施工单位一起组织竣工验收

35. 总监理工程师是工程监理的（　　　）主体。

  A. 决策   B. 权力

  C. 利益   D. 行为

36. 按照国务院规定的职责，（　　　）对国家重大技术改造项目实施监督检查。

  A. 国务院   B. 国务院建设主管部门

  C. 国务院技术监督部门   D. 国务院经济贸易主管部门

37. 下列工作用表中，属于监理单位用表的是（　　　）。

  A. 施工组织设计审批表   B. 费用索赔核定表

  C. 工程款支付证书   D. 工程竣工报验单

38. 《建筑法》规定，施工现场对毗邻的建筑物、构筑物和特殊作业环境可能造成损害的，建筑施工企业应当采取（　　　）。

A. 安全防护措施　　　　　　　　　　B. 封闭管理

C. 办理申请批准手续　　　　　　　　D. 加强安全生产的管理

39. 根据项目法人责任制的规定，项目法人应当在（　　）批准后成立。

A. 项目建议书　　　　　　　　　　　B. 项目可行性研究报告

C. 初步设计文件　　　　　　　　　　D. 施工图设计文件

40. （　　）是履约各方沟通情况、交流信息、研究解决合同履行中存在的各方面问题的主要协调方式。

A. 监理日志　　　　　　　　　　　　B. 监理例会

C. 监理月报　　　　　　　　　　　　D. 工程质量评估报告

41. 资格后审是指在（　　），由评标委员会根据招标文件中规定的资格审查因素、方法和标准，对投标人资格进行的审查。

A. 开标后　　　　　　　　　　　　　B. 投标后

C. 中标后　　　　　　　　　　　　　D. 发出招标公告后

42. （　　）目的在于了解工程场地和周围环境情况，以获取认为有必要的信息。

A. 组织现场踏勘　　　　　　　　　　B. 召开投标预备会

C. 组织资格审查　　　　　　　　　　D. 发售招标文件

43. 根据《注册监理工程师管理规定》，下列权利和义务中，属于注册监理工程师享有的权利是（　　）。

A. 保证执业活动成果的质量

B. 依据本人能力从事相应的执业活动

C. 在规定的执业范围和聘用单位业务范围内从事执业活动

D. 接受继续教育，努力提高执业水准

44. 施工单位相对承担较大风险的承发包模式是（　　）。

A. 平行承发包模式　　　　　　　　　B. 施工总承包模式

C. 工程总承包模式　　　　　　　　　D. 项目总承包管理模式

45. 关于归档工程文件组卷方法的说法，正确的是（　　）。

A. 施工文件可按施工投标、施工准备、施工过程和工程交验组卷

B. 监理文件可按单位工程、分部工程、专业、阶段等组卷

C. 工程准备阶段文件可按设计准备、施工准备、生产准备等组卷

D. 竣工验收文件应按专业、分部工程、单位工程组卷

46. 一个建设工程由多个单位工程组成时，应按（　　）组卷。

A. 阶段　　　　　　　　　　　　　　B. 专业

C. 分部工程　　　　　　　　　　　　D. 单位工程

47. 如果初步设计提出的总概算超过可行性研究报告总投资的（　　）以上或其他主要指标需要变更时，应说明原因和计算依据，并重新向原审批单位报批可行性研究报告。

A. 5%　　　　　　　　　　　　　　 B. 10%

C. 15%　　　　　　　　　　　　　　D. 20%

48. 关于Partnering模式特征的说法，错误的是（　　）。

A. Partnering模式要求各方高层管理者参与并达成共识

B. Partnering 协议的内容不可以改变

C. Partnering 模式的参与者出于自愿

D. Partnering 模式强调信息开放与资源共享

49. 建设工程项目三大目标：造价、进度、质量之间的关系是（   ）。

A. 三大目标之间是相互矛盾，彼此对立的

B. 三大目标之间是彼此统一的

C. 三大目标之间既存在相互矛盾、彼此对立的一面也存在着统一的一面

D. 三大目标之间也有主次之分，其中投资最重要

50. （   ）是根据可行性研究报告的要求进行具体实施方案设计，目的是为了阐明在指定的地点、时间和投资控制数额内，拟建项目在技术上的可行性和经济上的合理性，并通过对建设工程所作出的基本技术经济规定，编制工程总概算。

A. 工程设计

B. 技术设计

C. 初步设计

D. 施工图设计

二、多项选择题（共 30 题，每题 2 分。每题的备选项中，有 2 个或 2 个以上符合题意，至少有 1 个错项。错选，本题不得分；少选，所选的每个选项得 0.5 分）

51. 设计单位应当在设计中提出保障施工作业人员安全和预防生产安全事故的措施建议等内容的建设工程有（   ）。

A. 新结构工程

B. 新技术工程

C. 新材料工程

D. 新工艺工程

E. 特殊结构工程

52. 下列关于建设工程监理文件资料编制要求的表述正确的有（   ）。

A. 归档的文件资料一般应为原件

B. 文件资料的内容必须真实、准确，与工程实际相符

C. 文件资料可采用碳素墨水、红色墨水等耐久性强的书写材料

D. 文件资料中文字材料幅面尺寸规格宜为 A4 幅面（297mm×210mm）

E. 文件资料所用纸张应采用能够长时间保存的韧力大、耐久性强的纸张

53. 监理人应及时更换有下列（   ）情形的监理人员。

A. 严重过失行为的

B. 有违法行为不能履行职责的

C. 涉嫌犯罪的

D. 不能胜任岗位职责的

E. 违反职业道德的

54. 出现下列（   ）情况时，总监理工程师应签发《工程暂停令》。

A. 建设单位要求暂停施工且工程需要暂停施工的

B. 施工单位要求暂停施工

C. 施工存在重大质量、安全事故隐患或发生质量、安全事故的

D. 施工单位未经批准擅自施工

E. 施工单位违反工程建设强制性标准的

55. 在 EPC 模式中承包商承担的风险包括（   ）。

A. 业主代表的工作失误风险

B. 设计风险

C. 一个有经验的承包商不可预见且无法合理防范的自然力风险

D. 不能因任何没有预见的困难和费用而进行合同价格的调整

E. 为圆满完成工程今后发生的一切困难和费用风险

56. 建设工程策划决策阶段的工作内容主要包括（   ）。

A. 项目建议书的编报和审批

B. 勘察设计

C. 建设准备

D. 可行性研究报告的编报和审批

E. 施工安装

57. 工程建设程序是建设工程策划决策和建设实施过程客观规律的反映，是（   ）的重要保证。

A. 有利于强化建设工程经营管理　　　　B. 建设工程科学决策

C. 顺利实施　　　　　　　　　　　　　D. 保证工程质量

E. 顺利开展建设工程监理

58. 对于（   ）的建设工程，采用 CM 模式进行管理，尤其能体现该模式的优点。

A. 设计变更可能性较大

B. 由承包商承担工程建设大部分风险

C. 不宜采用公开招标或邀请招标

D. 时间因素最为重要

E. 因总的范围和规模不确定而无法准确确定造价

59. 监理工程师初始注册需要提交下列（   ）材料。

A. 申请人的注册申请表

B. 申请人的资格证书和身份证原件

C. 申请人与聘用单位签订的聘用劳动合同原件

D. 所学专业、工作经历、工程业绩、工程类中级及中级以上职称证书等有关证明材料

E. 逾期初始注册的，应当提供达到继续教育要求的证明材料

60. 下列各项原则中，属于建设工程监理实施原则的有（   ）。

A. 集权与分权统一　　　　　　　　　　B. 经济效率

C. 公正、独立、自主　　　　　　　　　D. 总监理工程师负责制

E. 权责一致

61. 根据监理规划编写依据，工程实施过程中输出的有关工程信息主要包括（   ）。

A. 方案设计　　　　　　　　　　　　　B. 初步设计

C. 施工图设计　　　　　　　　　　　　D. 建筑市场状况

E. 外部环境变化

62. 下列监理文件中，应由监理单位长期保存的有（   ）。

A. 监理实施细则　　　　　　　　　　　B. 质量事故报告及处理意见

C. 分包单位资质材料　　　　　　　　　D. 有关进度控制的监理通知

E. 费用索赔报告及审批

63.《中华人民共和国建筑法》规定，工程监理单位应当根据建设单位的委托，坚持
（　　）的原则，执行监理任务。

A. 客观　　　　　　　　　　　　　B. 公正

C. 公开　　　　　　　　　　　　　D. 统一

E. 独立

64. 项目监理机构内部组织关系的协调包括（　　）。

A. 在目标分解的基础上设置组织机构

B. 明确规定每个部门的目标、职责和权限

C. 事先约定各个部门在工作中的相互关系

D. 实事求是地进行成绩评价

E. 建立信息沟通制度

65. 建设工程实施阶段的工作内容主要包括（　　）。

A. 建设准备　　　　　　　　　　　B. 项目建议书编制

C. 勘察设计　　　　　　　　　　　D. 施工安装及竣工验收

E. 可行性研究报告编制

66. 施工总承包模式的特点有（　　）。

A. 建设周期较短

B. 施工总承包单位的报价可能较高

C. 有利于质量控制

D. 不利于建设工程的组织管理

E. 不利于工程造价控制

67. 根据《建设工程质量管理条例》，施工人员对涉及结构安全的（　　）以及有关材料，
应当在建设单位或者监理单位监督下现场取样，并送具有相应资质等级的质量检测单位进
行检测。

A. 设备　　　　　　　　　　　　　B. 机具

C. 试块　　　　　　　　　　　　　D. 试件

E. 器具

68. 风险管理的主要环节包括（　　）。

A. 风险识别　　　　　　　　　　　B. 验收

C. 风险分析与评价　　　　　　　　D. 风险对策的决策

E. 风险对策实施的监控

69. 项目监理机构接收文件时，均应在收文登记表上进行登记，登记内容包括（　　）。

A. 文件名称　　　　　　　　　　　B. 文件摘要信息

C. 文件的签发人　　　　　　　　　D. 文件的发放单位

E. 收文日期

70. 服务性是建设工程监理的一项重要性质，其表现为（　　）。

A. 监理工程师具有丰富的管理经验和应变能力

B. 主要方法是规划、控制、协调

C. 建设工程造价、进度和质量控制为主要任务

D. 与承建单位没有利害关系为原则

E. 基本目的是协助建设单位在计划的目标内将建设工程建成投入使用

71. 导致非计划性风险自留的主要原因有（ ）。

A. 风险意识过强

B. 风险识别失误

C. 风险分析与评价失误

D. 风险决策延误

E. 风险决策实施延误

72. Project Controlling 与建设项目管理的主要不同之处有（ ）。

A. 两者的工作属性不同

B. 两者的地位不同

C. 两者的工作内容不同

D. 两者的权力不同

E. 两者的服务时间不尽相同

73. 工程监理企业组织形式中，股份有限公司的设立条件有（ ）。

A. 发起人符合法定人数

B. 有公司住所

C. 股份发行、筹办事项符合法律规定

D. 有公司名称，建立符合股份有限公司要求的组织机构

E. 股东共同制定公司章程，采用募集方式设立的经创立大会通过

74. 监理实施细则的审核内容中，下列属于编制依据、内容的审核有（ ）。

A. 监理实施细则的编制是否符合监理规划的要求

B. 是否符合专业工程相关的标准

C. 是否符合设计文件的内容

D. 监理工作流程是否完整、详实

E. 是否与施工组织设计、（专项）施工方案使用的规范、标准、技术要求相一致

75. 多项目管理是指（ ）。

A. 项目沟通管理

B. 项目群管理

C. 项目风险管理

D. 项目采购管理

E. 组合项目管理

76. 下列关于承发包模式优点的说法中，属于平行承发包模式优点的有（ ）。

A. 有利于缩短工期

B. 有利于质量控制

C. 合同关系简单

D. 有利于业主选择承建单位

E. 有利于投资控制

77. 工程监理实施依据包括（ ）。

A. 法律法规

B. 工程建设标准

C. 初步设计文件

D. 施工合同

E. 勘察设计文件及合同

78. 项目监理机构的组织结构设计工作包括（ ）。

A. 选择组织结构形式

B. 确定管理层次和管理跨度

C. 确定监理工作内容

D. 制定工作流程和信息流程

E. 划分项目监理机构部门

79. 施工图设计文件审查的主要内容包括( )。

A. 专项施工方案

B. 是否符合工程建设强制性规定

C. 开工报告

D. 地基基础和主体结构的安全性

E. 勘察设计企业和注册执业人员以及相关人员是否按规定在施工图上加盖相应的图章和签字

80. BIM 在工程项目管理中的应用目标包括( )方面。

A. 可视化展示   B. 管线综合

C. 控制工程造价   D. 缩短工程施工周期

E. 提高工程设计和项目管理质量

第四套模拟试卷参考答案、考点分析

一、单项选择题

1.【试题答案】C

【试题解析】本题考查重点是"建设工程风险及其管理过程"。建设工程的风险因素有很多，可以从不同的角度进行分类。①按照风险来源进行划分。风险因素包括自然风险、社会风险、经济风险、法律风险和政治风险；②按照风险涉及的当事人划分。风险因素包括建设单位的风险、设计单位的风险、施工单位的风险、工程监理单位的风险等；③按风险可否管理划分。可分为：可管理风险和不可管理风险；④按风险影响范围划分。可分为：局部风险和总体风险。因此，本题的正确答案为C。

2.【试题答案】D

【试题解析】本题考查重点是"《建设工程监理合同（示范文本）》GF-2012-0202 的结构"。协议书不仅明确了委托人和监理人，而且明确了双方约定的委托建设工程监理与相关服务的工程概况（工程名称、工程地点、工程规模、工程概算投资额或建筑安装工程费）；总监理工程师（姓名、身份证号、注册号）；签约酬金（监理酬金、相关服务酬金）；服务期限（监理期限、相关服务期限）；双方对履行合同的承诺及合同订立的时间、地点、份数等。协议书还明确了建设工程监理合同的组成文件：①协议书；②中标通知书（适用于招标工程）或委托书（适用于非招标工程）；③投标文件（适用于招标工程）或监理与相关服务建议书（适用于非招标工程）；④专用条件；⑤通用条件；⑥附录，即：附录A：相关服务的范围和内容；附录B：委托人派遣的人员和提供的房屋、资料、设备。建设工程监理合同签订后，双方依法签订的补充协议也是建设工程监理合同文件的组成部分。协议书是一份标准的格式文件，经当事人双方在空格处填写具体规定的内容并签字盖章后，即发生法律效力。因此，本题的正确答案为D。

3.【试题答案】C

【试题解析】本题考查重点是"建设工程监理规范——监理规划"。《建设工程监理规范》规定，监理规划的编制应针对项目的实际情况，明确项目监理机构的工作目标，确定具体的监理工作制度、程序、方法和措施，并应具有可操作性。监理规划编制的程序与依据应符合的规定为：①监理规划应在签订委托监理合同及收到设计文件后开始编制，完成后必须经监理单位技术负责人审核批准，并应在召开第一次工地会议前报送建设单位；②监理规划应由总监理工程师主持、专业监理工程师参加编制；③编制监理规划应依据以下三点：a. 建设工程的相关法律、法规及项目审批文件；b. 与建设工程项目有关的标准、设计文件、技术资料；c. 监理大纲、委托监理合同文件以及与建设工程项目相关的合同文件。根据第①点可知，选项C符合题意。因此，本题的正确答案为C。

4.【试题答案】B

【试题解析】本题考查重点是"建设工程监理的法律地位"。《建设工程质量管理条例》第三十七条规定："工程监理单位应当选派具备相应资格的总监理工程师和监理工程师进驻施工现场。""未经监理工程师签字，建筑材料、建筑构配件和设备不得在工程上使用或者安装，施工单位不得进行下一道工序的施工。未经总监理工程师签字，建设单位不拨付工程款，不进行竣工验收。"因此，本题的正确答案为B。

5. 【试题答案】B

【试题解析】本题考查重点是"项目监理机构各类人员基本职责"。根据《建设工程监理规范》GB/T 50319—2013，监理员应履行下列职责：①检查施工单位投入工程的人力、主要设备的使用及运行状况；②进行见证取样；③复核工程计量有关数据；④检查工序施工结果；⑤发现施工作业中的问题，及时指出并向专业监理工程师报告。监理员的上述职责为其基本职责，在建设工程监理实施过程中，项目监理机构还应针对建设工程实际情况，明确各岗位专业监理工程师和监理员的职责分工。根据第①点可知，选项B符合题意。选项A、C均属于专业监理工程师的职责。选项D属于总监理工程师的职责。因此，本题的正确答案为B。

6. 【试题答案】D

【试题解析】本题考查重点是"《建设工程质量管理条例》相关内容"。建设单位应当严格按照国家有关档案管理的规定，及时收集、整理建设项目各环节的文件资料，建立、健全建设项目档案，并在建设工程竣工验收后，及时向建设行政主管部门或者其他有关部门移交建设项目档案。因此，本题的正确答案为D。

7. 【试题答案】C

【试题解析】本题考查重点是"监理大纲的概念"。为使监理大纲的内容和监理实施过程紧密结合，监理大纲的编制人员应当是监理单位经营部门或技术管理部门人员，也应包括拟定的总监理工程师。总监理工程师参与编制监理大纲有利于监理规划的编制。因此，本题的正确答案为C。

8. 【试题答案】B

【试题解析】本题考查重点是"监理规划编写要求"。监理规划是针对具体工程项目编写的，而工程项目的动态性决定了监理规划的具体可变性。监理规划要把握工程项目运行脉搏，是指其可能随着工程进展进行不断的补充、修改和完善。在工程项目运行过程中，内外因素和条件不可避免地要发生变化，造成工程实际情况偏离计划，往往需要调整计划乃至目标，这就可能造成监理规划在内容上也要进行相应调整。因此，本题的正确答案为B。

9. 【试题答案】D

【试题解析】本题考查重点是"EPC模式的特征"。在EPC模式条件下，业主不聘请"工程师"（即我国的监理工程师）来管理工程，而是自己或委派业主代表来管理工程。EPC合同条件第3条规定，如果委派业主代表来管理，业主代表应是业主的全权代表。如果业主想更换业主代表，只需提前14天通知承包商，不需征得承包商的同意。而在其他模式中，如果业主想更换工程师，不仅提前通知承包商的时间大大增加（如FIDIC施工合同条件规定为42天），且需得到承包商的同意。由于承包商已承担了工程建设的大部分风险，所以，与其他模式条件下工程师管理工程的情况相比，EPC模式条件下业主或业主代表管理工程显得较为宽松，不太具体和深入。因此，本题的正确答案为D。

10. 【试题答案】D

【试题解析】本题考查重点是"建设工程监理实施程序"。建设工程监理实施程序包括：①组建项目监理机构；②进一步收集建设工程监理有关资料；③编制监理规划及监理实施细则；④规范化地开展监理工作；⑤参与工程竣工验收；⑥向建设单位提交建设工程监理文件资料。建设工程监理工作完成后，项目监理机构应向建设单位提交：工程变更资料、监理指令性文件、各类签证等文件资料；⑦进行监理工作总结。因此，本题的正确答案为 D。

11.【试题答案】D

【试题解析】本题考查重点是"PMBOK 总体框架的多项目管理"。项目管理不仅仅是指单一项目管理，还包括多项目管理，即：项目群管理和组合项目管理。组合项目管理是指将若干项目或项目群与其他工作组合在一起进行有效管理，以实现组织的战略目标。组合项目中的项目或项目群之间没必要相互关联或直接相关。例如，一个基础设施公司为实现其投资回报最大化的战略目标，可将石油、天然气、能源、水利、道路、铁道、机场等多个项目或项目群组合在一起，实施组合项目管理。因此，本题的正确答案为 D。

12.【试题答案】C

【试题解析】本题考查重点是"Partnering 模式的组成要素"。Partnering 模式的要素之一是信任，相互信任是确定建设工程参与各方共同目标和建立良好合作关系的前提，是Partnering 模式的基础和关键。只有对参与各方的目标和风险进行分析和沟通，并建立良好的关系，彼此才能更好地理解。只有相互理解才能产生信任，而只有相互信任才能产生整体性的效果。Partnering 模式所达成的长期协议本身就是相互信任的结果，其中每一方的承诺都是基于对其他参与方的信任。因此，本题的正确答案为 C。

13.【试题答案】C

【试题解析】本题考查重点是"中华人民共和国建筑法——建筑工程施工许可"。《建筑法》第九条规定，建设单位应当自领取施工许可证之日起 3 个月内开工。因故不能按期开工的，应向发证机关申请延期；延期以两次为限，每次不得超过 3 个月。既不开工又不申请延期或者超过延期时限的，施工许可证自行废止。因此，本题的正确答案为 C。

14.【试题答案】A

【试题解析】本题考查重点是"监理规划主要内容——组织协调"。组织协调方法：①会议协调：监理例会、专题会议等方式；②交谈协调：面谈、电话、网络等方式；③书面协调：通知书、联系单、月报等方式；④访问协调：走访或约见等方式。因此，本题的正确答案为 A。

15.【试题答案】D

【试题解析】本题考查重点是"中华人民共和国建筑法——建筑安全生产管理"。《建筑法》第四十八条规定，建筑施工企业应当依法为职工参加工伤保险缴纳工伤保险费。鼓励企业为从事危险作业的职工办理意外伤害保险，支付保险费。因此，本题的正确答案为 D。

16.【试题答案】A

【试题解析】本题考查重点是"建设工程监理文件资料验收与移交"。建设工程监理文件资料的移交：①列入城建档案管理部门接收范围的工程，建设单位在工程竣工验收后 3 个月内向城建档案管理部门移交一套符合规定的工程档案（监理文件资料）。所以，选项 D 的叙述是正确的；②停建、缓建工程的监理文件资料暂由建设单位保管。所以，选项 C

的叙述是正确的；③对改建、扩建和维修工程，建设单位应组织工程监理单位据实修改、补充和完善监理文件资料，对改变的部位，应当重新编写，并在工程竣工验收后 3 个月内向城建档案管理部门移交；④建设单位向城建档案管理部门移交工程档案（监理文件资料），应办理移交手续，填写移交目录，双方签字、盖章后交接；⑤工程监理单位应在工程竣工验收前将监理文件资料按合同约定的时间、套数移交给建设单位，办理移交手续。所以，选项 A 的叙述是不正确的，选项 B 的叙述是正确的。因此，本题的正确答案为 A。

17.【试题答案】B

【试题解析】本题考查重点是"建设工程监理与项目管理服务的区别"。尽管建设工程监理与项目管理服务均是由社会化的专业单位为建设单位（业主）提供服务，但在服务的性质、范围及侧重点等方面有着本质区别。建设工程监理与项目管理服务的区别包括：①服务性质不同；②服务范围不同；③服务侧重点不同。因此，本题的正确答案为 B。

18.【试题答案】C

【试题解析】本题考查重点是"建设工程监理相关制度——项目法人责任制"。项目法人责任制是实行工程监理制的必要条件。项目法人责任制的核心是要落实"谁投资、谁决策，谁承担风险"的基本原则。实行项目法人责任制，必然使项目法人面临一个重要问题：如何做好投资决策和风险承担工作。项目法人为了切实承担其职责，必然需要社会化、专业化机构为其提供服务。这种需求为建设工程监理的发展提供了坚实基础。因此，本题的正确答案为 C。

19.【试题答案】D

【试题解析】本题考查重点是"建设工程三大目标之间的关系"。在通常情况下，如果对工程质量有较高的要求，就需要投入较多的资金和花费较长的建设时间；如果要抢时间、争进度，以极短的时间完成建设工程，势必会增加投资或者使工程质量下降；如果要减少投资、节约费用，势必会考虑降低工程项目的功能要求和质量标准。这些表明，建设工程三大目标之间存在着矛盾和对立的一面。因此，本题的正确答案为 D。

20.【试题答案】A

【试题解析】本题考查重点是"建设工程监理相关制度——项目法人责任制"。项目总经理的职权有：①组织编制项目初步设计文件，对项目工艺流程、设备选型、建设标准、总图布置提出意见，提交董事会审查；②组织工程设计、工程监理、工程施工和材料设备采购招标工作，编制和确定招标方案、标底和评标标准，评选和确定投标、中标单位；③编制并组织实施项目年度投资计划、用款计划和建设进度计划；④编制项目财务预算、决算；⑤编制并组织实施归还贷款和其他债务计划；⑥组织工程建设实施，负责控制工程投资、工期和质量；⑦在项目建设过程中，在批准的概算范围内对单项工程的设计进行局部调整；⑧根据董事会授权处理项目实施过程中的重大紧急事件，并及时向董事会报告；⑨负责生产准备工作和培训人员；⑩负责组织项目试生产和单项工程预验收；⑪拟订生产经营计划、企业内部机构设置、劳动定员方案及工资福利方案；⑫组织项目后评估，提出项目后评估报告；⑬按时向有关部门报送项目建设、生产信息和统计资料；⑭提请董事会聘请或解聘项目高级管理人员。因此，本题的正确答案为 A。

21.【试题答案】A

【试题解析】本题考查重点是"建设工程监理投标工作内容——投标文件编制"。投标文件编制依据：①国家及地方有关建设工程监理投标的法律法规及政策；②建设工程监理招标文件；③企业现有的设备资源；④企业现有的人力及技术资源；⑤企业现有的管理资源。因此，本题的正确答案为 A。

22.【试题答案】B

【试题解析】本题考查重点是"工程监理企业的资质等级标准"。《工程监理企业资质管理规定》第七条规定，综合资质标准包括：①具有独立法人资格且注册资本不少于 600 万元；②企业技术负责人应为注册监理工程师，并具有 15 年以上从事工程建设工作的经历或者具有工程类高级职称；③具有 5 个以上工程类别的专业甲级工程监理资质；④注册监理工程师不少于 60 人，注册造价工程师不少于 5 人，一级注册建造师、一级注册建筑师、一级注册结构工程师及其他勘察设计注册工程师累计不少于 15 人次；⑤企业具有完善的组织结构和质量管理体系，有健全的技术、档案等管理制度；⑥企业具有必要的工程试验检测设备；⑦申请工程监理资质之日前一年内没有规定禁止的行为；⑧申请工程监理资质之日前一年内没有因本企业监理责任造成质量事故；⑨申请工程监理资质之日前一年内没有因本企业监理责任发生三级以上工程建设重大安全事故或者发生两起以上四级工程建设安全事故。根据第③条可知，选项 B 符合题意。因此，本题的正确答案为 B。

23.【试题答案】A

【试题解析】本题考查重点是"建设工程监理基本表式"。项目监理机构收到经建设单位签署审批意见的《工程款支付报审表》后，总监理工程师应向施工单位签发《工程款支付证书》，同时抄报建设单位。《工程款支付证书》需要由总监理工程师签字，并加盖执业印章。因此，本题的正确答案为 A。

24.【试题答案】B

【试题解析】本题考查重点是"建设工程监理工作内容——项目监理机构组织协调方法"。在建设工程监理实践中，并不是所有问题都需要开会来解决，有时可采用"交谈"的方法进行协调。交谈包括面对面的交谈和电话、电子邮件等形式交谈。无论是内部协调还是外部协调，交谈协调法的使用频率是相当高的。因此，本题的正确答案为 B。

25.【试题答案】A

【试题解析】本题考查重点是"项目监理机构各类人员基本职责"。根据《建设工程监理规范》GB/T 50319－2013，监理员应履行下列职责：①检查施工单位投入工程的人力、主要设备的使用及运行状况；②进行见证取样；③复核工程计量有关数据；④检查工序施工结果；⑤发现施工作业中的问题，及时指出并向专业监理工程师报告。因此，本题的正确答案为 A。

26.【试题答案】C

【试题解析】本题考查重点是"建设工程监理相关制度——项目法人责任制"。为了建立投资约束机制，规范建设单位行为，原国家计委于 1996 年 3 月发布了《关于实行建设项目法人责任制的暂行规定》（计建设［1996］673 号），要求"国有单位经营性基本建设大中型项目在建设阶段必须组建项目法人"，"由项目法人对项目的策划、资金筹措、建设实施、生产经营、债务偿还和资产的保值增值，实行全过程负责"。项目法人责任制的核心内容是明确由项目法人承担投资风险，项目法人要对工程项目的建设及建成后的生产经营实行一条龙管理和全面负责。因此，本题的正确答案为 C。

27.【试题答案】D

【试题解析】本题考查重点是"工程监理企业资质等级和业务范围"。工程监理企业资质分为综合资质、专业资质和事务所资质三个等级。其中，专业资质按照工程性质和技术特点又划分为 14 个工程类别。综合资质、事务所资质不分级别。专业资质分为甲级、乙级；其中，房屋建筑、水利水电、公路和市政公用专业资质可设立丙级。因此，本题的正确答案为 D。

28.【试题答案】B

【试题解析】本题考查重点是"项目监理机构专业监理工程师的职责"。根据《建筑工程监理规范》的规定，专业监理工程师应履行以下几种职责：①负责编制本专业的监理实施细则；②负责本专业监理工作的具体实施；③组织、指导、检查和监督本专业监理员的工作，当人员需要调整时，向总监理工程师提出建议；④审查承包单位提交的涉及本专业的计划、方案、申请、变更，并向总监理工程师提出报告；⑤负责本专业分项工程验收及隐蔽工程验收；⑥定期向总监理工程师提交本专业监理工作实施情况报告，对重大问题及时向总监理工程师汇报和请示；⑦根据本专业监理工作实施情况做好监理日记；⑧负责本专业监理资料的收集、汇总及整理，参与编写监理月报；⑨核查进场材料、设备、构配件的原始凭证、检测报告等质量证明文件及其质量情况，根据实际情况认为有必要时对进场材料、设备、构配件进行平行检验，合格时予以签认；⑩负责本专业的工程计量工作，审核工程计量的数据和原始凭证。根据第⑦点可知，选项 B 符合题意。选项 A 属于总监理工程师的职责。选项 C 和选项 D 均属于监理员的职责。因此，本题的正确答案为 B。

29.【试题答案】A

【试题解析】本题考查重点是"建设工程监理的法律地位"。成片开发建设的住宅小区工程。建筑面积在 5 万 m² 以上的住宅建设工程必须实行监理；5 万 m² 以下的住宅建设工程，可以实行监理，具体范围和规模标准，由省、自治区、直辖市人民政府建设行政主管部门规定。为了保证住宅质量，对高层住宅及地基、结构复杂的多层住宅应当实行监理。因此，本题的正确答案为 A。

30.【试题答案】C

【试题解析】本题考查重点是"监理实施细则主要内容——监理工作流程"。监理工作流程是结合工程相应专业制定的具有可操作性和可实施性的流程图。不仅涉及最终产品的检查验收，更多地涉及施工中各个环节及中间产品的监督检查与验收。监理工作涉及的流程包括：开工审核工作流程、施工质量控制流程、进度控制流程、造价（工程量计量）控制流程、安全生产和文明施工监理流程、测量监理流程、施工组织设计审核工作流程、分包单位资格审核流程、建筑材料审核流程、技术审核流程、工程质量问题处理审核流程、旁站检查工作流程、隐蔽工程验收流程、工程变更处理流程、信息资料管理流程等。因此，本题的正确答案为 C。

31.【试题答案】B

【试题解析】本题考查重点是"非代理型 CM 模式"。CM 单位介入工程时间较早（一般在设计阶段介入）且不承担设计任务，所以，CM 单位并不向业主直接报出具体数额的价格，而是报 CM 费，至于工程本身的费用则是今后 CM 单位与各分包商、供应商的合同价之和。但在签订 CM 合同时，该合同价尚不是一个确定的具体数据，而主要是确定计价原则和方式，本质上属于成本加酬金合同的一种特殊形式。CM单位对设计单位没有指令权，因而CM单位与设计单位之间是协调关系。因此，本题的正确答案为B。

32. 【试题答案】B

【试题解析】本题考查重点是"建设工程监理招标程序"。为了保证潜在投标人能够公平地获取投标竞争的机会，确保投标人满足招标项目的资格条件，同时避免招标人和投标人不必要的资源浪费，招标人应组织审查监理投标人资格。资格审查分为资格预审和资格后审两种。①资格预审。资格预审是指在投标前，对申请参加投标的潜在投标人进行资质条件、业绩、信誉、技术、资金等多方面情况的审查。只有资格预审中被认定为合格的潜在投标人（或投标人）才可以参加投标。资格预审的目的是为了排除不合格的投标人，进而降低招标人的招标成本，提高招标工作效率；②资格后审。资格后审是指在开标后，由评标委员会根据招标文件中规定的资格审查因素、方法和标准，对投标人资格进行的审查。建设工程监理资格审查大多采用资格预审的方式进行。因此，本题的正确答案为B。

33. 【试题答案】C

【试题解析】本题考查重点是"CM模式的种类"。代理型CM模式又称为纯粹的CM模式。采用代理型CM模式时，CM单位是业主的咨询单位，业主与CM单位签订咨询服务合同，CM合同价就是CM费，其表现形式可以是百分率或固定数额的费用，业主分别与多个施工单位签订所有的工程施工合同。因此，本题的正确答案为C。

34. 【试题答案】C

【试题解析】本题考查重点是"建设工程监理实施程序"。建设工程施工完成后，项目监理机构应在正式验收前组织工程竣工预验收。在预验收中发现的问题，应及时与施工单位沟通，提出整改要求。项目监理机构人员应参加由建设单位组织的工程竣工验收，签署工程监理意见。因此，本题的正确答案为C。

35. 【试题答案】B

【试题解析】本题考查重点是"总监理工程师负责制的内涵"。总监理工程师负责制的内涵包括：①总监理工程师是工程监理的责任主体。责任是总监理工程师负责制的核心，它构成了对总监理工程师的工作压力与动力，也是确定总监理工程师权力和利益的依据。所以总监理工程师应是向业主和监理单位所负责任的承担者；②总监理工程师是工程监理的权力主体。根据总监理工程师承担责任的要求，总监理工程师全面领导建设工程的监理工作，包括组建项目监理机构，主持编制建设工程监理规划，组织实施监理活动，对监理工作总结、监督、评价。根据第②点可知，选项B符合题意。因此，本题的正确答案为B。

36. 【试题答案】D

【试题解析】本题考查重点是"建设工程质量管理条例——监督管理"。《建设工程质量管理条例》第四十五条规定，国务院发展计划部门按照国务院规定的职责，组织稽察特派员，对国家出资的重大建设项目实施监督检查。国务院经济贸易主管部门按照国务院规定的职责，对国家重大技术改造项目实施监督检查。因此，本题的正确答案为D。

37. 【试题答案】C

【试题解析】本题考查重点是"监理单位用表"。监理单位用表共6个，主要用于施工阶段，包括：①监理工程师通知单；②工程暂停令；③工程款支付证书；④工程临时延期审批表；⑤工程最终延期审批表；⑥费用索赔审批表。因此，本题的正确答案为C。

38.【试题答案】A

【试题解析】本题考查重点是"中华人民共和国建筑法——建筑安全生产管理"。《中华人民共和国建筑法》第三十九条规定，建筑施工企业应当在施工现场采取维护安全、防范危险、预防火灾等措施；有条件的，应当对施工现场实行封闭管理。施工现场对毗邻的建筑物、构筑物和特殊作业环境可能造成损害的，建筑施工企业应当采取安全防护措施。因此，本题的正确答案为A。

39.【试题答案】B

【试题解析】本题考查重点是"项目法人的设立时间"。根据项目法人责任制的规定，新上项目在项目建议书被批准后，应及时组建项目法人筹备组，具体负责项目法人的筹建工作。项目法人筹备组主要由项目投资方派代表组成。在申报项目可行性研究报告时，需同时提出项目法人组建方案。否则，其项目可行性报告不予审批。项目可行性研究报告经批准后，正式成立项目法人，并按有关规定确保资金按时到位，同时及时办理公司设立登记。因此，本题的正确答案为B。

40.【试题答案】B

【试题解析】本题考查重点是"建设工程监理文件资料编制要求"。监理例会是履约各方沟通情况、交流信息、研究解决合同履行中存在的各方面问题的主要协调方式。会议纪要由项目监理机构根据会议记录整理，主要内容包括：①会议地点及时间；②会议主持人；③与会人员姓名、单位、职务；④会议主要内容、决议事项及其负责落实单位、负责人和时限要求；⑤其他事项。对于监理例会上意见不一致的重大问题，应将各方的主要观点，特别是相互对立的意见记入"其他事项"中。会议纪要的内容应真实准确，简明扼要，经总监理工程师审阅，与会各方代表会签，发至有关各方并应有签收手续。因此，本题的正确答案为B。

41.【试题答案】A

【试题解析】本题考查重点是"建设工程监理招标程序"。为了保证潜在投标人能够公平地获取投标竞争的机会，确保投标人满足招标项目的资格条件，同时避免招标人和投标人不必要的资源浪费，招标人应组织审查监理投标人资格。资格审查分为资格预审和资格后审两种。①资格预审。资格预审是指在投标前，对申请参加投标的潜在投标人进行资质条件、业绩、信誉、技术、资金等多方面情况的审查。只有资格预审中被认定为合格的潜在投标人（或投标人）才可以参加投标。资格预审的目的是为了排除不合格的投标人，进而降低招标人的招标成本，提高招标工作效率；②资格后审。资格后审是指在开标后，由评标委员会根据招标文件中规定的资格审查因素、方法和标准，对投标人资格进行的审查。建设工程监理资格审查大多采用资格预审的方式进行。因此，本题的正确答案为A。

42.【试题答案】A

【试题解析】本题考查重点是"建设工程监理招标程序——组织现场踏勘"。组织投标人进行现场踏勘的目的在于了解工程场地和周围环境情况，以获取认为有必要的信息。招标人可根据工程特点和招标文件规定，组织潜在投标人对工程实施现场的地形地质条件、周边和内部环境进行实地踏勘，并介绍有关情况。潜在投标人自行负责据此作出的判断和投标决策。因此，本题的正确答案为A。

43.【试题答案】B

【试题解析】本题考查重点是"监理工程师的权利和义务"。监理工程师一般享有以下几方面的权利：①使用注册监理工程师称谓；②在规定范围内从事执业活动；③依据本人能力从事相应的执业活动；④保管和使用本人的注册证书和执业印章；⑤对本人执业活动进行解释和辩护；⑥接受继续教育；⑦获得相应的劳动报酬；⑧对侵犯本人权利的行为进行申诉。根据第③点可知，选项B符合题意。选项A、C、D均属于监理工程师应履行的义务。因此，本题的正确答案为B。

44.【试题答案】C

【试题解析】本题考查重点是"工程总承包模式下建设工程监理委托方式"。采用建设工程总承包模式，建设单位的合同关系简单，组织协调工作量小。由于工程设计与施工由一个承包单位统筹安排，一般能做到工程设计与施工的相互搭接，有利于控制工程进度，可缩短建设周期。通过统筹考虑工程设计与施工，可以从价值工程或全寿命期费用角度取得明显的经济效果，有利于工程造价控制。但该模式的缺点是：合同条款不易准确确定，容易造成合同争议。合同数量虽少，但合同管理难度一般较大，造成招标发包工作难度大；由于承包范围大，介入工程项目时间早，工程信息未知数多，总承包单位要承担较大风险；由于有工程总承包能力的单位数量相对较少，建设单位择优选择工程总承包单位的范围小；工程质量标准和功能要求不易做到全面、具体、准确，"他人控制"机制薄弱，使工程质量控制难度加大。因此，本题的正确答案为C。

45.【试题答案】B

【试题解析】本题考查重点是"归档工程文件的组卷方法"。立卷采用的方法有：①工程文件可按建设程序划分为工程准备阶段的文件、监理文件、施工文件、竣工图、竣工验收文件5部分；②工程准备阶段文件可按单位工程、分部工程、专业、形成单位等组卷；③监理文件可按单位工程、分部工程、专业、阶段等组卷；④施工文件可按单位工程、分部工程、专业、阶段等组卷；⑤竣工图可按单位工程、专业等组卷；⑥竣工验收文件可按单位工程、专业等组卷。根据第③点可知，选项B的叙述是正确的。根据第④点可知，选项A的叙述是不正确的。根据第②点可知，选项C的叙述是不正确的。根据第⑥点可知，选项D的叙述是不正确的。因此，本题的正确答案为B。

46.【试题答案】D

【试题解析】本题考查重点是"建设工程监理文件资料组卷归档"。建设工程监理文件资料组卷原则及方法：①组卷应遵循监理文件资料的自然形成规律，保持卷内文件的有机联系，便于档案的保管和利用；②一个建设工程由多个单位工程组成时，应按单位工程组卷；③监理文件资料可按单位工程、分部工程、专业、阶段等组卷。因此，本题的正确答案为D。

47.【试题答案】B

【试题解析】本题考查重点是"建设实施阶段的工作内容"。初步设计是根据可行性研究报告的要求进行具体实施方案设计，目的是为了阐明在指定的地点、时间和投资控制数额内，拟建项目在技术上的可行性和经济上的合理性，并通过对建设工程所作出的基本技术经济规定，编制工程总概算。初步设计不得随意改变被批准的可行性研究报告所确定的建设规模、产品方案、工程标准、建设地址和总投资等控制目标。如果初步设计提出的总概算超过可行性研究报告总投资的 10% 以上或其他主要指标需要变更时，应说明原因和计算依据，并重新向原审批单位报批可行性研究报告。因此，本题的正确答案为 B。

48. 【试题答案】B

【试题解析】本题考查重点是"Partnering 模式的特征"。Partnering 模式的特征主要表现在以下几方面：①出于自愿。在 Partnering 模式中，参与 Partnering 模式的有关各方必须是完全自愿，而非出于任何原因的强迫；②高层管理的参与。Partnering 模式要由参与各方共同组成工作小组，要分担风险、共享资源，因此高层管理者的认同、支持和决策是关键因素；③Partnering 协议不是法律意义上的合同。Partnering 协议与工程合同是两个完全不同的文件。在工程合同签订后，建设工程参与各方经过讨论协商后才会签署 Partnering 协议。该协议并不改变参与各方在有关合同规定范围内的权利和义务关系，参与各方对有关合同规定的内容仍然要切实履行。Partnering 协议主要确定了参与各方在建设工程上的共同目标、任务分工和行为规范，是工作小组的纲领性文件。该协议的内容也不是一成不变的，当有新的参与者加入时，或某些参与者对协议的某些内容有意见时，都可以召开会议经过讨论对协议内容进行修改；④信息的开放性。Partnering 模式强调资源共享，信息作为一种重要的资源对于参与各方必须公开。根据第②点可知，选项 A 的叙述是正确的。根据第③点可知，选项 B 的叙述是不正确的。根据第①点可知，选项 C 的叙述是正确的。根据第④点可知，选项 D 的叙述是正确的。因此，本题的正确答案为 B。

49. 【试题答案】C

【试题解析】本题考查重点是"建设工程三大目标之间的关系"。建设工程质量、造价、进度三大目标之间相互关联，共同形成一个整体。建设工程三大目标之间存在着矛盾和对立的一面，建设工程三大目标之间存在着统一的一面。因此，本题的正确答案为 C。

50. 【试题答案】C

【试题解析】本题考查重点是"建设实施阶段的工作内容"。工程设计工作一般划分为两个阶段，即初步设计和施工图设计。重大工程和技术复杂工程，可根据需要增加技术设计阶段。初步设计是根据可行性研究报告的要求进行具体实施方案设计，目的是为了阐明在指定的地点、时间和投资控制数额内，拟建项目在技术上的可行性和经济上的合理性，并通过对建设工程所作出的基本技术经济规定，编制工程总概算。初步设计不得随意改变被批准的可行性研究报告所确定的建设规模、产品方案、工程标准、建设地址和总投资等控制目标。如果初步设计提出的总概算超过可行性研究报告总投资的 10% 以上或其他主要指标需要变更时，应说明原因和计算依据，并重新向原审批单位报批可行性研究报告。因此，本题的正确答案为 C。

二、多项选择题

51. 【试题答案】ACDE

【试题解析】本题考查重点是"《建设工程安全生产管理条例》相关内容"。设计单位应当按照法律、法规和工程建设强制性标准进行设计，防止因设计不合理导致生产安全事故的发生。设计单位应当考虑施工安全操作和防护的需要，对涉及施工安全的重点部位和环节在设计文件中注明，并对防范生产安全事故提出指导意见。采用新结构、新材料、新工艺的建设工程和特殊结构的建设工程，设计单位应当在设计中提出保障施工作业人员安全和预防生产安全事故的措施建议。设计单位和注册建筑师等注册执业人员应当对其设计负责。因此，本题的正确答案为ACDE。

52.【试题答案】ABDE

【试题解析】本题考查重点是"建设工程监理文件资料组卷归档"。建设工程监理文件资料编制要求：①归档的文件资料一般应为原件；②文件资料的内容及其深度须符合国家有关工程勘察、设计、施工、监理等方面的技术规范、标准的要求；③文件资料的内容必须真实、准确，与工程实际相符；④文件资料应采用耐久性强的书写材料，如碳素墨水、蓝黑墨水，不得使用易褪色的书写材料，如：红色墨水、纯蓝墨水、圆珠笔、复写纸、铅笔等；⑤文件资料应字迹清楚，图样清晰，图表整洁，签字盖章手续完备；⑥文件资料中文字材料幅面尺寸规格宜为A4幅面（297mm×210mm）。纸张应采用能够长时间保存的韧力大、耐久性强的纸张；⑦文件资料的缩微制品，必须按国家缩微标准进行制作，主要技术指标（解像力、密度、海波残留量等）要符合国家标准，保证质量，以适应长期安全保管；⑧文件资料中的照片及声像档案，要求图像清晰，声音清楚，文字说明或内容准确；⑨文件资料应采用打印形式并使用档案规定用笔，手工签字，在不能使用原件时，应在复印件或抄件上加盖公章并注明原件保存处。应用计算机辅助管理建设工程监理文件资料时，相关文件和记录经相关负责人员签字确定、正式生效并已存入项目监理机构相关资料夹时，信息管理人员应将储存在计算机中的相应文件和记录的属性改为"只读"，并将保存的目录名记录在书面文件上，以便于进行查阅。在建设工程监理文件资料归档前，不得删除计算机中保存的有效文件和记录。因此，本题的正确答案为ABDE。

53.【试题答案】ABCD

【试题解析】本题考查重点是"建设工程监理合同履行——监理人的义务"。监理人应及时更换有下列情形之一的监理人员：①严重过失行为的；②有违法行为不能履行职责的；③涉嫌犯罪的；④不能胜任岗位职责的；⑤严重违反职业道德的；⑥专用条件约定的其他情形。因此，本题的正确答案为ABCD。

54.【试题答案】ACDE

【试题解析】本题考查重点是"建设工程监理的合同管理——工程暂停及复工处理"。项目监理机构发现下列情况之一时，总监理工程师应及时签发工程暂停令：①建设单位要求暂停施工且工程需要暂停施工的；②施工单位未经批准擅自施工或拒绝项目监理机构管理的；③施工单位未按审查通过的工程设计文件施工的；④施工单位违反工程建设强制性标准的；⑤施工存在重大质量、安全事故隐患或发生质量、安全事故的。因此，本题的正确答案为ACDE。

55.【试题答案】BCDE

【试题解析】本题考查重点是"EPC模式的特征"。在EPC模式条件下，由于承包商的承包范围包括设计，因而很自然地要承担设计风险。此外，在其他模式中均由业主承担的"一个有经验的承包商不可预见且无法合理防范的自然力的作用"的风险，在EPC模式中也由承包商承担。EPC合同条件中规定：①承包商被认为已取得了可能对投标文件或工程产生影响或作用的有关风险、意外事故和其他情况的全部必要的资料；②在签订合同时，承包商应已经预见到了为圆满完成工程今后发生的一切困难和费用；③不能因任何没有预见的困难和费用而进行合同价格的调整。因此，本题的正确答案为BCDE。

56.【试题答案】AD

【试题解析】本题考查重点是"策划决策阶段的工作内容"。建设工程策划决策阶段的工作内容主要包括项目建议书和可行性研究报告的编报和审批。因此，本题的正确答案为AD。

57.【试题答案】BC

【试题解析】本题考查重点是"工程建设程序的概念"。工程建设程序是指建设工程从策划、决策、设计、施工，到竣工验收、投入生产或交付使用的整个建设过程中，各项工作必须遵循的先后顺序。工程建设程序是建设工程策划决策和建设实施过程客观规律的反映，是建设工程科学决策和顺利实施的重要保证。因此，本题的正确答案为BC。

58.【试题答案】ADE

【试题解析】本题考查重点是"CM模式的适用情形"。从CM模式的特点来看，在以下几种情况下尤其能体现出其优点：①设计变更可能性较大的建设工程；②时间因素最为重要的建设工程；③因总的范围和规模不确定而无法准确确定造价的建设工程。值得注意的是，不论哪一种情形，应用CM模式都需要有具备丰富施工经验的高水平CM单位，这是应用CM模式的关键和前提条件。因此，本题的正确答案为ADE。

59.【试题答案】ADE

【试题解析】本题考查重点是"监理工程师注册"。取得资格证书并受聘于一个建设工程勘察、设计、施工、监理、招标代理、造价咨询等单位的人员，应当通过聘用单位向单位工商注册所在地的省、自治区、直辖市人民政府建设主管部门提出注册申请；省、自治区、直辖市人民政府建设主管部门受理后提出初审意见，并将初审意见和全部申报材料报国务院建设主管部门审批；符合条件的，由国务院建设主管部门核发注册证书和执业印章。注册证书和执业印章是注册监理工程师的执业凭证，由注册监理工程师本人保管、使用。注册证书和执业印章的有效期为3年。初始注册者，可自资格证书签发之日起3年内提出申请。逾期未申请者，须符合继续教育的要求后方可申请初始注册。初始注册需要提交下列材料：①申请人的注册申请表；②申请人的资格证书和身份证复印件；③申请人与聘用单位签订的聘用劳动合同复印件；④所学专业、工作经历、工程业绩、工程类中级及中级以上职称证书等有关证明材料；⑤逾期初始注册的，应当提供达到继续教育要求的证明材料。因此，本题的正确答案为ADE。

60.【试题答案】CDE

【试题解析】本题考查重点是"建设工程监理实施原则"。监理单位受业主委托对建设工程实施监理时，应遵守以下基本原则：①公正、独立、自主的原则；②权责一致的原则；③总监理工程师负责制的原则；④严格监理、热情服务的原则；⑤综合效益的原则。根据第①②③点可知，选项C、D、E符合题意。选项A、B均属于项目监理机构组织设计的原则。因此，本题的正确答案为CDE。

61.【试题答案】ABCE

【试题解析】本题考查重点是"监理规划编写依据"。工程实施过程中输出的有关工程信息主要包括：方案设计、初步设计、施工图设计、工程实施状况、工程招标投标情况、重大工程变更、外部环境变化等。因此，本题的正确答案为ABCE。

62.【试题答案】BDE

【试题解析】本题考查重点是"监理文件档案资料归档"。由监理单位长期保存的文件有：①监理月报中的有关质量问题（建设单位长期保存，监理单位长期保存，送城建档案管理部门保存）；②监理会议纪要中的有关质量问题（建设单位长期保存，监理单位长期保存，送城建档案管理部门保存）；③进度控制：a. 工程开工/复工审批表（建设单位长期保存，监理单位长期保存，送城建档案管理部门保存）；b. 工程开工/复工暂停令（建设单位长期保存，监理单位长期保存，送城建档案管理部门保存）；④质量控制：a. 不合格项目通知（建设单位长期保存，监理单位长期保存，送城建档案管理部门保存）；b. 质量事故报告及处理意见（建设单位长期保存，监理单位长期保存，送城建档案管理部门保存）；⑤监理通知：a. 有关进度控制的监理通知（建设单位、监理单位长期保存）；b. 有关质量控制的监理通知（建设单位、监理单位长期保存）；c. 有关造价控制的监理通知（建设单位、监理单位长期保存）；⑥合同与其他事项管理：a. 工程延期报告及审批（建设单位永久保存，监理单位长期保存，送城建档案管理部门保存）；b. 费用索赔报告及审批（建设单位、监理单位长期保存）；c. 合同争议、违约报告及处理意见（建设单位永久保存，监理单位长期保存，送城建档案管理部门保存）；d. 合同变更材料（建设单位、监理单位长期保存，送城建档案管理部门保存）；⑦监理工作总结：a. 工程竣工总结（建设单位、监理单位长期保存，送城建档案管理部门保存）；b. 质量评估报告（建设单位、监理单位长期保存，送城建档案管理部门保存）。所以，选项B、D、E符合题意。选项A的"监理实施细则"由建设单位长期保存，监理单位短期保存，送城建档案管理部门保存。选项C的"分包单位资质材料"由建设单位长期保存。因此，本题的正确答案为BDE。

63. 【试题答案】AB

【试题解析】本题考查重点是"中华人民共和国建筑法——建筑工程监理"。《中华人民共和国建筑法》第三十四条规定，工程监理单位应当在其资质等级许可的监理范围内，承担工程监理业务。工程监理单位应当根据建设单位的委托，客观、公正地执行监理任务。因此，本题的正确答案为AB。

64. 【试题答案】ABCE

【试题解析】本题考查重点是"项目监理机构内部组织关系的协调"。项目监理机构内部组织关系的协调可从以下几个方面来进行：①在目标分解的基础上设置组织机构，根据工程对象及委托监理合同所规定的工作内容，设置配套的管理部门；②明确规定每个部门的目标、职责和权限，最好以规章制度的形式作出明文规定；③事先约定各个部门在工作中的相互关系。在工程建设中许多工作是由多个部门共同完成的，其中有主办、牵头和协作、配合之分，事先约定，才不至于出现误事、脱节等贻误工作的现象；④建立信息沟通制度，例如，采用工作例会、发会议纪要、业务碰头会、工作流程图或信息传递卡等方式来沟通信息，这样可使局部了解全局，服从并适应全局需要；⑤及时消除工作中的矛盾或冲突。所以，选项A、B、C、E符合题意。选项D属于内部人际关系的协调。因此，本题的正确答案为ABCE。

65. 【试题答案】ACD

【试题解析】本题考查重点是"建设工程实施阶段的工作内容"。建设工程实施阶段的工作内容主要包括勘察设计、建设准备、施工安装及竣工验收。对于生产性工程项目，在施工安装后期，还需要进行生产准备工作。因此，本题的正确答案为 ACD。

66. 【试题答案】BC

【试题解析】本题考查重点是"施工总承包模式下建设工程监理委托方式"。采用建设工程施工总承包模式，有利于建设工程的组织管理。由于施工合同数量比平行承发包模式更少，有利于建设单位的合同管理，减少协调工作量，可发挥工程监理单位与施工总承包单位多层次协调的积极性；总包合同价可较早确定，有利于控制工程造价；由于既有施工分包单位的自控，又有施工总承包单位监督，还有工程监理单位的检查认可，有利于工程质量控制；施工总承包单位具有控制的积极性，施工分包单位之间也有相互制约的作用，有利于总体进度的协调控制。但该模式的缺点是：建设周期较长；施工总承包单位的报价可能较高。因此，本题的正确答案为 BC。

67. 【试题答案】CD

【试题解析】本题考查重点是"建设工程质量管理条例——施工单位的质量责任和义务"。《建设工程质量管理条例》第三十一条规定，施工人员对涉及结构安全的试块、试件以及有关材料，应当在建设单位或者工程监理单位监督下现场取样，并送具有相应资质等级的质量检测单位进行检测。因此，本题的正确答案为 CD。

68. 【试题答案】ACDE

【试题解析】本题考查重点是"建设工程风险及其管理过程"。建设工程风险管理是一个识别风险、确定和度量风险，并制定、选择和实施风险应对方案的过程。风险管理是对建设工程风险进行管理的一个系统、循环过程。风险管理包括风险识别、风险分析与评价、风险对策的决策、风险对策的实施和风险对策实施的监控五个主要环节。因此，本题的正确答案为 ACDE。

69. 【试题答案】ABDE

【试题解析】本题考查重点是"建设工程监理文件资料收文与登记"。项目监理机构所有收文应在收文登记表上按监理信息分类分别进行登记，应记录文件名称、文件摘要信息、文件发放单位（部门）、文件编号以及收文日期，必要时应注明接收文件的具体时间，最后由项目监理机构负责收文人员签字。因此，本题的正确答案为 ABDE。

70. 【试题答案】BCE

【试题解析】本题考查重点是"建设工程监理性质"。工程监理单位的服务对象是建设单位，但不能完全取代建设单位的管理活动。工程监理单位不具有工程建设重大问题的决策权，只能在建设单位授权范围内采用规划、控制、协调等方法，控制建设工程质量、造价和进度，并履行建设工程安全生产管理的监理职责，协助建设单位在计划目标内完成工程建设任务。因此，本题的正确答案为 BCE。

71. 【试题答案】BCDE

【试题解析】本题考查重点是"建设工程风险对策及监控"。风险自留是指将建设工程风险保留在风险管理主体内部，通过采取内部控制措施等来化解风险。风险自留可分为非计划性风险自留和计划性风险自留两种：①非计划性风险自留。由于风险管理人员没有意识到建设工程某些风险的存在，或者不曾有意识地采取有效措施，以致风险发生后只好保留在风险管理主体内部。这样的风险自留就是非计划性的和被动的。导致非计划性风险自留的主要原因有：缺乏风险意识、风险识别失误、风险分析与评价失误、风险决策延误、风险决策实施延误等；②计划性风险自留。计划性风险自留是主动的、有意识的、有计划的选择，是风险管理人员在经过正确的风险识别和风险评价后制定的风险对策。风险自留绝不可能单独运用，而应与其他风险对策结合使用。在实行风险自留时，应保证重大和较大的建设工程风险已经进行了工程保险或实施了损失控制计划。因此，本题的正确答案为BCDE。

72.【试题答案】BCDE

【试题解析】本题考查重点是"Project Controlling 与工程项目管理服务的比较"。Project Controlling 与工程项目管理服务的不同之处主要表现在以下几方面：①两者的地位不同；②两者的服务时间不尽相同；③两者的工作内容不同；④两者的权力不同。所以，选项 B、C、D、E 符合题意。选项 A 属于 Project Controlling 与建设项目管理的相同点。因此，本题的正确答案为 BCDE。

73.【试题答案】ABCD

【试题解析】本题考查重点是"工程监理企业组织形式——股份有限公司"。公司设立条件，设立股份有限公司，应当有 2 人以上、200 人以下为发起人，其中须有半数以上的发起人在中国境内有住所。设立股份有限公司，应当具备下列条件：①发起人符合法定人数；②发起人认购和募集的股本达到法定资本最低限额；③股份发行、筹办事项符合法律规定；④发起人制定公司章程，采用募集方式设立的经创立大会通过；⑤有公司名称，建立符合股份有限公司要求的组织机构；⑥有公司住所。因此，本题的正确答案为 ABCD。

74.【试题答案】ABCE

【试题解析】本题考查重点是"监理实施细则的审核内容"。监理实施细则由专业监理工程师编制完成后，需要报总监理工程师批准后方能实施。监理实施细则审核的内容主要包括以下几个方面：①编制依据、内容的审核：监理实施细则的编制是否符合监理规划的要求，是否符合专业工程相关的标准，是否符合设计文件的内容，与提供的技术资料是否相符合，是否与施工组织设计、（专项）施工方案使用的规范、标准、技术要求相一致。监理的目标、范围和内容是否与监理合同和监理规划相一致，编制的内容是否涵盖专业工程的特点、重点和难点，内容是否全面、翔实、可行，是否能确保监理工作质量等；②项目监理人员的审核；③监理工作流程、监理工作要点的审核；④监理工作方法和措施的审核；⑤监理工作制度的审核。因此，本题的正确答案为 ABCE。

75.【试题答案】BE

【试题解析】本题考查重点是"PMBOK 总体框架的多项目管理"。项目管理不仅仅是指单一项目管理，还包括多项目管理，即：项目群管理和组合项目管理。因此，本题的正确答案为 BE。

76.【试题答案】ABD

【试题解析】本题考查重点是"平行承发包模式的优点"。平行承发包模式的优点包括：①有利于缩短工期。由于设计和施工任务经过分解分别发包，设计阶段与施工阶段有可能形成搭接关系，从而缩短整个建设工程工期；②有利于质量控制。整个工程经过分解分别发包给各承建单位，合同约束与相互制约使每一部分能够较好地实现质量要求；③有利于业主选择承建单位。无论大型承建单位还是中小型承建单位都有机会竞争。业主可以在很大范围内选择承建单位，为提高择优性创造了条件。所以，选项 A、B、D 符合题意。平行承发包模式合同关系复杂，使建设工程系统内结合部位数量增加，投资控制难度大。所以，选项 C、E 属于平行承发包模式的缺点。因此，本题的正确答案为 ABD。

77.【试题答案】ABE

【试题解析】本题考查重点是"建设工程监理含义"。建设工程监理实施依据包括法律法规、工程建设标准、勘察设计文件及合同。因此，本题的正确答案为 ABE。

78.【试题答案】ABE

【试题解析】本题考查重点是"项目监理机构的组织结构设计"。项目监理机构的组织结构设计步骤包括：①选择组织结构形式；②确定管理层次和管理跨度；③划分项目监理机构部门；④制定岗位职责和考核标准；⑤安排监理人员。所以，选项 A、B、E 符合题意。选项 C、D 均属于建立项目监理机构的步骤。因此，本题的正确答案为 ABE。

79.【试题答案】BDE

【试题解析】本题考查重点是"建设工程实施阶段的工作内容"。根据《房屋建筑和市政基础设施工程施工图设计文件审查管理办法》（建设部令第 134 号），建设单位应当将施工图送施工图审查机构审查。施工图审查机构按照有关法律、法规，对施工图涉及公共利益、公众安全和工程建设强制性标准的内容进行审查。审查的主要内容包括：①是否符合工程建设强制性标准；②地基基础和主体结构的安全性；③勘察设计企业和注册执业人员以及相关人员是否按规定在施工图上加盖相应的图章和签字；④其他法律、法规、规章规定必须审查的内容。任何单位或者个人不得擅自修改审查合格的施工图。确需修改的，凡涉及上述审查内容的，建设单位应当将修改后的施工图送原审查机构审查。因此，本题的正确答案为 BDE。

80.【试题答案】ACDE

【试题解析】本题考查重点是"建设工程监理工作内容——建筑信息建模（BIM）"。工程监理单位应用 BIM 的主要任务是通过借助 BIM 理念及其相关技术搭建统一的数字化工程信息平台，实现工程建设过程中各阶段数据信息的整合及其应用，进而更好地为建设单位创造价值，提高工程建设效率和质量。目前，建设工程监理过程中应用 BIM 技术期望实现如下目标：①可视化展示。应用 BIM 技术可实现建设工程完工前的可视化展示，与传统单一的设计效果图等表现方式相比，由于数字化工程信息平台包含了工程建设各阶段所有的数据信息，基于这些数据信息制作的各种可视化展示将更准确、更灵活地表现工程项目，并辅助各专业、各行业之间的沟通交流；②提高工程设计和项目管理质量。BIM 技术可帮助工程项目各参建方在工程建设全过程中更好地沟通协调，为做好设计管理工作，进行工程项目技术、经济可行性论证，提供了更为先进的手段和方法，从而可提升工程项目管理的质量和效率；③控制工程造价。通过数字化工程信息模型，确保工程项目各阶段数据信息的准确性和惟一性，进而在工程建设早期发现问题并予以解决，减少施工过程中的工程变更，大大提高对工程造价的控制力；④缩短工程施工周期。借助 BIM 技术，实现对各重要施工工序的可视化整合，协助建设单位、设计单位、施工单位更好地沟通协调与论证，合理优化施工工序。因此，本题的正确答案为 ACDE。

第五套模拟试卷

一、**单项选择题**（共 50 题，每题 1 分。每题的备选项中，只有 1 个最符合题意）

1. 申请外商投资建设工程监理企业甲级资质的，由（　　）审批。

    A. 国务院有关部门

    B. 工商行政管理部门

    C. 国务院建设主管部门

    D. 企业所在地省、自治区、直辖市人民政府建设主管部门

2. 在工程设计阶段，可应用 BIM 技术协调解决施工过程中建筑物内设施的碰撞问题，这体现了 BIM 的（　　）。

    A. 可视化

    B. 协调性

    C. 模拟性

    D. 优化性

3. 根据《建设工程安全生产管理条例》，针对（　　）编制的专项施工方案，施工单位还应组织专家进行论证、审查。

    A. 起重吊装工程

    B. 脚手架工程

    C. 高大模板工程

    D. 拆除、爆破工程

4. 编制建设工程监理规划需满足的要求是（　　）。

    A. 基本构成内容和具体内容都具有针对性

    B. 基本构成内容和具体内容都应当力求统一

    C. 基本构成内容应当力求统一，具体内容应有针对性

    D. 基本构成内容应有针对性，具体内容应力求统一

5. 监理月报由（　　）组织编写、签认后报送建设单位和本监理单位。

    A. 监理工程师

    B. 总监理工程师

    C. 专业监理工程师

    D. 项目监理工程师

6. （　　）是指明确项目范围，优化目标，为实现目标而制定行动方案的一组过程。

    A. 启动过程组

    B. 计划过程组

    C. 执行过程组

    D. 监控过程组

7. 根据《建设工程文件归档整理规范》，建设单位应短期保存的文件是（　　）。

    A. 监理工作总结

    B. 月付款报审与支付凭证

    C. 合同变更材料

    D. 工程开工/复工暂停令

8. 施工现场安全由建筑施工企业负责，实行施工总承包的，施工现场安全由（　　）负责。

    A. 建设单位

    B. 监理单位

    C. 总承包单位

    D. 施工单位

9. 专业乙级、丙级资质和事务所资质由（　　）审批。

A. 国务院

B. 工商行政管理部门

C. 国务院建设主管部门

D. 企业所在地省、自治区、直辖市人民政府建设主管部门

10. 一般情况下，总监理工程师签发工程暂停令，应事先征得（　　）同意。

　　A. 建设单位　　　　　　　　　　　B. 设计单位

　　C. 施工单位　　　　　　　　　　　D. 建设行政主管部门

11. 资质有效期届满，工程监理企业需要继续从事工程监理活动的，应当在资质证书有效期届满（　　）日前，向原资质许可机关申请办理延续手续。

　　A. 15　　　　　　　　　　　　　　B. 20

　　C. 30　　　　　　　　　　　　　　D. 60

12. 依据《建设工程监理规范》，项目监理机构应对施工单位报验的隐蔽工程、检验批、分项工程和分部工程进行（　　），对其合格的应给予签认。

　　A. 旁站　　　　　　　　　　　　　B. 巡视

　　C. 抽查　　　　　　　　　　　　　D. 验收

13. 关系社会公共利益、公众安全的基础设施项目不包括（　　）。

　　A. 煤炭　　　　　　　　　　　　　B. 铁路

　　C. 邮政　　　　　　　　　　　　　D. 商品住宅

14. 施工控制测量成果报验表由（　　）审查合格后予以签认。

　　A. 总监理工程师　　　　　　　　　B. 法定代表人

　　C. 技术负责人　　　　　　　　　　D. 专业监理工程师

15. 委托人未能按合同约定的时间支付相应酬金超过（　　）天，应按专用条件约定支付逾期付款利息。

　　A. 7　　　　　　　　　　　　　　 B. 14

　　C. 28　　　　　　　　　　　　　　D. 30

16. 进行项目监理机构的组织结构设计时，首先是选择组织结构形式，然后是（　　）。

　　A. 划分项目监理机构部门　　　　　B. 确定管理层次和管理跨度

　　C. 制定岗位职责和考核标准　　　　D. 安排监理人员

17. 下列属于工程造价控制的技术措施的是（　　）。

　　A. 通过审核施工组织设计和施工方案，使施工组织合理化

　　B. 协助完善质量保证体系

　　C. 建立健全项目监理机构

　　D. 建立多级网络计划体系

18. （　　）是工程监理单位公平地实施监理的基本前提。

　　A. 服务性　　　　　　　　　　　　B. 科学性

　　C. 独立性　　　　　　　　　　　　D. 公平性

19. 常用的风险分析与评价方法不包括（　　）。

　　A. 调查打分法　　　　　　　　　　B. 蒙特卡洛模拟法

　　C. 计划评审技术法　　　　　　　　D. 头脑风暴法

20. 依据《注册监理工程师管理规定》，注册监理工程师在注册有效期满需继续执业的，要办理（　　）注册。

    A. 初始   B. 延续

    C. 变更   D. 长期

21. 监理单位在建设工程监理工作中体现公正性要求的是（　　）。

    A. 维护建设单位的合法权益时，不损害承建单位的合法权益

    B. 按照自己的工作计划、程序、流程、方法、手段，根据自己的判断，独立地开展工作

    C. 按照委托监理合同的规定，为建设单位提供管理服务

    D. 建立健全管理制度，配备有丰富管理经验和应变能力的监理工程师

22. 《建筑法》规定，涉及建筑主体和承重结构变动的装修工程，建设单位应当在施工前委托原设计单位或者（　　）提出设计方案。

    A. 其他设计单位

    B. 具有相应资质条件的设计单位

    C. 具有相应资质条件的监理单位

    D. 具有相应资质条件的装修施工单位

23. 下列不属于工程监理企业事务所资质业务范围的是（　　）。

    A. 建设工程的项目管理

    B. 建设工程的技术咨询

    C. 二级建设工程项目的工程监理业务

    D. 三级建设工程项目的工程监理业务

24. 需要由施工项目经理签字并加盖施工单位公章的表式是（　　）。

    A. 工程开工令   B. 单位工程竣工验收报审表

    C. 工程暂停令   D. 总监理工程师任命书

25. 《建筑法》规定，建筑施工企业的（　　）违章指挥、强令职工冒险作业，因而发生重大伤亡事故或者造成其他严重后果的，依法追究刑事责任。

    A. 设计人员   B. 施工人员

    C. 管理人员   D. 项目经理

26. 为了确保施工工艺工序按施工方案进行、避免其他干扰正常施工的因素，应该采取（　　）监理方式。

    A. 旁站   B. 巡视

    C. 见证取样   D. 平行检验

27. 项目监理机构中操作层主要由（　　）组成。

    A. 监理员   B. 专业监理工程师

    C. 总监理工程师   D. 总监理工程师代表

28. 下列（　　）不属于工程质量评估报告的主要内容。

    A. 工程概况

    B. 工程质量验收情况

    C. 工程质量评估结论

D. 工程实施的主要问题分析及处理情况

29. 政府投资项目决策前，需由咨询机构对项目进行评估论证，特别重大的项目还应实行专家（　　）制度。

    A. 决策   B. 评议
    C. 审定   D. 验收

30. （　　）是项目监理机构在实施建设工程监理过程中，每日对建设工程监理工作及施工进展情况所做的记录。

    A. 工程质量评估报告   B. 监理月报
    C. 监理日志   D. 监理例会

31. 依据《建设工程监理规范》，监理实施细则的主要内容包括（　　）。

    A. 项目监理机构的组织形式   B. 监理工作要点
    C. 监理设施   D. 监理工作制度

32. （　　）对全国注册监理工程师的注册、执业活动实施统一监督管理。

    A. 国家建设工程监理委员会   B. 国务院建设主管部门
    C. 监理协会   D. 国务院人事主管部门

33. 根据《建设工程监理范围和规模标准规定》，下列建设工程中，不属于必须实行监理的是（　　）。

    A. 总投资在 3000 万元以上的市政工程项目
    B. 使用国际组织援助资金总投资额为 400 万美元的项目
    C. 建筑面积在 50000m² 以上的住宅建设工程
    D. 建筑面积小于 50000m² 的住宅项目

34. 见证取样不涉及（　　）行为。

    A. 施工方   B. 见证方
    C. 试验方   D. 设计方

35. 附着式升降脚手架等专业工程实行分包的，其专项施工方案可由（　　）组织编制。

    A. 专业分包单位   B. 劳务分包单位
    C. 设计单位   D. 监理单位

36. 工程监理企业不得伪造、涂改、出租、出借、转让、出卖《资质等级证书》，属于工程监理企业经营活动准则中（　　）的内容。

    A. 守法   B. 诚信
    C. 公平   D. 科学

37. 如果注册监理工程师因工程监理事故及相关业务造成经济损失，（　　）应承担赔偿责任。

    A. 聘用单位   B. 负有过错的注册监理工程师
    C. 总监理工程师   D. 监理企业和监理工程师共同

38. 依照《建筑法》规定被吊销资质证书的，由（　　）吊销其营业执照。

    A. 国务院安全行政主管部门   B. 国务院建设行政主管部门
    C. 工商行政管理部门   D. 颁发资质证书的机关

39. 关于项目监理机构组织形式的说法，正确的是（　　）。

A. 矩阵监理组织形式的优点是纵横向协调工作量小

B. 直线职能制监理组织形式的优点是信息传递路线短

C. 直线制监理组织形式只适用于小型建设工程项目

D. 职能制监理组织形式能发挥职能机构专业管理作用，提高管理效率

40. 根据钻孔灌注桩工艺和施工特点，对项目监理机构人员进行合理分工是（ 　　）。

A. 技术措施　　　　　　　　　B. 经济措施

C. 组织措施　　　　　　　　　D. 合同措施

41. 下列不属于监理工程师延续注册需要提交的材料是（ 　　）。

A. 申请人延续注册申请表

B. 申请人与聘用单位签订的聘用劳动合同复印件

C. 申请人的资格证书和身份证复印件

D. 申请人注册有效期内达到继续教育要求的证明材料

42. 见证取样的实验报告中发生试样不合格情况，应在（ 　　）小时内上报质监站，并建立不合格项目台账。

A. 12　　　　　　　　　　　　B. 24

C. 36　　　　　　　　　　　　D. 72

43. 工程监理基本表式应用说明的基本要求说法错误的是（ 　　）。

A. 应依照合同文件、法律法规及标准等规定的程序和时限签发、报送、回复各类表

B. 由施工单位提供附件的，应在附件首页加盖公章

C. 项目监理机构用章的样章应在建设单位和施工单位备案

D. 应按有关规定，采用碳素墨水、蓝黑墨水书写或黑色碳素印墨打印各类表，不得使用易褪色的书写材料

44. 损失控制计划的组成部分不包括（ 　　）。

A. 预防计划　　　　　　　　　B. 灾难计划

C. 应急计划　　　　　　　　　D. 报警计划

45. 建设单位办理质量监督注册手续时需提供的资料不包括（ 　　）。

A. 施工图设计文件审查报告和批准书

B. 中标通知书和施工、监理合同

C. 建设单位、施工单位和监理单位工程项目的负责人和机构组成

D. 施工组织设计和监理大纲

46. 根据《建设工程安全生产管理条例》，工程监理单位和监理工程师应按照法律、法规和（ 　　）实施监理，并对建设工程安全生产承担监理责任。

A. 工程监理合同　　　　　　　B. 建设工程合同

C. 设计文件　　　　　　　　　D. 工程建设强制性标准

47. 建设工程监理实施中有人员需求、检测试验设备需求等，而资源是有限的，体现了项目监理机构内部（ 　　）关系的协调。

A. 人际　　　　　　　　　　　B. 组织

C. 需求　　　　　　　　　　　D. 计划

48. 资格预审的目的不包括（ 　　）。

A. 排除不合格的投标人
B. 提高招标工作效率
C. 避免无效投标
D. 降低招标人的招标成本

49. 企业投资建设《政府核准的投资项目目录》中的项目时，需向政府提交（   ）。

A. 项目申请报告
B. 项目建议书
C. 可行性研究报告
D. 开工报告

50. 下列监理文件资料中，建设单位需短期保存的是（   ）。

A. 预付款报审与支付凭证
B. 工程延期报告及审批表
C. 供货单位资质材料
D. 费用索赔报告及审批表

二、**多项选择题**（共 30 题，每题 2 分。每题的备选项中，有 2 个或 2 个以上符合题意，至少有 1 个错项。错选，本题不得分；少选，所选的每个选项得 0.5 分）

51. 下列属于招标文件内容组成的有（   ）。

A. 投标邀请函
B. 投标人须知
C. 评标办法
D. 施工单位资质
E. 设计资料

52. 依据国家相关法律法规的规定，下列情形中，监理工程师应当承担连带责任的有（   ）。

A. 对应当监督检查的项目不检查或不按照规定检查，给建设单位造成损失的
B. 与施工企业串通，弄虚作假、降低工程质量，从而导致安全事故的
C. 将不合格的建筑材料按照合格签字，造成工程质量事故，由此引发安全事故的
D. 未按照工程监理规范的要求实施监理的
E. 转包或违法分包所承揽的监理业务的

53. 项目监理机构内部应建立信息沟通制度，采用（   ）等方式来沟通信息。

A. 工作例会
B. 业务碰头会
C. 工作流程图
D. 信息传递卡
E. 财务报表

54. 建设工程监理文件资料管理的主要内容包括（   ）。

A. 监理文件档案资料收文与登记
B. 监理文件档案资料加工与整理
C. 监理文件档案资料发文与登记
D. 监理文件档案资料分类存放
E. 监理文件档案资料传阅

55. 下列监理工程师权利和义务中，既是监理工程师权利又是监理工程师义务的有（   ）。

A. 使用注册监理工程师的称谓
B. 在规定范围内从事执业活动
C. 保证执业活动成果的质量，并承担相应责任
D. 在本人执业活动所形成的工程监理文件上签字
E. 接受继续教育

56. 建设工程策划决策阶段的项目建议书的内容包括（　　）。

    A. 项目提出的必要性和依据

    B. 投资估算、资金筹措及还贷方案设想

    C. 项目进度安排

    D. 经济效益和社会效益的初步估计

    E. 社会影响的初步评价

57. 根据《建设工程安全生产管理条例》，施工单位对因建设工程施工可能造成损害的毗邻（　　），应当采取专项防护措施。

    A. 施工现场临时设施　　　　　　B. 建筑物

    C. 构筑物　　　　　　　　　　　D. 地下管线

    E. 施工现场道路

58. 根据《国务院关于投资体制改革的决定》，对采用（　　）方式的政府投资项目，有关主管部门只审批资金申请报告。

    A. 直接投资　　　　　　　　　　B. 资本金注入

    C. 贷款贴息　　　　　　　　　　D. 投资补助

    E. 转贷

59. 应当先履行债务的当事人，有确切证据证明对方有下列（　　）情形的，可以中止履行。

    A. 债务人办理移民的

    B. 丧失商业信誉

    C. 经营状况严重恶化

    D. 转移财产、抽逃资金，以逃避债务

    E. 有丧失或者可能丧失履行债务能力的其他情形

60. 下列监理职责中，总监理工程师不得委托总监理工程师代表的有（　　）。

    A. 签发工程款支付证书

    B. 审查和处理工程变更

    C. 调解建设单位与施工单位的合同争议

    D. 主持或参与工程质量事故的调查

    E. 根据工程进展及监理工作情况调配监理人员

61. 建设工程目标控制的组织措施包括（　　）。

    A. 确定建设工程发包组织管理模式

    B. 明确各级目标控制人员的任务和职能分工

    C. 落实目标控制的组织机构和人员

    D. 改善目标控制的工作流程

    E. 对技术方案组织技术经济分析论证

62. 根据《建设工程监理规范》，专业监理工程师的职责包括（　　）。

    A. 负责本专业分项工程验收及隐蔽工程验收

    B. 检查进场的工程材料、构配件、设备的质量

    C. 主持整理工程项目的监理资料

D. 收集、汇总、参与整理监理文件资料

E. 进行工程计量

63. 下列属于大中型公用事业工程的是（　　　）。

A. 项目总投资额在 3000 万元以上供水、供电、供气、供热等市政工程项目

B. 项目总投资额在 3000 万元以上卫生、社会福利等项目

C. 项目总投资额在 3000 万元以上科技、教育、文化等项目

D. 项目总投资额在 3000 万元以上体育、旅游、商业等项目

E. 5 万 m² 以上的住宅建设工程

64. 工程监理企业不得有下列（　　　）行为。

A. 与建设单位串通投标或者与其他工程监理企业串通投标，以行贿手段谋取中标

B. 与建设单位或者施工单位串通弄虚作假、降低工程质量

C. 将不合格的建设工程、建筑材料、建筑构配件和设备按照合格签字

D. 超越本企业资质等级或以其他企业名义承揽监理业务

E. 不允许其他单位或个人以本企业的名义承揽工程

65. 监理工程师依据其（　　　），按专业注册。

A. 学历文凭　　　　　　　　　　　B. 所学专业

C. 工作经历　　　　　　　　　　　D. 工程业绩

E. 工作年限

66. 在损失控制计划系统中，应急计划是在损失基本确定后的处理计划，其应包括的内容有（　　　）。

A. 采用多种货币组合的方式付款

B. 全面审查可使用的资金情况

C. 准备保险索赔依据

D. 控制事故的进一步发展，最大限度地减少资产和环境损害

E. 确定保险索赔的额度

67. 对建设工程监理规划中项目监理机构人员配备方案审查的主要内容应当包括（　　　）。

A. 组织形式是否与项目承发包模式相协调

B. 监理人员的职责分工是否合理

C. 监理人员的专业满足程度

D. 监理人员的数量满足程度

E. 派驻现场人员计划是否与工程进度计划相适应

68. 下列工作表格中，可由建设单位使用的有（　　　）。

A. 工程变更单　　　　　　　　　　B. 工程暂停令

C. 工程款支付证书　　　　　　　　D. 费用索赔审批表

E. 监理工作联系单

69. 《建设工程质量管理条例》规定，县级以上人民政府建设行政主管部门和其他有关部门履行监督检查职责时，有权采取的措施有（　　　）。

A. 要求被检查的单位提供有关工程质量的文件和资料

B. 进入被检查单位的施工现场进行检查

C. 发现有影响工程质量的问题时，责令改正

D. 对超越本单位资质等级承揽工程的施工单位，责令停止整顿

E. 对以欺骗手段取得资质证书承揽工程的，吊销资质证书

70. 监理实施细则中，监理工作涉及的流程包括（　　）。

A. 开工审核工作流程　　　　　　　　B. 施工质量控制流程

C. 监理规划编制流程　　　　　　　　D. 工程质量问题处理审核流程

E. 隐蔽工程验收流程

71. 下列属于建设工程风险识别的具体方法有（　　）。

A. 经验数据法　　　　　　　　　　　B. 风险调查法

C. 专家咨询法　　　　　　　　　　　D. 财务报表法

E. 初始清单法

72. 项目监理机构内部需求关系的协调主要包括对（　　）的平衡。

A. 监理设备　　　　　　　　　　　　B. 监理资金

C. 监理资料　　　　　　　　　　　　D. 监理时间

E. 监理人员

73. 建设工程监理招标准备工作包括（　　）。

A. 确定招标组织　　　　　　　　　　B. 明确招标范围

C. 明确招标内容　　　　　　　　　　D. 编制招标方案

E. 发出招标公告

74. 项目监理机构的内部工作制度包括（　　）。

A. 隐蔽工程质量验收制度　　　　　　B. 工程质量事故处理制度

C. 项目监理机构工作会议制度　　　　D. 对外行文审批制度

E. 监理工作日志制度

75. 实行监理工程师资格考试制度在（　　）方面具有重要意义。

A. 强化工程监理人员执业责任　　　　B. 考核是否胜任岗位工作

C. 统一监理工程师的业务能力标准　　D. 合理建立工程监理人才库

E. 便于同国际接轨

76. 监理单位报送的工程质量评估报告的主要内容包括（　　）。

A. 工程质量事故及其处理情况　　　　B. 工程参建单位

C. 安全生产管理方面的工作情况　　　D. 工程质量验收情况

E. 竣工资料审查情况

77. 根据《建设工程安全生产管理条例》规定，施工单位应建立和健全有关安全生产方面的制度，主要包括（　　）。

A. 安全生产教育培训制度　　　　　　B. 安全生产规章制度

C. 安全生产责任制度　　　　　　　　D. 安全生产学习制度

E. 安全生产问责制度

78. 根据《建筑法》，实施建筑工程监理前，建设单位应当将委托的（　　），书面通知被监理的建筑施工企业。

A. 工程监理单位　　　　　　　　　　B. 项目监理机构成员

C. 总监理工程师　　　　　　　　D. 监理内容

E. 监理权限

79. 工程造价控制的目标分解包括(　　)。

A. 按建设工程费用组成分解　　　　B. 按年度、季度分解

C. 按建设工程实施人员分解　　　　D. 按建设工程实施单位分解

E. 按建设工程实施阶段分解

80. 《建设工程监理规范》GB/T 50319—2013 明确要求，工程监理单位应(　　)地开展建设工程监理与相关服务活动。

A. 公平　　　　　　　　　　　　B. 独立

C. 诚信　　　　　　　　　　　　D. 公正

E. 科学

第五套模拟试卷参考答案、考点分析

一、单项选择题

1. 【试题答案】C

【试题解析】本题考查重点是"工程监理企业资质申请与审批"。根据《外商投资建设工程服务企业管理规定》（建设部、商务部令第155号），外国投资者在中华人民共和国境内设立外商投资建设工程监理企业（包括中外合资经营、中外合作经营及外资企业），从事建设工程监理活动，应当依法取得商务主管部门颁发的外商投资企业批准证书，经工商行政管理部门注册登记，并取得建设主管部门颁发的建设工程监理企业资质证书。申请外商投资建设工程监理企业甲级资质的，由国务院建设主管部门审批；申请外商投资建设工程监理企业乙级及其以下资质的，由省、自治区、直辖市人民政府建设主管部门审批。因此，本题的正确答案为C。

2. 【试题答案】B

【试题解析】本题考查重点是"建设工程监理工作内容——建筑信息建模（BIM）"。协调性。协调是工程建设实施过程中的重要工作。在通常情况下，工程实施过程中一旦遇到问题，就需将各有关人员组织起来召开协调会，找出问题发生的原因及解决办法，然后采取相应补救措施。应用BIM技术，可以将事后协调转变为事先协调。如在工程设计阶段，可应用BIM技术协调解决施工过程中建筑物内设施的碰撞问题。在工程施工阶段，可以通过模拟施工，事先发现施工过程中存在的问题。此外，还可对空间布置、防火分区、管道布置等问题进行协调处理。因此，本题的正确答案为B。

3. 【试题答案】C

【试题解析】本题考查重点是"建设工程安全生产管理条例——施工单位的安全责任"。《建设工程安全生产管理条例》第二十六条规定，施工单位应当在施工组织设计中编制安全技术措施和施工现场临时用电方案，对下列达到一定规模的危险性较大的分部分项工程编制专项施工方案，并附具安全验算结果，经施工单位技术负责人、总监理工程师签字后实施，由专职安全生产管理人员进行现场监督：①基坑支护与降水工程；②土方开挖工程；③模板工程；④起重吊装工程；⑤脚手架工程；⑥拆除、爆破工程；⑦国务院建设行政主管部门或者其他有关部门规定的其他危险性较大的工程。对以上所列工程中涉及深基坑、地下暗挖工程、高大模板工程的专项施工方案，施工单位还应当组织专家进行论证、审查。因此，本题的正确答案为C。

4. 【试题答案】C

【试题解析】本题考查重点是"监理规划编写要求"。监理规划编写要求包括：①监理规划的基本构成内容应当力求统一；②监理规划的内容应具有针对性、指导性和可操作性；③监理规划应由总监理工程师组织编制；④监理规划应把握工程项目运行脉搏；⑤监理规划应有利于建设工程监理合同的履行；⑥监理规划的表达方式应当标准化、格式化；⑦监理规划的编制应充分考虑时效性；⑧监理规划经审核批准后方可实施。根据第①和第②点可知，选项C符合题意。因此，本题的正确答案为C。

5. 【试题答案】B

【试题解析】本题考查重点是"建设工程监理文件资料编制要求"。监理月报是项目监理机构每月向建设单位和本监理单位提交的建设工程监理工作及建设工程实施情况等分析总结报告。监理月报既要反映建设工程监理工作及建设工程实施情况，也能确保建设工程监理工作可追溯。监理月报由总监理工程师组织编写、签认后报送建设单位和本监理单位。报送时间由监理单位与建设单位协商确定，一般在收到施工单位报送的工程进度，汇总本月已完工程量和本月计划完成工程量的工程量表、工程款支付申请表等相关资料后，在协商确定的时间内提交。因此，本题的正确答案为B。

6. 【试题答案】B

【试题解析】本题考查重点是"PMBOK 总体框架的五个基本过程组"。PMBOK 将项目管理活动归结为五个基本过程组，即：启动、计划、执行、监控和收尾。项目作为临时性工作，必然以启动过程组开始，以收尾过程组结束。项目管理的集成化要求项目管理的监控过程组与其他过程组相互作用，形成一个整体。计划过程组是指明确项目范围，优化目标，为实现目标而制定行动方案的一组过程。因此，本题的正确答案为B。

7. 【试题答案】B

【试题解析】本题考查重点是"监理文件档案资料归档"。建设单位短期保存的监理文件有：预付款报审与支付凭证；月付款报审与支付凭证。因此，本题的正确答案为B。

8. 【试题答案】C

【试题解析】本题考查重点是"《建筑法》主要内容"。施工现场安全由建筑施工企业负责。实行施工总承包的，由总承包单位负责。分包单位向总承包单位负责，服从总承包单位对施工现场的安全生产管理。因此，本题的正确答案为C。

9. 【试题答案】D

【试题解析】本题考查重点是"工程监理企业资质申请与审批"。申请综合资质、专业甲级资质的，省、自治区、直辖市人民政府建设主管部门应当自受理申请之日起 20 日内初审完毕，并将初审意见和申请材料报国务院建设主管部门。国务院建设主管部门应当自省、自治区、直辖市人民政府建设主管部门受理申请材料之日起 60 日内完成审查，公示审查意见，公示时间为 10 日。其中，涉及铁路、交通、水利、通信、民航等专业工程监理资质的，由国务院建设主管部门送国务院有关部门审核。国务院有关部门应当在 20 日内审核完毕，并将审核意见报国务院建设主管部门。国务院建设主管部门根据初审意见审批。专业乙级、丙级资质和事务所资质由企业所在地省、自治区、直辖市人民政府建设主管部门审批。工程监理企业资质证书的有效期为 5 年。资质有效期届满，工程监理企业需要继续从事工程监理活动的，应当在资质证书有效期届满 60 日前，向企业所在地省级资质许可机关申请办理延续手续。对在资质有效期内遵守有关法律、法规、规章、技术标准，信用档案中无不良记录，且专业技术人员满足资质标准要求的企业，经资质许可机关同意，有效期延续 5 年。因此，本题的正确答案为D。

10. 【试题答案】A

【试题解析】本题考查重点是"建设工程监理的合同管理——工程暂停及复工处理"。总监理工程师在签发工程暂停令时，可根据停工原因的影响范围和影响程度，确定停工范围。总监理工程师签发工程暂停令，应事先征得建设单位同意，在紧急情况下未能事先报告时，应在事后及时向建设单位作出书面报告。因此，本题的正确答案为 A。

11.【试题答案】D

【试题解析】本题考查重点是"工程监理企业资质申请与审批"。工程监理企业资质证书的有效期为 5 年。资质有效期届满，工程监理企业需要继续从事工程监理活动的，应当在资质证书有效期届满 60 日前，向企业所在地省级资质许可机关申请办理延续手续。对在资质有效期内遵守有关法律、法规、规章、技术标准，信用档案中无不良记录，且专业技术人员满足资质标准要求的企业，经资质许可机关同意，有效期延续 5 年。因此，本题的正确答案为 D。

12.【试题答案】D

【试题解析】本题考查重点是"建设工程监理规范——工程质量控制"。《建设工程监理规范》第 5.2.14 条规定，项目监理机构应对施工单位报验的隐蔽工程、检验批、分项工程和分部工程进行验收，对验收合格的应给予签认；对验收不合格的应拒绝签认，同时要求施工单位在指定的时间内整改并重新报验。对已同意覆盖的工程隐蔽部位质量有疑问的，或发现施工单位私自覆盖工程隐蔽部位的，项目监理机构应要求施工单位对该隐蔽部位进行钻孔探测、剥离或其他方法，进行重新检验。隐蔽工程、检验批、分项工程报验表应按本规范表 B.0.7 的要求填写。分部工程报验表应按本规范表 B.0.8 的要求填写。因此，本题的正确答案为 D。

13.【试题答案】D

【试题解析】本题考查重点是"建设工程监理相关制度——工程招标投标制"。关系社会公共利益、公众安全的基础设施项目的范围包括：①煤炭、石油、天然气、电力、新能源等能源项目；②铁路、公路、管道、水运、航空以及其他交通运输业等交通运输项目；③邮政、电信枢纽、通信、信息网络等邮电通信项目；④防洪、灌溉、排涝、引（供）水、滩涂治理、水土保持、水利枢纽等水利项目；⑤道路、桥梁、地铁和轻轨交通、污水排放及处理、垃圾处理、地下管道、公共停车场等城市设施项目；⑥生态环境保护项目；⑦其他基础设施项目。因此，本题的正确答案为 D。

14.【试题答案】D

【试题解析】本题考查重点是"建设工程监理基本表式——施工控制测量成果报验表（表 B.0.5）"。施工单位完成施工控制测量并自检合格后，需要向项目监理机构报送《施工控制测量成果报验表》及施工控制测量依据和成果表。专业监理工程师审查合格后予以签认。因此，本题的正确答案为 D。

15.【试题答案】C

【试题解析】本题考查重点是"建设工程监理合同履行——违约责任"。委托人未履行本合同义务的，应承担相应的责任，包括：①违反合同约定造成的损失赔偿。委托人违反合同约定造成监理人损失的，委托人应予以赔偿；②索赔不成立时的费用补偿。委托人向监理人的索赔不成立时，应赔偿监理人由此引起的费用。这与监理人索赔不成立的规定对等；③逾期支付补偿。委托人未能按合同约定的时间支付相应酬金超过 28 天，应按专用条件约定支付逾期付款利息。因此，本题的正确答案为 C。

16.【试题答案】B

【试题解析】本题考查重点是"项目监理机构设立的步骤"。项目监理机构组织结构设计的步骤包括：①选择组织结构形式；②合理确定管理层次与管理跨度；③划分项目监理机构部门；④制定岗位职责及考核标准；⑤选派监理人员。因此，本题的正确答案为B。

17. 【试题答案】A

【试题解析】本题考查重点是"监理规划主要内容——工程造价控制"。工程造价控制具体措施：①组织措施：包括建立健全项目监理机构，完善职责分工及有关制度，落实工程造价控制责任；②技术措施：对材料、设备采购，通过质量价格比选，合理确定生产供应单位；通过审核施工组织设计和施工方案，使施工组织合理化；③经济措施：包括及时进行计划费用与实际费用的分析比较；对原设计或施工方案提出合理化建议并被采用，由此产生的投资节约按合同规定予以奖励；④合同措施：按合同条款支付工程款，防止过早、过量的支付。减少施工单位的索赔，正确处理索赔事宜等。因此，本题的正确答案为A。

18. 【试题答案】C

【试题解析】本题考查重点是"建设工程监理性质"。《建设工程监理规范》GB/T 50319—2013明确要求，工程监理单位应公平、独立、诚信、科学地开展建设工程监理与相关服务活动。独立是工程监理单位公平地实施监理的基本前提。为此，《建筑法》第三十四条规定："工程监理单位与被监理工程的承包单位以及建筑材料、建筑构配件和设备供应单位不得有隶属关系或者其他利害关系。"因此，本题的正确答案为C。

19. 【试题答案】D

【试题解析】本题考查重点是"建设工程风险识别与评价"。风险的分析与评价往往采用定性与定量相结合的方法来进行，这二者之间并不是相互排斥的，而是相互补充的。目前，常用的风险分析与评价方法有调查打分法、蒙特卡洛模拟法、计划评审技术法和敏感性分析法等。因此，本题的正确答案为D。

20. 【试题答案】B

【试题解析】本题考查重点是"监理工程师注册"。注册监理工程师每一注册有效期为3年，注册有效期满需继续执业的，应当在注册有效期满30日前，按照规定的程序申请延续注册。延续注册有效期为3年。因此，本题的正确答案为B。

21. 【试题答案】A

【试题解析】本题考查重点是"建设工程监理的性质——公正性"。公正性是社会公认的职业道德准则，是监理行业能够长期生存和发展的基本职业道德准则。在开展建设工程监理的过程中，工程监理企业应当排除各种干扰，客观、公正地对待监理的委托单位和承建单位。特别是当这两方发生利益冲突或者矛盾时，工程监理企业应以事实为依据，以法律和有关合同为准绳，在维护建设单位的合法权益时，不损害承建单位的合法权益。所以，选项A符合题意。选项B体现的是建设工程监理的独立性。选项C体现的是建设工程监理的服务性。选项D体现的是建设工程监理的科学性。因此，本题的正确答案为A。

22. 【试题答案】B

【试题解析】本题考查重点是"《建筑法》主要内容"。涉及建筑主体和承重结构变动的装修工程，建设单位应当在施工前委托原设计单位或者具有相应资质条件的设计单位提出设计方案；没有设计方案的，不得施工。因此，本题的正确答案为B。

23. 【试题答案】C

【试题解析】本题考查重点是"工程监理企业资质等级和业务范围"。工程监理企业资质相应许可的业务范围如下：①综合资质企业。可承担所有专业工程类别建设工程项目的工程监理业务；②专业资质企业。a. 专业甲级资质企业。可承担相应专业工程类别建设工程项目的工程监理业务；b. 专业乙级资质企业。可承担相应专业工程类别二级以下（含二级）建设工程项目的工程监理业务；c. 专业丙级资质企业。可承担相应专业工程类别三级建设工程项目的工程监理业务；③事务所资质企业。可承担三级建设工程项目的工程监理业务，但国家规定必须实行强制监理的工程除外。此外，工程监理企业可以开展相应类别建设工程的项目管理、技术咨询等业务。因此，本题的正确答案为C。

24.【试题答案】B

【试题解析】本题考查重点是"建设工程监理基本表式应用说明"。需要由施工项目经理签字并加盖施工单位公章的表式，"B.0.2 工程开工报审表"、"B.0.10 单位工程竣工验收报审表"必须由项目经理签字并加盖施工单位公章。因此，本题的正确答案为B。

25.【试题答案】C

【试题解析】本题考查重点是"中华人民共和国建筑法——法律责任"。《中华人民共和国建筑法》第七十一条规定，建筑施工企业违反本法规定，对建筑安全事故隐患不采取措施予以消除的，责令改正，可以处以罚款；情节严重的，责令停业整顿，降低资质等级或者吊销资质证书；构成犯罪的，依法追究刑事责任。建筑施工企业的管理人员违章指挥、强令职工冒险作业，因而发生重大伤亡事故或者造成其他严重后果的，依法追究刑事责任。因此，本题的正确答案为C。

26.【试题答案】A

【试题解析】本题考查重点是"建设工程监理主要方式——旁站的作用"。旁站是指项目监理机构对工程的关键部位或关键工序的施工质量进行的监督活动。关键部位、关键工序应根据工程类别、特点及有关规定确定。每一项建设工程施工过程中都存在对结构安全、重要使用功能起着重要作用的关键部位和关键工序，对这些关键部位和关键工序的施工质量进行重点控制，直接关系到建设工程整体质量能否达到设计标准要求以及建设单位的期望。旁站是建设工程监理工作中用以监督工程质量的一种手段，可以起到及时发现问题、第一时间采取措施、防止偷工减料、确保施工工艺工序按施工方案进行、避免其他干扰正常施工的因素发生等作用。旁站与监理工作其他方法手段结合使用，成为工程质量控制工作中相当重要和必不可少的工作方式。因此，本题的正确答案为A。

27.【试题答案】A

【试题解析】本题考查重点是"项目监理机构设立的步骤"。项目监理机构中的三个层次：①决策层。主要是指总监理工程师、总监理工程师代表，根据建设工程监理合同的要求和监理活动内容进行科学化、程序化决策与管理；②中间控制层（协调层和执行层）。由各专业监理工程师组成，具体负责监理规划的落实，监理目标控制及合同实施的管理；③操作层。主要由监理员组成，具体负责监理活动的操作实施。因此，本题的正确答案为A。

28.【试题答案】D

【试题解析】本题考查重点是"建设工程监理文件资料编制要求"。工程质量评估报告的主要内容：①工程概况；②工程参建单位；③工程质量验收情况；④工程质量事故及其处理情况；⑤竣工资料审查情况；⑥工程质量评估结论。因此，本题的正确答案为D。

29.【试题答案】B

【试题解析】本题考查重点是"政府投资项目"。对于采用直接投资和资本金注入方式的政府投资项目，政府需要从投资决策的角度审批项目建议书和可行性研究报告，除特殊情况外不再审批开工报告，同时还要严格审批其初步设计和概算；对于采用投资补助、转贷和贷款贴息方式的政府投资项目，则只审批资金申请报告。政府投资项目一般都要经过符合资质要求的咨询中介机构的评估论证，特别重大的项目还应实行专家评议制度。国家将逐步实行政府投资项目公示制度，以广泛听取各方面的意见和建议。因此，本题的正确答案为B。

30.【试题答案】C

【试题解析】本题考查重点是"建设工程监理文件资料编制要求"。监理日志是项目监理机构在实施建设工程监理过程中，每日对建设工程监理工作及施工进展情况所做的记录，由总监理工程师根据工程实际情况指定专业监理工程师负责记录。每天填写的监理日志内容必须真实、力求详细，主要反映监理工作情况。如涉及具体文件资料，应注明相应文件资料的出处和编号。因此，本题的正确答案为C。

31.【试题答案】B

【试题解析】本题考查重点是"监理实施细则主要内容"。监理实施细则的主要内容包括：①专业工程特点；②监理工作流程；③监理工作要点；④监理工作方法及措施。根据第③点可知，选项B符合题意。因此，本题的正确答案为B。

32.【试题答案】B

【试题解析】本题考查重点是"注册监理工程师管理规定——总则"。《注册监理工程师管理规定》第四条规定，国务院建设主管部门对全国注册监理工程师的注册、执业活动实施统一监督管理。县级以上地方人民政府建设主管部门对本行政区域内的注册监理工程师的注册、执业活动实施监督管理。因此，本题的正确答案为B。

33.【试题答案】D

【试题解析】本题考查重点是"建设工程监理范围和规模标准规定——建设工程监理的工程范围"。根据《建设工程监理范围和规模标准规定》的规定，必须实行监理的建设工程有以下几类：①国家重点建设工程：依据《国家重点建设项目管理办法》所确定的对国民经济和社会发展有重大影响的骨干项目；②大中型公用事业工程：项目总投资额在3000万元以上的下列工程项目：a.供水、供电、供气、供热等市政工程项目；b.科技、教育、文化等项目；c.体育、旅游、商业等项目；d.卫生、社会福利等项目；e.其他公用事业项目；③成片开发建设的住宅小区工程，建筑面积在50000m²以上的住宅建设工程必须实行监理；50000m²以下的住宅建设工程，可以实行监理，具体范围和规模标准，由省、自治区、直辖市人民政府建设行政主管部门规定。为了保证住宅质量，对高层住宅及地基、结构复杂的多层住宅应当实行监理；④利用外国政府或者国际组织贷款、援助资金的工程：a.使用世界银行、亚洲开发银行等国际组织贷款资金的项目；b.使用国外政府及其机构贷款资金的项目；c.使用国际组织或者国外政府援助资金的项目；⑤国家规定必须实行监理的其他工程：a.项目总投资额在3000万元以上关系社会公共利益、公众安全的下列基础设施项目：Ⅰ煤炭、石油、化工、天然气、电力、新能源等项目；Ⅱ铁路、公路、管道、水运、民航以及其他交通运输业等项目；Ⅲ邮政、电信枢纽、通信、信息网络等项目；Ⅳ防洪、灌溉、排涝、发电、引（供）水、滩涂治理、水资源保护、水土保持等水利建设项目；Ⅴ道路、桥梁、地铁和轻轨交通、污水排放及处理、垃圾处理、地下管道、公共停车场等城市基础设施项目；Ⅵ生态环境保护项目；Ⅶ其他基础设施项目；b.学校、影剧院、体育场馆项目。根据第③点可知，选项D不属于必须实行监理的工程。因此，本题的正确答案为D。

34.【试题答案】D

【试题解析】本题考查重点是"建设工程监理主要方式——见证取样程序"。见证取样涉及三方行为：施工方，见证方，试验方。见证人员必须取得《见证员证书》，且通过建设单位授权。授权后只能承担所授权工程的见证工作。对进入施工现场的所有建筑材料，必须按规范要求实行见证取样和送检试验，试验报告纳入质保资料。因此，本题的正确答案为D。

35.【试题答案】A

【试题解析】本题考查重点是"监理规划主要内容——安全生产管理的监理工作"。专项施工方案编制要求。实行施工总承包的，专项施工方案应当由总承包施工单位组织编制，其中，起重机械安装拆卸工程、深基坑工程、附着式升降脚手架等专业工程实行分包的，其专项施工方案可由专业分包单位组织编制。实行施工总承包的，专项施工方案应当由总承包施工单位技术负责人及相关专业分包单位技术负责人签字。对于超过一定规模的危险性较大的分部分项工程专项施工方案应当由施工单位组织召开专家论证会。因此，本题的正确答案为A。

36.【试题答案】A

【试题解析】本题考查重点是"工程监理企业经营活动准则——守法"。工程监理企业从事建设工程监理活动，应当遵循"守法、诚信、公平、科学"的准则。守法，即遵守法律法规。对于工程监理企业而言，守法就是要依法经营，主要体现在以下几个方面：①工程监理企业只能在核定的业务范围内开展经营活动。工程监理企业的业务范围，是指在资质证书中、经工程监理资质管理部门审查确认的主项资质和增项资质。核定的业务范围包括两方面：一是监理业务的工程类别，二是承接监理工程的等级；②工程监理企业不得伪造、涂改、出租、出借、转让、出卖《资质等级证书》；③工程监理企业应按照建设工程监理合同约定严格履行义务，不得无故或故意违背自己的承诺；④工程监理企业在异地承接监理业务，要自觉遵守工程所在地有关规定，主动向工程所在地建设主管部门备案登记，接受其指导和监督管理；⑤遵守有关法律法规规定。因此，本题的正确答案为A。

37.【试题答案】A

【试题解析】本题考查重点是"注册监理工程师执业"。注册监理工程师可以从事建设工程监理、工程经济与技术咨询、工程招标与采购咨询、工程项目管理服务以及国务院有关部门规定的其他业务。建设工程监理活动中形成的监理文件由注册监理工程师按照规定签字盖章后方可生效。修改经注册监理工程师签字盖章的建设工程监理文件，应当由该注册监理工程师进行；因特殊情况，该注册监理工程师不能进行修改的，应当由其他注册监理工程师修改，并签字、加盖执业印章，对修改部分承担责任。注册监理工程师从事执业活动，由所在单位接受委托并统一收费。因建设工程监理事故及相关业务造成的经济损失，聘用单位应当承担赔偿责任；聘用单位承担赔偿责任后，可依法向负有过错的注册监理工程师追偿。因此，本题的正确答案为A。

38.【试题答案】C

【试题解析】本题考查重点是"中华人民共和国建筑法——法律责任"。《中华人民共和国建筑法》第七十六条规定，本法规定的责令停业整顿、降低资质等级和吊销资质证书的行政处罚，由颁发资质证书的机关决定；其他行政处罚，由建设行政主管部门或者有关部门依照法律和国务院规定的职权范围决定。依照本法规定被吊销资质证书的，由工商行政管理部门吊销其营业执照。因此，本题的正确答案为C。

39.【试题答案】D

【试题解析】本题考查重点是"项目监理机构的组织形式"。矩阵制监理组织形式的优点是：加强了各职能部门的横向联系，具有较大的机动性和适应性，把上下左右集权与分权实行最优的结合，有利于解决复杂难题，有利于监理人员业务能力的培养。而它的缺点是：纵横向协调工作量大，处理不当会造成扯皮现象，产生矛盾。所以，选项A的叙述是不正确的。直线职能制监理组织形式既保持了直线制组织实行直线领导、统一指挥、职责清楚的优点，又保持了职能制组织目标管理专业化的优点；而它的缺点是：职能部门与指挥部门易产生矛盾，信息传递路线长，不利于互通情报。所以，选项B的叙述是不正确的。直线制监理组织形式适用于能划分为若干相对独立的子项目的大、中型建设工程。对于小型建设工程，监理单位也可以采用按专业内容分解的直线制监理组织形式。所以，选项C的叙述是不正确的。职能制监理组织形式的主要优点：加强了项目监理目标控制的职能化分工，能够发挥职能机构的专业管理作用，提高管理效率，减轻总监理工程师负担。所以，选项D的叙述是正确的。因此，本题的正确答案为D。

40.【试题答案】C

【试题解析】本题考查重点是"监理实施细则主要内容——监理工作方法及措施"。根据措施实施内容不同，可将监理工作措施分为技术措施、经济措施、组织措施和合同措施。例如，某建筑工程钻孔灌注桩分项工程监理工作组织措施和技术措施如下：①组织措施：根据钻孔灌注桩工艺和施工特点，对项目监理机构人员进行合理分工，现场专业监理人员分2班（8：00～20：00和20：00～次日8：00，每班1人），进行全程巡视、旁站、检查和验收；②技术措施：a.组织所有监理人员全面阅读图纸等技术文件，提出书面意见，参加设计交底，制定详细的监理实施细则；b.详细审核施工单位提交的施工组织设计，严格审查施工单位现场质量管理体系的建立和实施；c.研究分析钻孔灌注桩施工质量风险点，合理确定质量控制关键点，包括：桩位控制、桩长控制、桩径控制、桩身质量控制和桩端施工质量控制。因此，本题的正确答案为C。

41.【试题答案】C

【试题解析】本题考查重点是"监理工程师注册"。注册监理工程师每一注册有效期为3年，注册有效期满需继续执业的，应当在注册有效期满30日前，按照规定的程序申请延续注册。延续注册有效期为3年。延续注册需要提交下列材料：①申请人延续注册申请表；②申请人与聘用单位签订的聘用劳动合同复印件；③申请人注册有效期内达到继续教育要求的证明材料。因此，本题的正确答案为C。

42.【试题答案】B

【试题解析】本题考查重点是"建设工程监理主要方式——见证取样程序"。见证取样的试验报告：检测单位应在检验报告上加盖有"见证取样送检"印章。发生试样不合格情况，应在 24 小时内上报质监站，并建立不合格项目台账。因此，本题的正确答案为 B。

43.【试题答案】B

【试题解析】本题考查重点是"建设工程监理基本表式应用说明"。建设工程监理基本表式的基本要求：①应依照合同文件、法律法规及标准等规定的程序和时限签发、报送、回复各类表；②应按有关规定，采用碳素墨水、蓝黑墨水书写或黑色碳素印墨打印各类表，不得使用易褪色的书写材料；③应使用规范语言，法定计量单位，公历年、月、日填写各类表。各类表中相关人员的签字栏均须由本人签署。由施工单位提供附件的，应在附件上加盖骑缝章；④各类表在实际使用中，应分类建立统一编码体系。各类表式应连续编号，不得重号、跳号；⑤各类表中施工项目经理部用章的样章应在项目监理机构和建设单位备案，项目监理机构用章的样章应在建设单位和施工单位备案。因此，本题的正确答案为 B。

44.【试题答案】D

【试题解析】本题考查重点是"建设工程风险对策及监控"。损失控制是一种主动、积极的风险对策。损失控制可分为预防损失和减少损失两个方面。预防损失措施的主要作用在于降低或消除（通常只能做到降低）损失发生的概率，而减少损失措施的作用在于降低损失的严重性或遏制损失的进一步发展，使损失最小化。一般来说，损失控制方案都应当是预防损失措施和减少损失措施的有机结合。制定损失控制措施必须考虑其付出的代价，包括费用和时间两个方面的代价，而时间方面的代价往往又会引起费用方面的代价。损失控制措施的最终确定，需要综合考虑其效果和相应的代价。在采用风险控制对策时，所制定的风险控制措施应当形成一个周密的、完整的损失控制计划系统。该计划系统一般应由预防计划、灾难计划和应急计划三部分组成。因此，本题的正确答案为 D。

45.【试题答案】D

【试题解析】本题考查重点是"建设实施阶段的工作内容"。建设单位在领取施工许可证或者开工报告前，应当到规定的工程质量监督机构办理工程质量监督注册手续。办理质量监督注册手续时需提供下列资料：①施工图设计文件审查报告和批准书；②中标通知书和施工、监理合同；③建设单位、施工单位和监理单位工程项目的负责人和机构组成；④施工组织设计和监理规划（监理实施细则）；⑤其他需要的文件资料。因此，本题的正确答案为 D。

46.【试题答案】D

【试题解析】本题考查重点是"建设工程安全生产管理条例——工程监理单位的安全责任"。《建设工程安全生产管理条例》第十四条规定，工程监理单位应当审查施工组织设计中的安全技术措施或者专项施工方案是否符合工程建设强制性标准。工程监理单位在实施监理过程中，发现存在安全事故隐患的，应当要求施工单位整改；情况严重的，应当要求施工单位暂时停止施工，并及时报告建设单位。工程监理单位和监理工程师应当按照法律、法规和工程建设强制性标准实施监理，并对建设工程安全生产承担监理责任。因此，本题的正确答案为 D。

47.【试题答案】C

【试题解析】本题考查重点是"建设工程监理工作内容——项目监理机构组织协调内容"。项目监理机构内部需求关系的协调。建设工程监理实施中有人员需求、检测试验设备需求等，而资源是有限的，因此，内部需求平衡至关重要。协调平衡需求关系需要从以下环节考虑：①对建设工程监理检测试验设备的平衡。建设工程监理开始实施时，要做好监理规划和监理实施细则的编写工作，合理配置建设工程监理资源，要注意期限的及时性、规格的明确性、数量的准确性、质量的规定性；②对工程监理人员的平衡。要抓住调度环节，注意各专业监理工程师的配合。工程监理人员的安排必须考虑到工程进展情况，根据工程实际进展安排工程监理人员进退场计划，以保证建设工程监理目标的实现。因此，本题的正确答案为C。

48.【试题答案】C

【试题解析】本题考查重点是"建设工程监理招标程序"。为了保证潜在投标人能够公平地获取投标竞争的机会，确保投标人满足招标项目的资格条件，同时避免招标人和投标人不必要的资源浪费，招标人应组织审查监理投标人资格。资格审查分为资格预审和资格后审两种。①资格预审。资格预审是指在投标前，对申请参加投标的潜在投标人进行资质条件、业绩、信誉、技术、资金等多方面情况的审查。只有资格预审中被认定为合格的潜在投标人（或投标人）才可以参加投标。资格预审的目的是为了排除不合格的投标人，进而降低招标人的招标成本，提高招标工作效率；②资格后审。资格后审是指在开标后，由评标委员会根据招标文件中规定的资格审查因素、方法和标准，对投标人资格进行的审查。建设工程监理资格审查大多采用资格预审的方式进行。因此，本题的正确答案为C。

49.【试题答案】A

【试题解析】本题考查重点是"策划决策阶段的工作内容"。企业投资建设《政府核准的投资项目目录》中的项目时，仅需向政府提交项目申请报告，不再经过批准项目建议书、可行性研究报告和开工报告的程序。因此，本题的正确答案为A。

50.【试题答案】A

【试题解析】本题考查重点是"监理文件档案资料归档"。建设单位短期保存的监理文件有：预付款报审与支付凭证；月付款报审与支付凭证。所以，选项A符合题意。选项B的"工程延期报告及审批表"由建设单位永久保存，监理单位长期保存，送城建档案管理部门保存。选项C的"供货单位资质材料"由建设单位长期保存。选项D的"费用索赔报告及审批表"由建设单位、监理单位长期保存。因此，本题的正确答案为A。

二、多项选择题

51.【试题答案】ABCE

【试题解析】本题考查重点是"建设工程监理招标程序"。编制建设工程监理招标文件。招标文件既是投标人编制投标文件的依据，也是招标人与中标人签订建设工程监理合同的基础。招标文件一般应由以下内容组成：①投标邀请函；②投标人须知；③评标办法；④拟签订监理合同主要条款及格式，以及履约担保格式等；⑤投标报价；⑥设计资料；⑦技术标准和要求；⑧投标文件格式；⑨要求投标人提交的其他材料。因此，本题的正确答案为ABCE。

52.【试题答案】BC

【试题解析】本题考查重点是"工程监理单位及监理工程师的法律责任"。《建设工程质量管理条例》第六十七条规定："工程监理单位有下列行为之一的,责令改正,处 50 万元以上 100 万元以下的罚款,降低资质等级或者吊销资质证书;有违法所得的,予以没收;造成损失的,承担连带赔偿责任:①与建设单位或者施工单位串通,弄虚作假、降低工程质量的;②将不合格的建设工程、建筑材料、建筑构配件和设备按照合格签字的。"因此,本题的正确答案为 BC。

53.【试题答案】ABCD

【试题解析】本题考查重点是"项目监理机构内部组织关系的协调"。项目监理机构内部应建立信息沟通制度,例如,采用工作例会、发会议纪要、业务碰头会、工作流程图或信息传递卡等方式来沟通信息,这样可使局部了解全局,服从并适应全局需要。因此,本题的正确答案为 ABCD。

54.【试题答案】ACDE

【试题解析】本题考查重点是"建设工程监理文件资料管理"。建设工程监理文件资料的管理要求体现在建设工程监理文件资料管理全过程,包括:监理文件资料收发文与登记、传阅、分类存放、组卷归档、验收与移交等。因此,本题的正确答案为 ACDE。

55.【试题答案】BE

【试题解析】本题考查重点是"监理工程师的权利和义务"。监理工程师一般享有的权利包括:①使用注册监理工程师称谓;②在规定范围内从事执业活动;③依据本人能力从事相应的执业活动;④保管和使用本人的注册证书和执业印章;⑤对本人执业活动进行解释和辩护;⑥接受继续教育;⑦获得相应的劳动报酬;⑧对侵犯本人权利的行为进行申诉。监理工程师应履行的义务有以下几方面:①遵守法律、法规和有关管理规定;②履行管理职责,执行技术标准、规范和规程;③保证执业活动成果的质量,并承担相应责任;④接受继续教育,努力提高执业水准;⑤在本人执业活动所形成的工程监理文件上签字、加盖执业印章;⑥保守在执业中知悉的国家秘密和他人的商业、技术秘密;⑦不得涂改、倒卖、出租、出借或者以其他形式非法转让注册证书或者执业印章;⑧不得同时在两个或者两个以上单位受聘或者执业;⑨在规定的执业范围和聘用单位业务范围内从事执业活动;⑩协助注册管理机构完成相关工作。所以,选项 B、E 既是监理工程师的权利又是监理工程师的义务。选项 A 属于监理工程师享有的权利,选项 C、D 属于监理工程师必须履行的基本义务。因此,本题的正确答案为 BE。

56.【试题答案】ABCD

【试题解析】本题考查重点是"策划决策阶段的工作内容"。项目建议书是拟建项目单位向政府投资主管部门提出的要求建设某一工程项目的建议文件,是对工程项目建设的轮廓设想。项目建议书的主要作用是推荐一个拟建项目,论述其建设的必要性、建设条件的可行性和获利的可能性,供政府投资主管部门选择并确定是否进行下一步工作。项目建议书的内容视工程项目不同而有繁有简,但一般应包括以下几方面内容:①项目提出的必要性和依据;②产品方案、拟建规模和建设地点的初步设想;③资源情况、建设条件、协作关系和设备技术引进国别、厂商的初步分析;④投资估算、资金筹措及还贷方案设想;⑤项目进度安排;⑥经济效益和社会效益的初步估计;⑦环境影响的初步评价。因此,本题的正确答案为 ABCD。

57.【试题答案】BCD

【试题解析】本题考查重点是"建设工程安全生产管理条例——施工单位的安全责任"。《建设工程安全生产管理条例》第三十条规定，施工单位对因建设工程施工可能造成损害的毗邻建筑物、构筑物和地下管线等，应当采取专项防护措施。因此，本题的正确答案为BCD。

58.【试题答案】CDE

【试题解析】本题考查重点是"建设工程可行性研究阶段工作内容"。根据《国务院关于投资体制改革的决定》，政府投资项目和非政府投资项目分别实行审批制、核准制或备案制。对于采用直接投资和资本金注入方式的政府投资项目，政府需要从投资决策的角度审批项目建议书和可行性研究报告，除特殊情况外不再审批开工报告，同时还要严格审批其初步设计和概算；对于采用投资补助、转贷和贷款贴息方式的政府投资项目，则只审批资金申请报告。因此，本题的正确答案为CDE。

59.【试题答案】BCDE

【试题解析】本题考查重点是"《合同法》主要内容"。当事人互负债务，没有先后履行顺序的，应当同时履行。一方在对方履行之前有权拒绝其履行要求。一方在对方履行债务不符合约定时，有权拒绝其相应的履行要求。当事人互负债务，有先后履行顺序，先履行一方未履行的，后履行一方有权拒绝其履行要求。先履行一方履行债务不符合约定的，后履行一方有权拒绝其相应的履行要求。应当先履行债务的当事人，有确切证据证明对方有下列情形之一的，可以中止履行：①经营状况严重恶化；②转移财产、抽逃资金，以逃避债务；③丧失商业信誉；④有丧失或者可能丧失履行债务能力的其他情形。当事人没有确切证据中止履行的，应当承担违约责任。当事人依照上述规定中止履行的，应当及时通知对方。当对方提供适当担保时，应当恢复履行。中止履行后，对方在合理期限内未恢复履行能力并且未提供适当担保的，中止履行的一方可以解除合同。因此，本题的正确答案为BCDE。

60.【试题答案】ACE

【试题解析】本题考查重点是"建设工程监理规范——监理人员职责"。《建设工程监理规范》第3.2.2条规定，总监理工程师不得将下列工作委托给总监理工程师代表：①组织编制监理规划，审批监理实施细则；②根据工程进展及监理工作情况调配监理人员；③组织审查施工组织设计、（专项）施工方案；④签发工程开工令、暂停令和复工令；⑤签发工程款支付证书，组织审核竣工结算；⑥调解建设单位与施工单位的合同争议，处理工程索赔；⑦审查施工单位的竣工申请，组织工程竣工预验收，组织编写工程质量评估报告，参与工程竣工验收；⑧参与或配合工程质量安全事故的调查和处理。所以，选项A、C、E符合题意。选项B、D均属于总监理工程师应履行的职责。因此，本题的正确答案为ACE。

61.【试题答案】BCD

【试题解析】本题考查重点是"建设工程目标控制的组织措施"。组织措施是从目标控制的组织管理方面采取的措施，如落实目标控制的组织机构和人员，明确各级目标控制人员的任务和职能分工、权力和责任、改善目标控制的工作流程等。组织措施是其他各类措施的前提和保障，而且一般不需要增加什么费用，运用得当可以收到良好的效果。由于业主原因所导致的目标偏差，组织措施可能成为首选措施。因此，本题的正确答案为BCD。

62.【试题答案】ABDE

【试题解析】本题考查重点是"项目监理机构各类人员基本职责"。根据《建设工程监理规范》GB/T 50319－2013，专业监理工程师应履行下列职责：①参与编制监理规划，负责编制监理实施细则；②审查施工单位提交的涉及本专业的报审文件，并向总监理工程师报告；③参与审核分包单位资格；④指导、检查监理员工作，定期向总监理工程师报告本专业监理工作实施情况；⑤检查进场的工程材料、构配件、设备的质量；⑥验收检验批、隐蔽工程、分项工程，参与验收分部工程；⑦处置发现的质量问题和安全事故隐患；⑧进行工程计量；⑨参与工程变更的审查和处理；⑩组织编写监理日志，参与编写监理月报；⑪收集、汇总、参与整理监理文件资料；⑫参与工程竣工预验收和竣工验收。所以，选项B、D、E符合题意。选项A属于专业监理工程师的职责。选项C属于总监理工程师的职责。因此，本题的正确答案为ABDE。

63.【试题答案】ABCD

【试题解析】本题考查重点是"建设工程监理的法律地位"。大中型公用事业工程是指项目总投资额在3000万元以上的下列工程项目：①供水、供电、供气、供热等市政工程项目；②科技、教育、文化等项目；③体育、旅游、商业等项目；④卫生、社会福利等项目；⑤其他公用事业项目。因此，本题的正确答案为ABCD。

64.【试题答案】ABCD

【试题解析】本题考查重点是"工程监理企业资质管理规定——资质申请和审批"。根据《工程监理企业资质管理规定》第十六条的规定，工程监理企业不得有下列行为：①与建设单位串通投标或者与其他工程监理企业串通投标，以行贿手段谋取中标；②与建设单位或者施工单位串通弄虚作假、降低工程质量；③将不合格的建设工程、建筑材料、建筑构配件和设备按照合格签字；④超越本企业资质等级或以其他企业名义承揽监理业务；⑤允许其他单位或个人以本企业的名义承揽工程；⑥将承揽的监理业务转包；⑦在监理过程中实施商业贿赂；⑧涂改、伪造、出借、转让工程监理企业资质证书；⑨其他违反法律法规的行为。根据第⑤点可知，选项E不符合题意。因此，本题的正确答案为ABCD。

65.【试题答案】BCD

【试题解析】本题考查重点是"监理工程师注册"。监理工程师注册是政府对工程监理执业人员实行市场准入控制的有效手段。取得监理工程师资格证书的人员，经过注册方能以注册监理工程师的名义执业。监理工程师依据其所学专业、工作经历、工程业绩，按照《工程监理企业资质管理规定》划分的工程类别，按专业注册。每人最多可以申请两个专业注册。因此，本题的正确答案为BCD。

66.【试题答案】BCE

【试题解析】本题考查重点是"建设工程风险对策及监控"。应急计划就是事先准备好若干种替代计划方案，当遇到某种风险事件时，能够根据应急预案对建设工程原有计划范围和内容作出及时调整，使中断的建设工程能够尽快全面恢复，并减少进一步的损失，使其影响程度减至最小。应急计划不仅要制定所要采取的相应措施，而且要规定不同工作部门相应的职责。应急计划应包括的内容有：调整整个建设工程实施进度计划、材料与设备的采购计划、供应计划；全面审查可使用的资金情况；准备保险索赔依据；确定保险索赔的额度；起草保险索赔报告；必要时需调整筹资计划等。因此，本题的正确答案为BCE。

67.【试题答案】CDE

【试题解析】本题考查重点是"监理规划的审核内容"。人员配备方案应从以下几个方面审查：①派驻监理人员的专业满足程度。应根据工程特点和建设工程监理任务的工作范围，不仅考虑专业监理工程师如土建监理工程师、安装监理工程师等能够满足开展监理工作的需要，而且还要看其专业监理人员是否覆盖了工程实施过程中的各种专业要求，以及高、中级职称和年龄结构的组成；②人员数量的满足程度。主要审核从事监理工作人员在数量和结构上的合理性。按照我国已完成监理工作的工程资料统计测算，在施工阶段，大中型建设工程每年完成100万元的工程量所需监理人员为0.6~1人，专业监理工程师、一般监理人员和行政文秘人员的结构比例为0.2：0.6：0.2。专业类别较多的工程的监理人员数量应适当增加；③专业人员不足时采取的措施是否恰当。大中型建设工程由于技术复杂、涉及的专业面宽，当工程监理单位的技术人员不足以满足全部监理工作要求时，对拟临时聘用的监理人员的综合素质应认真审核；④派驻现场人员计划表。对于大中型建设工程，不同阶段对所需要的监理人员在人数和专业等方面的要求不同，应对各阶段所派驻现场监理人员的专业、数量计划是否与建设工程进度计划相适应进行审核。还应平衡正在其他工程上执行监理业务的人员，是否能按照预定计划进入本工程参加监理工作。因此，本题的正确答案为CDE。

68.【试题答案】AE

【试题解析】本题考查重点是"监理工作的基本表式——C类表"。《建设工程监理规范》中的施工阶段监理工作的基本表式C类表是各方通用表。包括：①监理工作联系单（C1）。适用于参与建设工程的建设、施工、监理、勘察设计和质监单位相互之间就有关事项的联系；②工程变更单（C2）。适用于参与建设工程的建设、施工、勘察设计、监理各方使用，在任一方提出工程变更时都要先填该表。所以，选项A、E符合题意。选项B、C均属于监理单位用表。选项D属于承包单位用表。因此，本题的正确答案为AE。

69.【试题答案】ABC

【试题解析】本题考查重点是"建设工程质量管理条例——监督管理"。《建设工程质量管理条例》第四十八条规定，县级以上人民政府建设行政主管部门和其他有关部门履行监督检查职责时，有权采取下列几个措施：①要求被检查的单位提供有关工程质量的文件和资料；②进入被检查单位的施工现场进行检查；③发现有影响工程质量的问题时，责令改正。因此，本题的正确答案为ABC。

70.【试题答案】ABDE

【试题解析】本题考查重点是"监理实施细则主要内容——监理工作流程"。监理工作流程是结合工程相应专业制定的具有可操作性和可实施性的流程图。不仅涉及最终产品的检查验收，更多地涉及施工中各个环节及中间产品的监督检查与验收。监理工作涉及的流程包括：开工审核工作流程、施工质量控制流程、进度控制流程、造价（工程量计量）控制流程、安全生产和文明施工监理流程、测量监理流程、施工组织设计审核工作流程、分包单位资格审核流程、建筑材料审核流程、技术审核流程、工程质量问题处理审核流程、旁站检查工作流程、隐蔽工程验收流程、工程变更处理流程、信息资料管理流程等。因此，本题的正确答案为ABDE。

71. 【试题答案】ABDE

【试题解析】本题考查重点是"建设工程风险识别与评价"。识别建设工程风险的方法有专家调查法、财务报表法、流程图法、初始清单法、经验数据法、风险调查法等。因此，本题的正确答案为 ABDE。

72. 【试题答案】AE

【试题解析】本题考查重点是"建设工程监理工作内容——项目监理机构组织协调内容"。建设工程监理实施中有人员需求、检测试验设备需求等，而资源是有限的，因此，内部需求平衡至关重要。协调平衡需求关系需要从以下环节考虑：①对建设工程监理检测试验设备的平衡。建设工程监理开始实施时，要做好监理规划和监理实施细则的编写工作，合理配置建设工程监理资源，要注意期限的及时性、规格的明确性、数量的准确性、质量的规定性；②对工程监理人员的平衡。要抓住调度环节，注意各专业监理工程师的配合。工程监理人员的安排必须考虑到工程进展情况，根据工程实际进展安排工程监理人员进退场计划，以保证建设工程监理目标的实现。因此，本题的正确答案为 AE。

73. 【试题答案】ABCD

【试题解析】本题考查重点是"建设工程监理招标程序"。建设工程监理招标准备工作包括：确定招标组织，明确招标范围和内容，编制招标方案等内容。因此，本题的正确答案为 ABCD。

74. 【试题答案】CDE

【试题解析】本题考查重点是"监理规划主要内容——监理工作制度"。项目监理机构内部工作制度：①项目监理机构工作会议制度，包括监理交底会议、监理例会、监理专题会、监理工作会议等；②项目监理机构人员岗位职责制度；③对外行文审批制度；④监理工作日志制度；⑤监理周报、月报制度；⑥技术、经济资料及档案管理制度；⑦监理人员教育培训制度；⑧监理人员考勤、业绩考核及奖惩制度。因此，本题的正确答案为 CDE。

75. 【试题答案】ACDE

【试题解析】本题考查重点是"监理工程师资格考试"。实行监理工程师执业资格制度的意义在于：①与工程监理制度紧密衔接；②统一监理工程师执业能力标准；③强化工程监理人员执业责任；④促进工程监理人员努力钻研业务知识，提高业务水平；⑤合理建立工程监理人才库，优化调整市场资源结构；⑥便于开拓国际工程监理市场。因此，本题的正确答案为 ACDE。

76. 【试题答案】ABDE

【试题解析】本题考查重点是"建设工程监理文件资料编制要求"。工程质量评估报告的主要内容有：①工程概况；②工程参建单位；③工程质量验收情况；④工程质量事故及其处理情况；⑤竣工资料审查情况；⑥工程质量评估结论。因此，本题的正确答案为 ABDE。

77. 【试题答案】BC

【试题解析】本题考查重点是"《建设工程安全生产管理条例》相关内容"。施工单位主要负责人依法对本单位的安全生产工作全面负责。施工单位应当建立健全安全生产责任制度，制定安全生产规章制度和操作规程，保证本单位安全生产条件所需资金的投入，对所承担的建设工程进行定期和专项安全检查，并做好安全检查记录。因此，本题的正确答案为 BC。

78.【试题答案】ADE

【试题解析】本题考查重点是"中华人民共和国建筑法——建筑工程监理"。《建筑法》第三十三条规定，实施建筑工程监理前，建设单位应当将委托的工程监理单位、监理的内容及监理权限，书面通知被监理的建筑施工企业。因此，本题的正确答案为 ADE。

79.【试题答案】ABE

【试题解析】本题考查重点是"监理规划主要内容——工程造价控制"。工程造价控制的目标分解：①按建设工程费用组成分解；②按年度、季度分解；③按建设工程实施阶段分解。因此，本题的正确答案为 ABE。

80.【试题答案】ABCE

【试题解析】本题考查重点是"建设工程监理性质"。《建设工程监理规范》GB/T 50319—2013 明确要求，工程监理单位应公平、独立、诚信、科学地开展建设工程监理与相关服务活动。独立是工程监理单位公平地实施监理的基本前提。为此，《建筑法》第三十四条规定："工程监理单位与被监理工程的承包单位以及建筑材料、建筑构配件和设备供应单位不得有隶属关系或者其他利害关系。"按照独立性要求，工程监理单位应严格按照法律法规、工程建设标准、勘察设计文件、建设工程监理合同及有关建设工程合同等实施监理。在建设工程监理工作过程中，必须建立项目监理机构，按照自己的工作计划和程序，根据自己的判断，采用科学的方法和手段，独立地开展工作。因此，本题的正确答案为 ABCE。

第六套模拟试卷

一、**单项选择题**（共 50 题，每题 1 分。每题的备选项中，只有 1 个最符合题意）

1. 下列应当公开招标的是（   ）。
    A. 受自然环境限制，只有少量潜在投标人可供选择
    B. 采用公开招标方式的费用占项目合同金额的比例过大
    C. 技术复杂、有特殊要求，只有少量潜在投标人可供选择
    D. 国有资金占控股或者主导地位的依法必须进行招标的项目

2. 下列协调工作中，不属于项目监理机构内部组织关系协调的是（   ）。
    A. 合理安排监理人员的工作
    B. 及时消除工作中的矛盾或冲突
    C. 建立信息沟通制度
    D. 事先约定各部门在工作中的相互关系

3. 根据《房屋建筑工程施工旁站监理管理办法（试行）》，旁站监理是指监理人员在工程施工阶段监理中，对（   ）的施工质量实施全过程现场跟班的监督活动。
    A. 隐蔽工程   B. 地下工程
    C. 关键线路上的工作   D. 关键部位、关键工序

4. 监理企业综合资质标准要求，注册造价工程师不少于（   ）人。
    A. 1   B. 2
    C. 3   D. 5

5. 下列属于建设工程目标控制经济措施的是（   ）。
    A. 明确目标控制人员的任务和职能分工
    B. 提出多个不同的技术方案
    C. 分析不同合同之间的相互联系
    D. 投资偏差分析

6. 依据《中华人民共和国建筑法》，当施工不符合工程设计要求、施工技术标准和合同约定时，工程监理人员应当（   ）。
    A. 报告建设单位
    B. 要求建筑施工企业改正
    C. 报告建设单位要求建筑施工企业改正
    D. 立即要求建筑施工企业暂时停止施工

7. 调解建设单位与施工单位的合同争议，处理工程索赔是（   ）的职责。
    A. 监理单位技术负责人   B. 专业监理工程师
    C. 总监理工程师   D. 总监理工程师代表

8. 在 CM 模式中，CM 单位对设计单位（   ）。

A. 有指令权   B. 没有指令权

C. 有合同关系   D. 没有协调关系

9. 根据《国务院关于投资体制改革的决定》，对于企业不使用政府资金投资建设的项目，视情况实行( )。

A. 审批制或备案制   B. 核准制或备案制

C. 审批制或审核制   D. 核准制或审批制

10. 在建立项目监理机构的步骤中，处于确定项目监理机构目标与设计项目监理机构组织结构之间的工作是( )。

A. 分解项目监理机构目标   B. 确定监理工作内容

C. 选择组织结构形式   D. 划分项目监理机构部门

11. 监理合同的标的是( )。

A. 服务   B. 造价

C. 质量   D. 工期

12. 与限制民事行为能力人订立的合同属于( )。

A. 无效合同   B. 效力待定合同

C. 可变更合同   D. 可撤销合同

13. ( )是建立建设工程初始风险清单的有效途径。

A. 采用保险公司公布的潜在损失一览表

B. 采用风险管理学会公布的潜在损失一览表

C. 采用风险管理协会公布的潜在损失一览表

D. 通过适当的风险分解方式来识别风险

14. 《总监理工程师任命书》需要由工程监理单位( )签字，并加盖单位公章。

A. 法定代表人   B. 技术负责人

C. 主要负责人   D. 项目监理机构

15. 下列协调工作中，属于项目监理机构内部人际关系协调工作的是( )。

A. 事先约定各个部门在工作中的相互关系   B. 建立信息沟通制度

C. 平衡监理人员使用计划   D. 委任工作职责分明

16. 由建设工程投资、进度、质量三大目标之间存在对立关系可知，建设工程三大目标应( )。

A. 同时达到最优   B. 分别进行分析与论证

C. 作为一个系统统筹考虑   D. 尽可能进行定量的分析

17. 工程设计进度计划的审查内容不包括( )。

A. 计划中各个节点是否存在漏项

B. 工程监理单位应审查设计单位提交的设计成果，并提出评估报告

C. 出图节点是否符合建设工程总体计划进度节点要求

D. 分析各阶段、各专业工种设计工作量和工作难度，并审查相应设计人员的配置安排是否合理

18. 《建设工程质量管理条例》规定，实行监理的建设工程，建设单位也可以委托具有工程监理相应资质等级并与监理工程的施工承包单位没有隶属关系或者其他利害关系的该工

程的（　　）进行监理。

A. 咨询单位
B. 监理单位
C. 设计单位
D. 施工单位

19. 对建设工程实施监理时，工程监理单位应遵守的基本原则之一是（　　）。

A. 权责一致原则
B. 才职相称原则
C. 弹性原则
D. 集权与分权统一原则

20. 项目监理大纲、监理规划、监理实施细则是相互关联的。它们在制定的时间上具有先后顺序。下面顺序正确的是（　　）。

A. 监理大纲→监理规划→监理实施细则

B. 监理规划→监理大纲→监理实施细则

C. 监理规划→监理实施细则→监理大纲

D. 监理规划→监理大纲→监理实施细则

21. （　　）组织建设单位、施工单位等共同协商确定工程变更费用及工期变化，会签工程变更单。

A. 专业监理工程师
B. 总监理工程师
C. 总监理工程师代表
D. 建设行政主管部门

22. 工程监理企业资质证书的有效期为（　　）年。

A. 1
B. 3
C. 5
D. 10

23. 关于建设工程监理的说法，正确的是（　　）。

A. 建设工程监理的行为主体包括监理企业、建设单位和施工单位

B. 监理单位处理工程变更的权限是建设单位授权的结果

C. 建设工程监理的实施需要建设单位的委托和施工单位的认可

D. 建设工程监理的依据包括委托监理合同、工程总承包合同和分包合同

24. 在各种风险对策中，预防损失的主要作用是（　　）。

A. 中断风险源
B. 降低损失发生的概率
C. 降低损失的严重性
D. 遏制损失的进一步发展

25. 建设工程监理应有一套健全的管理制度和科学的管理方法，这是工程监理（　　）的具体表现。

A. 服务性
B. 独立性
C. 科学性
D. 公正性

26. 根据《建筑法》规定，工程施工不符合（　　）。

A. 设计要求、工程设计不符合建筑工程标准的，监理单位有权要求施工企业和设计单位改正

B. 建筑工程质量标准、工程设计不符合设计要求的，监理单位有权要求施工企业和设计单位改正

C. 设计要求、工程设计不符合建筑工程质量标准的，监理单位应当报告建设单位要求施工企业和设计单位改正

D. 工程设计要求的，监理单位有权要求建筑施工企业改正，发现工程设计不符合建

筑工程质量标准的，应当报告建设单位要求设计单位改正

27. 监理单位所承担的监理任务的工程范围称为( )。

  A. 监理工作内容   B. 监理工作范围

  C. 监理工作目标   D. 监理工作任务

28. 下列属于三大目标控制合同措施的是( )。

  A. 调整控制人员的分工

  B. 选择合理的承发包模式和合同计价方式

  C. 要求施工单位增加施工机械，并给予合理的补偿

  D. 修改技术方案加快进度

29. 下列职责中，属于专业监理工程师职责的是( )。

  A. 组织编写并签发监理月报

  B. 审定承包单位提交的进度计划

  C. 参与工程变更的审查和处理

  D. 对工序施工质量检查结果进行记录

30. 直线制监理组织形式的优点是( )。

  A. 总监理工程师负担较轻   B. 权力相对集中

  C. 集权与分权分配合理   D. 专家参与管理

31. 根据《建筑法》有关规定，建筑工程总承包单位将建筑工程分包给其他单位的，分包单位应当接受 ( ) 的质量管理。

  A. 监理单位   B. 建设单位

  C. 总承包单位   D. 建设行政主管部门

32. 项目监理机构对施工单位申请的费用索赔事项进行审核并签署意见，经( )批准后方可作为支付索赔费用的依据。

  A. 总监理工程师   B. 法定代表人

  C. 建设单位   D. 技术负责人

33. 监理规划编制完成后，须经( )审核批准。

  A. 总监理工程师   B. 监理单位经营部门负责人

  C. 监理单位技术负责人   D. 监理单位负责人

34. 监理工作方法及措施中，根据措施实施时间不同，可将监理工作措施分为( )。

  A. 事前控制、事中控制、事后控制 B. 前馈控制、反馈控制

  C. 开环控制、闭环控制   D. 主动控制、被动控制

35. Project Controlling 与建设项目管理的相同点是( )。

  A. 工作内容相同   B. 控制原理相同

  C. 服务对象相同   D. 服务时间相同

36. ( ) 是指获得授权，定义一个新项目或现有项目的一个新阶段，正式开始该项目或阶段的一组过程。

  A. 启动过程组   B. 计划过程组

  C. 执行过程组   D. 监控过程组

37. 根据《建设工程安全生产管理条例》，下列达到一定规模的危险性较大的分部分项工

程中，应当由施工单位组织专家对其专项施工方案进行论证、审查的是（   ）。

    A. 脚手架工程
    B. 模板工程
    C. 地下暗挖工程
    D. 起重吊装工程

38. 最方便业主按设计阶段和施工阶段分别委托两家监理单位的是（   ）模式下的监理模式。

    A. 平行承发包
    B. 设计或施工总分包
    C. 项目总承包
    D. 项目总承包管理

39. 有权签发《工作联系单》的负责人不包括（   ）。

    A. 建设单位现场代表
    B. 施工单位项目技术负责人
    C. 工程监理单位项目总监理工程师
    D. 设计单位本工程设计负责人

40. 在工程施工阶段，可以通过模拟施工，事先发现施工过程中存在的问题，这体现了 BIM 的（   ）。

    A. 可视化
    B. 协调性
    C. 模拟性
    D. 优化性

41. 对建设工程档案编制质量的要求不包括（   ）。

    A. 工程文件的内容必须真实、准确，与工程实际相符
    B. 工程文件应字迹清楚、图样清晰，签字盖章手续完备
    C. 文件资料不能采用打印形式需使用档案规定用笔，手工签字
    D. 工程档案资料的缩微制品，必须按国家缩微标准制作

42. 下列监理工程师权利和义务中，属于监理工程师义务的是（   ）。

    A. 使用注册监理工程师的称谓
    B. 在本人执业活动所形成的工程监理文件上签字、加盖执业印章
    C. 保管和使用本人的注册证书和执业印章
    D. 依据本人能力从事相应的执业活动

43. 招股说明书属于（   ）。

    A. 要约
    B. 承诺
    C. 投标须知
    D. 要约邀请

44. 对于项目总承包模式，宜采用（   ）进行监理的监理委托模式。

    A. 委托 1 家监理单位
    B. 委托多家监理单位
    C. 分专业或阶段委托多家监理单位
    D. 根据项目的具体情况确定

45. 下列属于监理单位工程进度控制内容的是（   ）。

    A. 参加工程竣工验收
    B. 编写工程质量评估报告
    C. 对实际完成量与计划完成量进行比较分析
    D. 比较分析工程施工实际进度与计划进度，预测实际进度对工程总工期的影响

46. 根据《中华人民共和国建筑法》，实施建筑工程监理前，建设单位应当将委托的工程监理单位、监理的内容及监理（   ），书面通知被监理的建筑施工企业。

    A. 范围
    B. 任务
    C. 职责
    D. 权限

47. 下列属于监理工程师的常规工作方法的是( )。

    A. 支付控制手段   B. 监理通知

    C. 指令文件   D. 见证取样

48. 下列不属于项目监理机构的内部协调的是( )。

    A. 建立信息沟通制度

    B. 与政府建设行政主管机构的协调

    C. 及时交流信息、处理矛盾，建立良好的人际关系

    D. 明确监理人员分工及各自的岗位职责

49. 施工总分包模式的缺点之一是( )。

    A. 不利于质量控制   B. 不利于工期控制

    C. 总包报价可能提高   D. 不利于建设工程的组织管理

50. 建设工程监理平行承发包模式的缺点不包括( )。

    A. 合同数量少   B. 工程造价控制难度大

    C. 工程招标任务量大   D. 施工过程中设计变更和修改较多

二、多项选择题 (共 30 题，每题 2 分。每题的备选项中，有 2 个或 2 个以上符合题意，至少有 1 个错项。错选，本题不得分；少选，所选的每个选项得 0.5 分)

51. 建设工程监理活动要遵循综合效益的原则，其中综合效益是指( )。

    A. 业主的经济效益   B. 监理单位的经济效益

    C. 社会效益   D. 环境效益

    E. 承包商的经济效益

52. 《建设工程监理规范》规定，监理员应当履行的职责有( )。

    A. 负责专业的工程计量工作，审核工程计量的数据和原始凭证

    B. 检查施工单位投入工程的人力、主要设备的使用及运行状况

    C. 检查工序施工结果

    D. 负责本专业分项工程验收及隐蔽工程验收

    E. 发现施工作业中的问题，及时指出并向专业监理工程师报告

53. 下列工程文件中，建设单位和监理单位均应长期保存的监理文件有( )。

    A. 工程竣工总结   B. 质量评估报告

    C. 费用索赔报告及审批意见   D. 监理规划

    E. 分包单位资质材料

54. 下列关于建设工程三大目标控制技术措施的表述中，正确的有( )。

    A. 对多个可能的建设方案、施工方案等进行技术可行性分析

    B. 对施工组织设计、施工方案等进行审查、论证

    C. 技术措施必须与经济措施结合使用才能取得好的效果

    D. 采用工程网络计划技术、信息化技术等实施动态控制

    E. 对由于业主原因所导致的目标偏差，技术措施可能成为首选措施

55. 根据《建设工程安全生产管理条例》，工程施工单位应当在危险性较大的分部分项工程的施工组织设计中编制( )。

A. 施工总平面布置图　　　　　　　B. 安全技术措施

C. 专项施工方案　　　　　　　　　D. 临时用电方案

E. 施工总进度计划

56. 工程监理企业有下列（　　　）情形之一的，资质许可机关或者其上级机关，根据利害关系人的请求或者依据职权，可以撤销工程监理企业资质。

A. 超越法定职权作出准予工程监理企业资质许可的

B. 违反资质审批程序作出准予工程监理企业资质许可的

C. 资质许可机关工作人员滥用职权、玩忽职守作出准予工程监理企业资质许可的

D. 收受他人财物或其他好处的

E. 对不符合许可条件的申请人作出准予工程监理企业资质许可的

57. 下列各要素中，属于 Partnering 模式要素的有（　　　）。

A. 临时协议　　　　　　　　　　　B. 信任

C. 共享　　　　　　　　　　　　　D. 合作

E. 高层管理的参与

58. 分析论证建设工程总目标，应遵循下列（　　　）基本原则。

A. 确保建设工程质量目标符合工程建设强制性标准

B. 定性分析与定量分析相互独立

C. 定性分析与定量分析相结合

D. 不同建设工程三大目标具有相同的优先等级

E. 不同建设工程三大目标可具有不同的优先等级

59. 在施工阶段，项目监理机构与承包商的协调工作内容包括（　　　）。

A. 对承包商违约行为的处理

B. 合同争议的协调

C. 监督承包商及时报告安全事故

D. 对分包单位的管理

E. 与承包商项目经理关系的协调

60. 国家、省市重点工程项目或一些特大型、大型工程项目的（　　　），必须有地方城建档案管理部门参加。

A. 单机试车　　　　　　　　　　　B. 联合试车

C. 工程验收　　　　　　　　　　　D. 工程移交

E. 工程预验收

61. 重大工程和技术复杂工程的工程设计工作一般划分为（　　　）。

A. 专项施工方案设计　　　　　　　B. 初步设计阶段

C. 施工组织设计　　　　　　　　　D. 技术设计阶段

E. 施工图设计阶段

62. 下列工程监理企业资质标准中，属于专业乙级资质标准的有（　　　）。

A. 具有独立法人资格且注册资本不少于 300 万元

B. 企业技术负责人为注册监理工程师，并具有 10 年以上工程建设工作经历

C. 注册造价工程师不少于 2 人

D. 有必要的工程试验检测设备

E. 2 年内独立监理过 3 个以上相应专业三级工程项目

63. 注册监理工程师有下列（　　　）情形的，其注册证书和执业印章失效。

A. 聘用单位被吊销营业执照的

B. 聘用单位被吊销相应资质证书的

C. 已与聘用单位解除劳动关系的

D. 印章丢失的

E. 注册有效期满且未延期注册的

64. 监理工作目标通常以建设工程（　　　）目标的控制值来表示。

A. 工期　　　　　　　　　　　　B. 质量

C. 造价　　　　　　　　　　　　D. 进度

E. 安全

65. 工程监理企业经营活动准则中，工程监理企业要做到公平，必须做到（　　　）。

A. 要具有丰富的经验　　　　　　B. 要坚持实事求是

C. 要熟悉建设工程合同有关条款　D. 要提高专业技术能力

E. 要提高综合分析判断问题的能力

66. 下列不属于总监理工程师协调项目监理机构内部人际关系工作内容的有（　　　）。

A. 部门设置　　　　　　　　　　B. 人员安排

C. 工作委任　　　　　　　　　　D. 信息沟通

E. 绩效评价

67. 申请监理工程师执业资格注册的人员，不能获得注册的情形有（　　　）。

A. 不具备完全民事行为能力

B. 年龄超过 65 周岁

C. 同时注册于两个或两个以上单位

D. 在申报注册过程中有弄虚作假的行为

E. 受到刑事处罚，自刑事处罚执行完毕之日起至申请注册之日止不满 3 年

68. 《建设工程安全生产管理条例》规定，建设工程施工前，施工单位负责项目管理的技术人员应当对有关安全施工的技术要求向（　　　）作出详细说明。

A. 监理工程师　　　　　　　　　B. 施工作业班组

C. 施工作业人员　　　　　　　　D. 现场安全员

E. 现场技术员

69. 建设工程项目总承包管理模式的优缺点主要有（　　　）。

A. 有利于业主选择承包方　　　　B. 业主的组织协调工作量小

C. 总承包管理单位的风险较大　　D. 有利于进度控制

E. 有利于质量控制

70. 下列属于工程进度控制的经济措施的有（　　　）。

A. 达到建设单位特定质量目标要求的，按合同支付工程质量补偿金或奖金

B. 对工期提前者实行奖励

C. 及时进行计划费用与实际费用的分析比较

D. 对应急工程实行较高的计件单价

E. 确保资金的及时供应

71. 注册监理工程师的权利有(　　　)。

   A. 对本人执业活动进行解释和辩护　　　B. 努力提高执业水准

   C. 获得相应的劳动报酬　　　　　　　　D. 执行技术标准规范

   E. 使用本人的注册证书

72. 根据《建设工程质量管理条例》，承包单位向建设单位提交工程竣工验收报告时，应当向建设单位出具质量保修书，质量保修书中应明确建设工程的保修(　　　)等。

   A. 内容　　　　　　　　　　　　　　　B. 范围

   C. 期限　　　　　　　　　　　　　　　D. 效果

   E. 责任

73. 工程监理企业只能在核定的业务范围内开展经营活动，这里所指的业务范围是(　　　)。

   A. 工程等级　　　　　　　　　　　　　B. 工程类别

   C. 工程专业　　　　　　　　　　　　　D. 工程规模

   E. 工程性质

74. 下列关于定金的说法正确的有(　　　)。

   A. 债务人履行债务后，定金应当抵作价款或者收回

   B. 给付定金的一方不履行约定的债务的，无权要求返还定金

   C. 收受定金的一方不履行约定的债务的，应当双倍返还定金

   D. 当事人既约定违约金，又约定定金的，一方违约时，对方只能选择适用违约金条款

   E. 当事人既约定违约金，又约定定金的，一方违约时，对方可以选择适用违约金或者定金条款

75. 下列属于工程监理乙级企业资质标准的有(　　　)。

   A. 具有独立法人资格且注册资本不少于 100 万元

   B. 注册造价工程师不少于 1 人

   C. 申请工程监理资质之日前一年内没有因本企业监理责任造成重大质量事故

   D. 申请工程监理资质之日前两年内没有因本企业监理责任发生生产安全事故

   E. 企业技术负责人应为注册监理工程师，并具有 10 年以上从事工程建设工作的经历

76. 下列选项中，不属于注册监理工程师权利的有(　　　)。

   A. 使用注册监理工程师称谓

   B. 在规定范围内从事执业活动

   C. 保管和使用本人的注册证书和执业印章

   D. 在本人执业活动所形成的工程监理文件上签字、加盖执业印章

   E. 保守在执业中知悉的国家秘密和他人的商业、技术秘密

77. 下列属于要约失效的情形的有(　　　)。

   A. 要约人依法撤销要约

   B. 接受要约的通知到达要约人

C. 承诺期限届满，受要约人未作出承诺

D. 受要约人对要约的内容作出实质性变更

E. 要约人确定了承诺期限或者以其他形式明示要约不可撤销

78. 关于建筑工程质量管理的规定，下列叙述正确的有(   )。

A. 从事建筑活动的单位根据自愿原则，可以向国务院产品质量监督管理部门认可的认证机构申请质量体系认证

B. 建筑施工企业对工程的施工质量负责

C. 建筑施工企业可以修改工程设计

D. 建筑物在合理使用寿命内，必须确保地基基础工程和主体结构的质量

E. 某些单位和个人对建筑工程的质量事故、质量缺陷有权向建设行政主管部门进行检举、控告、投诉

79. 文件资料应采用耐久性强的 (   ) 书写材料。

A. 碳素墨水   B. 蓝黑墨水

C. 红色墨水   D. 纯蓝墨水

E. 圆珠笔

80. 下列建设工程监理组织协调方法中，不具有合同效力的有(   )。

A. 会议协调法   B. 交谈协调法

C. 书面协调法   D. 访问协调法

E. 情况介绍法

第六套模拟试卷参考答案、考点分析

一、单项选择题

1.【试题答案】D

【试题解析】本题考查重点是"《招标投标法实施条例》相关内容"。国有资金占控股或者主导地位的依法必须进行招标的项目，应当公开招标；但有下列情形之一的，可以邀请招标：①技术复杂、有特殊要求或者受自然环境限制，只有少量潜在投标人可供选择；②采用公开招标方式的费用占项目合同金额的比例过大。因此，本题的正确答案为D。

2.【试题答案】A

【试题解析】本题考查重点是"项目监理机构内部组织关系的协调"。项目监理机构内部组织关系的协调可从几个方面来进行：①在目标分解的基础上设置组织机构，根据工程对象及委托监理合同所规定的工作内容，设置配套的管理部门；②明确规定每个部门的目标、职责和权限，最好以规章制度的形式作出明文规定；③事先约定各个部门在工作中的相互关系；④建立信息沟通制度，例如，采用工作例会、发会议纪要、业务碰头会、工作流程图或信息传递卡等方式来沟通信息，这样可使局部了解全局，服从并适应全局需要；⑤及时消除工作中的矛盾或冲突。总监理工程师应采用民主的作风，注意从心理学、行为科学的角度激励各个成员的工作积极性；采用公开的信息政策，让大家了解建设工程实施情况、遇到的问题或危机；经常性地指导工作，和成员一起商讨遇到的问题，多倾听他们的意见、建议，鼓励大家同舟共济。因此，本题的正确答案为A。

3.【试题答案】D

【试题解析】本题考查重点是"建设工程监理主要方式——旁站的作用"。旁站是指项目监理机构对工程的关键部位或关键工序的施工质量进行的监督活动。关键部位、关键工序应根据工程类别、特点及有关规定确定。旁站是建设工程监理工作中用以监督工程质量的一种手段，可以起到及时发现问题、第一时间采取措施、防止偷工减料、确保施工工艺工序按施工方案进行、避免其他干扰正常施工的因素发生等作用。因此，本题的正确答案为D。

4.【试题答案】D

【试题解析】本题考查重点是"工程监理企业资质等级和业务范围"。工程监理企业综合资质标准如下：①具有独立法人资格且注册资本不少于600万元；②企业技术负责人应为注册监理工程师，并具有15年以上从事工程建设工作的经历或者具有工程类高级职称；③具有5个以上工程类别的专业甲级工程监理资质；④注册监理工程师不少于60人，注册造价工程师不少于5人，一级注册建造师、一级注册建筑师、一级注册结构工程师或者其他勘察设计注册工程师合计不少于15人次；⑤企业具有完善的组织结构和质量管理体系，有健全的技术、档案等管理制度；⑥企业具有必要的工程试验检测设备；⑦申请工程监理资质之日前一年内没有规定禁止的行为；⑧申请工程监理资质之日前一年内没有因本企业监理责任造成重大质量事故；⑨申请工程监理资质之日前一年内没有因本企业监理责任发生生产安全事故。因此，本题的正确答案为D。

5. 【试题答案】D

【试题解析】本题考查重点是"建设工程三大目标控制的任务和措施"。无论是对建设工程造价目标实施控制，还是对建设工程质量、进度目标实施控制，都离不开经济措施。经济措施不仅仅是审核工程量、工程款支付申请及工程结算报告，还需要编制和实施资金使用计划，对工程变更方案进行技术经济分析等。而且通过投资偏差分析和未完工程投资预测，可发现一些可能引起未完工程投资增加的潜在问题，从而便于以主动控制为出发点，采取有效措施加以预防。因此，本题的正确答案为D。

6. 【试题答案】B

【试题解析】本题考查重点是"建设工程监理的法律地位"。《建筑法》第三十二条规定："工程监理人员认为工程施工不符合工程设计要求、施工技术标准和合同约定的，有权要求建筑施工企业改正。""工程监理人员发现工程设计不符合建筑工程质量标准或者合同约定的质量要求的，应当报告建设单位要求设计单位改正。"因此，本题的正确答案为B。

7. 【试题答案】C

【试题解析】本题考查重点是"项目监理机构各类人员基本职责"。根据《建设工程监理规范》GB/T 50319—2013，总监理工程师应履行下列职责：①确定项目监理机构人员及其岗位职责；②组织编制监理规划，审批监理实施细则；③根据工程进展及监理工作情况调配监理人员，检查监理人员工作；④组织召开监理例会；⑤组织审核分包单位资格；⑥组织审查施工组织设计、（专项）施工方案；⑦审查开复工报审表，签发工程开工令、暂停令和复工令；⑧组织检查施工单位现场质量、安全生产管理体系的建立及运行情况；⑨组织审核施工单位的付款申请，签发工程款支付证书，组织审核竣工结算；⑩组织审查和处理工程变更；⑪调解建设单位与施工单位的合同争议，处理工程索赔；⑫组织验收分部工程，组织审查单位工程质量检验资料；⑬审查施工单位的竣工申请，组织工程竣工预验收，组织编写工程质量评估报告，参与工程竣工验收；⑭参与或配合工程质量安全事故的调查和处理；⑮组织编写监理月报、监理工作总结，组织质量监理文件资料。因此，本题的正确答案为C。

8. 【试题答案】B

【试题解析】本题考查重点是"CM模式的种类"。CM单位对设计单位没有指令权，只能向设计单位提出一些合理化建议。这一点同样适用于非代理型CM模式。这也是CM模式与全过程建设工程项目管理的重要区别。代理型CM模式中，CM单位通常是具有较丰富施工经验的专业CM单位或咨询单位。因此，本题的正确答案为B。

9. 【试题答案】B

【试题解析】本题考查重点是"项目投资决策审批制度"。根据《国务院关于投资体制改革的决定》，政府投资项目和非政府投资项目分别实行审批制、核准制或备案制。政府投资项目一般都要经过符合资质要求的咨询中介机构的评估论证，特别重大的项目还应实行专家评议制度。国家将逐步实行政府投资项目公示制度，以广泛听取各方面的意见和建议。对于企业不使用政府资金投资建设的项目，一律不再实行审批制，区别不同情况实行核准制或登记备案制。因此，本题的正确答案为B。

10. 【试题答案】B

【试题解析】本题考查重点是"建立项目监理机构的步骤"。监理单位在组建项目监理机构时，一般按以下步骤进行：①确定项目监理机构目标；②确定监理工作内容；③项目监理机构的组织结构设计；④制定工作流程和信息流程。因此，本题的正确答案为B。

11.【试题答案】A

【试题解析】本题考查重点是"建设工程监理合同及其特点"。建设工程监理合同是一种委托合同，除具有委托合同的共同特点外，还具有以下特点：①建设工程监理合同当事人双方应是具有民事权力能力和民事行为能力、具有法人资格的企事业单位及其他社会组织，个人在法律允许的范围内也可以成为合同当事人。接受委托的监理人必须是依法成立、具有工程监理资质的企业，其所承担的工程监理业务应与企业资质等级和业务范围相符合；②建设工程监理合同委托的工作内容必须符合法律法规、有关工程建设标准、工程设计文件、施工合同及物资采购合同。建设工程监理合同是以对建设工程项目目标实施控制并履行建设工程安全生产管理法定职责为主要内容，因此，建设工程监理合同必须符合法律法规和有关工程建设标准，并与工程设计文件、施工合同及材料设备采购合同相协调；③建设工程监理合同的标的是服务。工程建设实施阶段所签订的勘察设计合同、施工合同、物资采购合同、委托加工合同的标的物是产生新的信息成果或物质成果，而监理合同的履行不产生物质成果，而是由监理工程师凭借自己的知识、经验、技能受委托人委托为其所签订的施工合同、物资采购合同等的履行实施监督管理。因此，本题的正确答案为A。

12.【试题答案】B

【试题解析】本题考查重点是"《合同法》主要内容"。效力待定合同是指合同已经成立，但合同效力能否产生尚不能确定的合同。效力待定合同主要是由于当事人缺乏缔约能力、财产处分能力或代理人的代理资格和代理权限存在缺陷所造成的。效力待定合同包括：限制民事行为能力人订立的合同和无权代理人代订的合同。因此，本题的正确答案为B。

13.【试题答案】D

【试题解析】本题考查重点是"建设工程风险识别与评价"。建立初始清单有两种途径：一是参照保险公司或风险管理机构公布的潜在损失一览表，再结合某建设工程所面临的潜在损失，对一览表中的损失予以具体化，从而建立特定工程的风险一览表；二是通过适当的风险分解方式来识别风险。对于大型复杂工程，首先将其按单项工程、单位工程分解，再对各单项工程、单位工程分别从时间维、目标维和因素维进行分解，可以较容易地识别出建设工程主要的、常见的风险。因此，本题的正确答案为D。

14.【试题答案】A

【试题解析】本题考查重点是"建设工程监理基本表式"。建设工程监理合同签订后，工程监理单位法定代表人要通过《总监理工程师任命书》委派具有类似建设工程监理经验的注册监理工程师担任总监理工程师。《总监理工程师任命书》需要由工程监理单位法定代表人签字，并加盖单位公章。因此，本题的正确答案为A。

15.【试题答案】D

【试题解析】本题考查重点是"项目监理机构内部人际关系的协调"。项目监理机构是由人组成的工作体系，工作效率很大程度上取决于人际关系的协调程度，总监理工程师应首先抓好人际关系的协调，激励项目监理机构成员。做到：①在人员安排上要量才录用；②在工作委任上要职责分明；③在成绩评价上要实事求是；④在矛盾调解上要恰到好处。根据第②点可知，选项 D 符合题意。选项 A、B 均属于项目监理机构内部组织关系的协调工作。选项 C 属于项目监理机构内部需求关系的协调工作。因此，本题的正确答案为 D。

16.【试题答案】C

【试题解析】本题考查重点是"建设工程三大目标之间的关系"。在确定建设工程目标时，不能将投资、进度、质量三大目标割裂开来，分别孤立地分析和论证，更不能片面强调某一目标而忽视其对其他两个目标的不利影响，而必须将投资、进度、质量三大目标作为一个系统统筹考虑，反复协调和平衡，力求实现整个目标系统最优。因此，本题的正确答案为 C。

17.【试题答案】B

【试题解析】本题考查重点是"工程设计过程中的服务"。工程监理单位应依据设计合同及项目总体计划要求审查各专业、各阶段设计进度计划。审查内容包括：①计划中各个节点是否存在漏项；②出图节点是否符合建设工程总体计划进度节点要求；③分析各阶段、各专业工种设计工作量和工作难度，并审查相应设计人员的配置安排是否合理；④各专业计划的衔接是否合理，是否满足工程需要。因此，本题的正确答案为 B。

18.【试题答案】C

【试题解析】本题考查重点是"建设工程监理的法律地位"。《建设工程质量管理条例》第十二条规定："实行监理的建设工程，建设单位应当委托具有相应资质等级的工程监理单位进行监理，也可以委托具有工程监理相应资质等级并与被监理工程的施工承包单位没有隶属关系或者其他利害关系的该工程的设计单位进行监理。"因此，本题的正确答案为 C。

19.【试题答案】A

【试题解析】本题考查重点是"建设工程监理实施原则"。监理单位受业主委托对建设工程实施监理时，应遵守以下基本原则：①公正、独立、自主的原则；②权责一致的原则；③总监理工程师负责制的原则；④严格监理、热情服务的原则；⑤综合效益的原则。根据第②点可知，选项 A 符合题意。因此，本题的正确答案为 A。

20.【试题答案】A

【试题解析】本题考查重点是"监理大纲、监理规划和监理实施细则三者之间的关系"。建设工程监理工作文件是指监理单位投标时编制的监理大纲、监理合同签订以后编制的监理规划和专业监理工程师编制的监理实施细则。监理大纲、监理规划、监理实施细则是相互关联的，都是建设工程监理工作文件的组成部分，它们之间存在着明显的依据性关系：在编写监理规划时，一定要严格根据监理大纲的有关内容来编写；在制定监理实施细则时，一定要在监理规划的指导下进行。一般来说，监理单位开展监理活动应当编制以上工作文件。它们在制定的时间上具有先后顺序，依次为：监理大纲、监理规划、监理实施细则。因此，本题的正确答案为 A。

21.【试题答案】B

【试题解析】本题考查重点是"建设工程监理的合同管理——工程变更处理"。项目监理机构可按下列程序处理施工单位提出的工程变更：①总监理工程师组织专业监理工程师审查施工单位提出的工程变更申请，提出审查意见。对涉及工程设计文件修改的工程变更，应由建设单位转交原设计单位修改工程设计文件。必要时，项目监理机构应建议建设单位组织设计、施工等单位召开论证工程设计文件的修改方案的专题会议；②总监理工程师组织专业监理工程师对工程变更费用及工期影响作出评估；③总监理工程师组织建设单位、施工单位等共同协商确定工程变更费用及工期变化，会签工程变更单；④项目监理机构根据批准的工程变更文件监督施工单位实施工程变更。因此，本题的正确答案为 B。

22.【试题答案】C

【试题解析】本题考查重点是"工程监理企业资质申请与审批"。申请综合资质、专业甲级资质的，省、自治区、直辖市人民政府建设主管部门应当自受理申请之日起 20 日内初审完毕，并将初审意见和申请材料报国务院建设主管部门。国务院建设主管部门应当自省、自治区、直辖市人民政府建设主管部门受理申请材料之日起 60 日内完成审查，公示审查意见，公示时间为 10 日。其中，涉及铁路、交通、水利、通信、民航等专业工程监理资质的，由国务院建设主管部门送国务院有关部门审核。国务院有关部门应当在 20 日内审核完毕，并将审核意见报国务院建设主管部门。国务院建设主管部门根据初审意见审批。专业乙级、丙级资质和事务所资质由企业所在地省、自治区、直辖市人民政府建设主管部门审批。工程监理企业资质证书的有效期为 5 年。资质有效期届满，工程监理企业需要继续从事工程监理活动的，应当在资质证书有效期届满 60 日前，向企业所在地省级资质许可机关申请办理延续手续。对在资质有效期内遵守有关法律、法规、规章、技术标准，信用档案中无不良记录，且专业技术人员满足资质标准要求的企业，经资质许可机关同意，有效期延续 5 年。因此，本题的正确答案为 C。

23.【试题答案】B

【试题解析】本题考查重点是"监理的概念要点"。《中华人民共和国建筑法》明确规定，实行监理的建设工程，由建设单位委托具有相应资质条件的工程监理企业实施监理。建设工程监理只能由具有相应资质的工程监理企业来开展，建设工程监理的行为主体是工程监理企业，这是我国建设工程监理制度的一项重要的规定。所以，选项 A 的叙述是不正确的。《中华人民共和国建筑法》明确规定，建设单位与其委托的工程监理企业应当订立书面建设工程委托监理合同。也就是说，建设工程监理的实施需要建设单位的委托和授权。工程监理企业应根据委托监理合同和有关建设工程合同的规定实施监理。选项 C 中，建设工程监理的实施只需要建设单位的委托而不需要施工单位的认可。所以，选项 C 的叙述是不正确的。工程监理企业在委托监理的工程中拥有一定的管理权限，能够开展管理活动，是建设单位授权的结果。工程监理企业对哪些单位的哪些建设行为实施监理要根据有关建设工程合同的规定。所以，选项 B 的叙述是正确的。建设工程监理的依据包括：①工程建设文件；②有关的法律、法规、规章和标准、规范；③建设工程委托监理合同和有关的建设工程合同。所以，选项 D 的叙述是不正确的。因此，本题的正确答案为 B。

24.【试题答案】B

【试题解析】本题考查重点是"建设工程风险对策及监控"。损失控制是一种主动、积极的风险对策。损失控制可分为预防损失和减少损失两个方面。预防损失措施的主要作用在于降低或消除（通常只能做到降低）损失发生的概率，而减少损失措施的作用在于降低损失的严重性或遏制损失的进一步发展，使损失最小化。一般来说，损失控制方案都应当是预防损失措施和减少损失措施的有机结合。因此，本题的正确答案为B。

25.【试题答案】C

【试题解析】本题考查重点是"建设工程监理性质"。科学性是由建设工程监理的基本任务决定的。工程监理单位以协助建设单位实现其投资目的为己任，力求在计划目标内完成工程建设任务。由于工程建设规模日趋庞大，建设环境日益复杂，功能需求及建设标准越来越高，新技术、新工艺、新材料、新设备不断涌现，工程建设参与单位越来越多，工程风险日渐增加，工程监理单位只有采用科学的思想、理论、方法和手段，才能驾驭工程建设。为了满足建设工程监理实际工作需求，工程监理单位应由组织管理能力强、工程建设经验丰富的人员担任领导；应有足够数量的、有丰富管理经验和较强应变能力的注册监理工程师组成的骨干队伍；应有健全的管理制度、科学的管理方法和手段；应积累丰富的技术、经济资料和数据；应有科学的工作态度和严谨的工作作风，能够创造性地开展工作。因此，本题的正确答案为C。

26.【试题答案】D

【试题解析】本题考查重点是"建设工程监理的法律地位"。《建筑法》第三十二条规定："工程监理人员认为工程施工不符合工程设计要求、施工技术标准和合同约定的，有权要求建筑施工企业改正。""工程监理人员发现工程设计不符合建筑工程质量标准或者合同约定的质量要求的，应当报告建设单位要求设计单位改正。"因此，本题的正确答案为D。

27.【试题答案】B

【试题解析】本题考查重点是"监理规划主要内容——监理工作的范围、内容和目标"。监理工作范围是指工程监理单位所承担的建设工程监理任务，可能是全部工程项目，也可能是某单位工程，也可能是某专业工程，监理工作范围虽然已在建设工程监理合同中明确，但需要在监理规划中列明并作进一步说明。因此，本题的正确答案为B。

28.【试题答案】B

【试题解析】本题考查重点是"建设工程三大目标控制的任务和措施"。为了有效地控制建设工程项目目标，应从组织、技术、经济、合同等多方面采取措施。加强合同管理是控制建设工程目标的重要措施。建设工程总目标及分目标将反映在建设单位与工程参建主体所签订的合同之中。由此可见，通过选择合理的承发包模式和合同计价方式，选定满意的施工单位及材料设备供应单位，拟订完善的合同条款，并动态跟踪合同执行情况及处理好工程索赔等，是控制建设工程目标的重要合同措施。因此，本题的正确答案为B。

29.【试题答案】C

【试题解析】本题考查重点是"项目监理机构各类人员基本职责"。根据《建设工程监理规范》GB/T 50319—2013，专业监理工程师应履行下列职责：①参与编制监理规划，负责编制监理实施细则；②审查施工单位提交的涉及本专业的报审文件，并向总监理工程师报告；③参与审核分包单位资格；④指导、检查监理员工作，定期向总监理工程师报告本专业监理工作实施情况；⑤检查进场的工程材料、构配件、设备的质量；⑥验收检验批、隐蔽工程、分项工程，参与验收分部工程；⑦处置发现的质量问题和安全事故隐患；⑧进行工程计量；⑨参与工程变更的审查和处理；⑩组织编写监理日志，参与编写监理月报；⑪收集、汇总、参与整理监理文件资料；⑫参与工程竣工预验收和竣工验收。根据第

⑨点可知，选项 C 符合题意。选项 A、B 均属于总监理工程师的职责。选项 D 属于监理员的职责。因此，本题的正确答案为 C。

30. 【试题答案】B

【试题解析】本题考查重点是"直线制监理组织形式的优点"。直线制监理组织形式的主要优点是组织机构简单，权力集中，命令统一，职责分明，决策迅速，隶属关系明确。缺点是实行没有职能部门的"个人管理"，这就要求总监理工程师博晓各种业务，通晓多种知识技能，成为"全能"式人物。因此，本题的正确答案为 B。

31. 【试题答案】C

【试题解析】本题考查重点是"《建筑法》主要内容"。建筑工程实行总承包的，工程质量由工程总承包单位负责，总承包单位将建筑工程分包给其他单位的，应当对分包工程的质量与分包单位承担连带责任。分包单位应当接受总承包单位的质量管理。因此，本题的正确答案为 C。

32. 【试题答案】C

【试题解析】本题考查重点是"建设工程监理基本表式"。施工单位索赔工程费用时，需要向项目监理机构报送《费用索赔报审表》。项目监理机构对施工单位的申请事项进行审核并签署意见，经建设单位批准后方可作为支付索赔费用的依据。《费用索赔报审表》需要由总监理工程师签字，并加盖执业印章。因此，本题的正确答案为 C。

33. 【试题答案】C

【试题解析】本题考查重点是"监理规划编写要求"。监理规划应在签订建设工程监理合同及收到工程设计文件后由总监理工程师组织编制，并应在召开第一次工地会议 7 天前报建设单位。监理规划报送前还应由监理单位技术负责人审核签字。因此，监理规划的编写还要留出必要的审查和修改时间。为此，应当对监理规划的编写时间事先作出明确规定，以免编写时间过长，从而耽误监理规划对监理工作的指导，使监理工作陷于被动和无序。因此，本题的正确答案为 C。

34. 【试题答案】A

【试题解析】本题考查重点是"监理实施细则主要内容——监理工作方法及措施"。各专业工程的控制目标要有相应的监理措施以保证控制目标的实现。制定监理工作措施通常有两种方式：①根据措施实施内容不同，可将监理工作措施分为技术措施、经济措施、组织措施和合同措施；②根据措施实施时间不同，可将监理工作措施分为事前控制措施、事中控制措施及事后控制措施。因此，本题的正确答案为 A。

35. 【试题答案】B

【试题解析】本题考查重点是"Project Controlling 与建设项目管理的比较"。Project Controlling 与建设项目管理的相同点主要表现在：①工作属性相同，都属于工程咨询服务；②控制目标相同，都有控制项目的投资、进度和质量三大目标；③控制原理相同，都采用动态控制、主动控制与被动控制相结合并尽可能采用主动控制。所以，选项 B 符合题意。Project Controlling 与建设项目管理的不同之处主要表现在：①两者的服务对象不尽相同；②两者的地位不同；③两者的服务时间不尽相同；④两者的工作内容不同；⑤两者的权力不同。根据①、③、④可知，选项 A、C、D 均不符合题意。因此，本题的正确答案为 B。

36.【试题答案】A

【试题解析】本题考查重点是"PMBOK 总体框架的五个基本过程组"。PMBOK 将项目管理活动归结为五个基本过程组，即：启动、计划、执行、监控和收尾。项目作为临时性工作，必然以启动过程组开始，以收尾过程组结束。项目管理的集成化要求项目管理的监控过程组与其他过程组相互作用，形成一个整体。启动过程组是指获得授权，定义一个新项目或现有项目的一个新阶段，正式开始该项目或阶段的一组过程。因此，本题的正确答案为 A。

37.【试题答案】C

【试题解析】本题考查重点是"建设工程安全生产管理条例——施工单位的安全责任"。《建设工程安全生产管理条例》第二十六条规定，施工单位应当在施工组织设计中编制安全技术措施和施工现场临时用电方案，对下列达到一定规模的危险性较大的分部分项工程编制专项施工方案，并附具安全验算结果，经施工单位技术负责人、总监理工程师签字后实施，由专职安全生产管理人员进行现场监督：①基坑支护与降水工程；②土方开挖工程；③模板工程；④起重吊装工程；⑤脚手架工程；⑥拆除、爆破工程；⑦国务院建设行政主管部门或者其他有关部门规定的其他危险性较大的工程。对以上所列工程中涉及深基坑、地下暗挖工程、高大模板工程的专项施工方案，施工单位还应当组织专家进行论证、审查。因此，本题的正确答案为 C。

38.【试题答案】B

【试题解析】本题考查重点是"设计或施工总分包模式条件下的监理委托模式"。对设计或施工总分包模式，业主可以委托一家监理单位提供实施阶段全过程的监理服务也可以分别按照设计阶段和施工阶段分别委托监理单位。前者的优点是监理单位可以对设计阶段和施工阶段的工程投资、进度、质量控制统筹考虑，合理进行总体规划协调，更可使监理工程师掌握设计思路与设计意图，有利于施工阶段的监理工作。因此，本题的正确答案为 B。

39.【试题答案】B

【试题解析】本题考查重点是"建设工程监理基本表式"。工作联系单（C.0.1）用于项目监理机构与工程建设有关方（包括建设、施工、监理、勘察、设计等单位和上级主管部门）之间的日常工作联系。有权签发《工作联系单》的负责人有：建设单位现场代表、施工单位项目经理、工程监理单位项目总监理工程师、设计单位本工程设计负责人及工程项目其他参建单位的相关负责人等。因此，本题的正确答案为 B。

40.【试题答案】B

【试题解析】本题考查重点是"建设工程监理工作内容——建筑信息建模（BIM）"。BIM 具有可视化、协调性、模拟性、优化性、可出图性等特点。协调性。协调是工程建设实施过程中的重要工作。在通常情况下，工程实施过程中一旦遇到问题，就需将各有关人员组织起来召开协调会，找出问题发生的原因及解决办法，然后采取相应补救措施。应用 BIM 技术，可以将事后协调转变为事先协调。如在工程设计阶段，可应用 BIM 技术协调解决施工过程中建筑物内设施的碰撞问题。在工程施工阶段，可以通过模拟施工，事先发现施工过程中存在的问题。此外，还可对空间布置、防火分区、管道布置等问题进行协调处理。因此，本题的正确答案为 B。

41.【试题答案】C

【试题解析】本题考查重点是"建设工程监理文件资料组卷归档"。建设工程监理文件资料编制要求：①归档的文件资料一般应为原件；②文件资料的内容及其深度须符合国家有关工程勘察、设计、施工、监理等方面的技术规范、标准的要求；③文件资料的内容必须真实、准确，与工程实际相符；④文件资料应采用耐久性强的书写材料，如碳素墨水、蓝黑墨水，不得使用易褪色的书写材料，如：红色墨水、纯蓝墨水、圆珠笔、复写纸、铅笔等；⑤文件资料应字迹清楚，图样清晰，图表整洁，签字盖章手续完备；⑥文件资料中文字材料幅面尺寸规格宜为 A4 幅面（297mm×210mm）。纸张应采用能够长时间保存的韧力大、耐久性强的纸张；⑦文件资料的缩微制品，必须按国家缩微标准进行制作，主要技术指标（解像力、密度、海波残留量等）要符合国家标准，保证质量，以适应长期安全保管；⑧文件资料中的照片及声像档案，要求图像清晰，声音清楚，文字说明或内容准确；⑨文件资料应采用打印形式并使用档案规定用笔，手工签字，在不能使用原件时，应在复印件或抄件上加盖公章并注明原件保存处。应用计算机辅助管理建设工程监理文件资料时，相关文件和记录经相关负责人员签字确定、正式生效并已存入项目监理机构相关资料夹时，信息管理人员应将储存在计算机中的相应文件和记录的属性改为"只读"，并将保存的目录名记录在书面文件上，以便于进行查阅。在建设工程监理文件资料归档前，不得删除计算机中保存的有效文件和记录。根据第⑨点可知，选项 C 符合题意。因此，本题的正确答案为 C。

42.【试题答案】B

【试题解析】本题考查重点是"监理工程师义务"。监理工程师应当履行下列义务：①遵守法律、法规和有关管理规定；②履行管理职责，执行技术标准、规范和规程；③保证执业活动成果的质量，并承担相应责任；④接受继续教育，努力提高执业水准；⑤在本人执业活动所形成的工程监理文件上签字、加盖执业印章；⑥保守在执业中知悉的国家秘密和他人的商业、技术秘密；⑦不得涂改、倒卖、出租、出借或者以其他形式非法转让注册证书或者执业印章；⑧不得同时在两个或者两个以上单位受聘或者执业；⑨在规定的执业范围和聘用单位业务范围内从事执业活动；⑩协助注册管理机构完成相关工作。根据第⑤点可知，选项 B 符合题意。选项 A、C、D 均属于监理工程师应享有的权利。因此，本题的正确答案为 B。

43.【试题答案】D

【试题解析】本题考查重点是"《合同法》主要内容"。有些合同在要约之前还会有要约邀请。所谓要约邀请，是希望他人向自己发出要约的意思表示。要约邀请并不是合同成立过程中的必经过程，它是当事人订立合同的预备行为，这种意思表示的内容往往不确定，不含有合同得以成立的主要内容和相对人同意后受其约束的表示，在法律上无需承担责任。寄送的价目表、拍卖公告、招标公告、招股说明书、商业广告等为要约邀请。商业广告的内容符合要约规定的，视为要约。因此，本题的正确答案为 D。

44.【试题答案】A

【试题解析】本题考查重点是"工程总承包模式下建设工程监理委托方式"。在工程总承包模式下，建设单位一般应委托一家工程监理单位实施监理。在该委托方式下，监理工程师需具备较全面的知识，做好合同管理工作。因此，本题的正确答案为 A。

45. 【试题答案】D

【试题解析】本题考查重点是"《建设工程监理规范》GB/T 50319－2013 工程质量、造价、进度控制及安全生产管理的监理工作的主要内容"。工程进度控制包括：①审查施工单位报审的施工总进度计划和阶段性施工进度计划；②检查施工进度计划的实施情况；③比较分析工程施工实际进度与计划进度，预测实际进度对工程总工期的影响等。因此，本题的正确答案为 D。

46. 【试题答案】D

【试题解析】本题考查重点是"中华人民共和国建筑法——建筑工程监理"。《建筑法》第三十三条规定，实施建筑工程监理前，建设单位应当将委托的工程监理单位、监理的内容及监理权限，书面通知被监理的建筑施工企业。因此，本题的正确答案为 D。

47. 【试题答案】D

【试题解析】本题考查重点是"监理实施细则主要内容——监理工作方法及措施"。监理工程师通过旁站、巡视、见证取样、平行检测等监理方法，对专业工程作全面监控，对每一个专业工程的监理实施细则而言，其工作方法必须加以详尽阐明。除上述四种常规方法外，监理工程师还可采用指令文件、监理通知、支付控制手段等方法实施监理。因此，本题的正确答案为 D。

48. 【试题答案】B

【试题解析】本题考查重点是"监理规划主要内容——组织协调"。项目监理机构的内部协调：①总监理工程师牵头，做好项目监理机构内部人员之间的工作关系协调；②明确监理人员分工及各自的岗位职责；③建立信息沟通制度；④及时交流信息、处理矛盾，建立良好的人际关系。因此，本题的正确答案为 B。

49. 【试题答案】C

【试题解析】本题考查重点是"施工总分包模式的缺点"。施工总分包模式的缺点有：①建设周期较长。在设计和施工均采用总分包模式时，由于设计图纸全部完成后才能进行施工总包的招标，不仅不能将设计阶段与施工阶段搭接，而且施工招标需要的时间也较长；②总包报价可能较高。对于规模较大的建设工程来说，通常只有大型承建单位才具有总包的资格和能力，竞争相对不甚激烈；另一方面，对于分包出去的工程内容，总包单位都要在分包报价的基础上加收管理费向业主报价。根据第②点可知，选项 C 符合题意。施工总分包模式的优点包括：①有利于建设工程的组织管理；②有利于投资控制；③有利于质量控制；④有利于工期控制。所以，选项 A、B、D 均不符合题意。因此，本题的正确答案为 C。

50. 【试题答案】A

【试题解析】本题考查重点是"平行承发包模式下建设工程监理委托方式"。平行承发包模式是指建设单位将建设工程设计、施工及材料设备采购任务经分解后分别发包给若干设计单位、施工单位和材料设备供应单位，并分别与各承包单位签订合同的组织管理模式。平行承发包模式中，各设计单位、各施工单位、各材料设备供应单位之间的关系是平行关系。采用平行承发包模式，由于各承包单位在其承包范围内同时进行相关工作，有利于缩短工期、控制质量，也有利于建设单位在更广范围内选择施工单位。但该模式的缺点是：合同数量多，会造成合同管理困难；工程造价控制难度大，表现为：一是工程总价不易确定，影响工程造价控制的实施；二是工程招标任务量大，需控制多项合同价格，增加了工程造价控制难度；三是在施工过程中设计变更和修改较多，导致工程造价增加。因此，本题的正确答案为 A。

二、多项选择题

51. 【试题答案】ACD

【试题解析】本题考查重点是"建设工程监理实施原则"。综合效益的原则是指建设工程监理活动既要考虑建设单位的经济效益，也必须考虑与社会效益和环境效益的有机统一。建设工程监理活动虽经建设单位的委托和授权才得以进行，但监理工程师应首先严格遵守工程建设管理有关法律、法规及标准，既要对建设单位负责，谋求最大的经济效益，又要对国家和社会负责，取得最佳的综合效益。只有在符合宏观经济效益、社会效益和环境效益的条件下，业主投资项目的微观经济效益才能得以实现。因此，本题的正确答案为 ACD。

52. 【试题答案】BCE

【试题解析】本题考查重点是"建设工程监理规范——监理人员职责"。《建设工程监理规范》第 3.2.4 条规定，监理员应履行下列职责：①检查施工单位投入工程的人力、主要设备的使用及运行状况；②进行见证取样；③复核工程计量有关数据；④检查工序施工结果；⑤发现施工作业中的问题，及时指出并向专业监理工程师报告。所以，选项 B、C、E 符合题意。选项 A、D 均属于专业监理工程师的职责。因此，本题的正确答案为 BCE。

53. 【试题答案】ABC

【试题解析】本题考查重点是"监理文件档案资料归档"。建设单位和监理单位均应长期保存的监理文件有：①监理月报中的有关质量问题（建设单位长期保存，监理单位长期保存，送城建档案管理部门保存）；②监理会议纪要中的有关质量问题（建设单位长期保存，监理单位长期保存，送城建档案管理部门保存）；③进度控制：a. 工程开工/复工审批表（建设单位长期保存，监理单位长期保存，送城建档案管理部门保存）；b. 工程开工/复工暂停令（建设单位长期保存，监理单位长期保存，送城建档案管理部门保存）；④质量控制：a. 不合格项目通知（建设单位长期保存，监理单位长期保存，送城建档案管理部门保存）；b. 质量事故报告及处理意见（建设单位长期保存，监理单位长期保存，送城建档案管理部门保存）；⑤监理通知：a. 有关进度控制的监理通知（建设单位、监理单位长期保存）；b. 有关质量控制的监理通知（建设单位、监理单位长期保存）；c. 有关造价控制的监理通知（建设单位、监理单位长期保存）；⑥合同与其他事项管理：a. 费用索赔报告及审批（建设单位、监理单位长期保存）；b. 合同争议、违约报告及处理意见（建设单位永久保存，监理单位长期保存，送城建档案管理部门保存）；c. 合同变更材料（建设单位、监理单位长期保存，送城建档案管理部门保存）；⑦监理工作总结：a. 工程竣工总结（建设单位、监理单位长期保存，送城建档案管理部门保存）；b. 质量评估报告（建设单位、监理单位长期保存，送城建档案管理部门保存）。因此，选项 A、B、C 符合题意。监理规则由建设单位长期保存，监理单位短期保存，送城建档案管理部门保存。所以，选项 D 不符合题意。分包单位资质材料由建设单位长期保存。所以，选项 E 不符合题意。因此，本题的正确答案为 ABC。

54. 【试题答案】ABD

【试题解析】本题考查重点是"建设工程三大目标控制的任务和措施"。三大目标控制的技术措施。为了对建设工程目标实施有效控制，需要对多个可能的建设方案、施工方案等进行技术可行性分析。为此，需要对各种技术数据进行审核、比较，需要对施工组织设计、施工方案等进行审查、论证等。此外，在整个建设工程实施过程中，还需要采用工程网络计划技术、信息化技术等实施动态控制。因此，本题的正确答案为ABD。

55. 【试题答案】BCD

【试题解析】本题考查重点是"建设工程安全生产管理条例——施工单位的安全责任"。根据《建设工程安全生产管理条例》第二十六条的规定，施工单位应当在施工组织设计中编制安全技术措施和施工现场临时用电方案，对达到一定规模的危险性较大的分部分项工程编制专项施工方案，并附具安全验算结果，经施工单位技术负责人、总监理工程师签字后实施，由专职安全生产管理人员进行现场监督。因此，本题的正确答案为BCD。

56. 【试题答案】ABCE

【试题解析】本题考查重点是"工程监理企业监督管理"。工程监理企业有下列情形之一的，资质许可机关或者其上级机关，根据利害关系人的请求或者依据职权，可以撤销工程监理企业资质：①资质许可机关工作人员滥用职权、玩忽职守作出准予工程监理企业资质许可的；②超越法定职权作出准予工程监理企业资质许可的；③违反资质审批程序作出准予工程监理企业资质许可的；④对不符合许可条件的申请人作出准予工程监理企业资质许可的；⑤依法可以撤销资质证书的其他情形。以欺骗、贿赂等不正当手段取得工程监理企业资质证书的，应当予以撤销。所以，选项A、B、C、E符合题意，选项D不符合题意。因此，本题的正确答案为ABCE。

57. 【试题答案】BCD

【试题解析】本题考查重点是"Partnering模式的要素"。所谓Partnering模式的要素，是指保证这种模式成功运作所不可缺少的重要组成元素。可归纳为以下几点：①长期协议；②共享。是指建设工程参与各方的资源共享、工程实施产生的效益共享；同时，参与各方共同分担工程的风险和采用Partnering模式所产生的相应费用；③信任；④共同的目标；⑤合作。因此，本题的正确答案为BCD。

58. 【试题答案】ACE

【试题解析】本题考查重点是"建设工程三大目标的确定与分解"。建设工程总目标是建设工程目标控制的基本前提，也是建设工程监理成功与否的重要判据。确定建设工程总目标，需要根据建设工程投资方及利益相关者需求，并结合建设工程本身及所处环境特点进行综合论证。分析论证建设工程总目标，应遵循下列基本原则：①确保建设工程质量目标符合工程建设强制性标准；②定性分析与定量分析相结合；③不同建设工程三大目标可具有不同的优先等级。总之，建设工程三大目标之间密切联系、相互制约，需要应用多目标决策、多级梯阶、动态规划等理论统筹考虑、分析论证，努力在"质量优、投资省、工期短"之间寻求最佳匹配。因此，本题的正确答案为ACE。

59. 【试题答案】ABDE

【试题解析】本题考查重点是"施工阶段项目监理机构与承包商的协调工作内容"。施工阶段项目监理机构与承包商的协调工作内容包括：①与承包商项目经理关系的协调；

②进度问题的协调。有两项协调工作很有效：a. 业主和承包商双方共同商定一级网络计划，并由双方主要负责人签字，作为工程施工合同的附件；b. 设立提前竣工奖，由监理工程师按一级网络计划节点考核，分期支付阶段工期奖；③质量问题的协调；④对承包商违约行为的处理；⑤合同争议的协调；⑥对分包单位的管理；⑦处理好人际关系。因此，本题的正确答案为ABDE。

60.【试题答案】CE

【试题解析】本题考查重点是"建设工程档案的验收"。国家建设工程档案的验收明确规定，国家、省市重点工程项目或一些特大型、大型的工程项目的验收和预验收，必须有地方城建档案管理部门参加。因此，本题的正确答案为CE。

61.【试题答案】BDE

【试题解析】本题考查重点是"建设工程实施阶段的工作内容"。工程设计工作一般划分为两个阶段，即初步设计和施工图设计。重大工程和技术复杂工程，可根据需要增加技术设计阶段。因此，本题的正确答案为BDE。

62.【试题答案】BD

【试题解析】本题考查重点是"工程监理企业的资质等级标准"。乙级企业的专业资质等级标准包括：①具有独立法人资格且注册资本不少于100万元。所以，选项A不符合题意。选项A属于甲级企业的专业资质等级标准；②企业技术负责人应为注册监理工程师，并具有10年以上从事工程建设工作的经历。所以，选项B符合题意；③注册监理工程师、注册造价工程师、一级注册建造师、一级注册建筑师、一级注册结构工程师或者其他勘察设计注册工程师合计不少于15人次。其中，相应专业注册监理工程师不少于《专业资质注册监理工程师人数配备表》中要求配备的人数，注册造价工程师不少于1人。所以，选项C不符合题意；④有较完善的组织结构和质量管理体系，有技术、档案等管理制度；⑤有必要的工程试验检测设备。所以，选项D符合题意；⑥申请工程监理资质之日前一年内没有规定禁止的行为；⑦申请工程监理资质之日前一年内没有因本企业监理责任造成重大质量事故；⑧申请工程监理资质之日前一年内没有因本企业监理责任发生三级以上工程建设重大安全事故或者发生两起以上四级工程建设安全事故。选项E不属于专业乙级资质标准。因此，本题的正确答案为BD。

63.【试题答案】ABCE

【试题解析】本题考查重点是"监理工程师注册"。注册监理工程师有下列情形之一的，其注册证书和执业印章失效：①聘用单位破产的；②聘用单位被吊销营业执照的；③聘用单位被吊销相应资质证书的；④已与聘用单位解除劳动关系的；⑤注册有效期满且未延续注册的；⑥年龄超过65周岁的；⑦死亡或者丧失行为能力的；⑧其他导致注册失效的情形。因此，本题的正确答案为ABCE。

64.【试题答案】BCD

【试题解析】本题考查重点是"监理规划主要内容——监理工作的范围、内容和目标"。监理工作目标是指工程监理单位预期达到的工作目标。通常以建设工程质量、造价、进度三大目标的控制值来表示。在建设工程监理实际工作中，应进行工程质量、造价、进度目标的分解，运用动态控制原理对分解的目标进行跟踪检查，对实际值与计划值进行比较、分析和预测，发现问题时，及时采取组织、技术、经济和合同等措施进行纠偏和调整，以确保工程质量、造价、进度目标的实现。因此，本题的正确答案为 BCD。

65.【试题答案】BCDE

【试题解析】本题考查重点是"工程监理企业经营活动准则——公平"。公平，是指工程监理企业在监理活动中既要维护建设单位利益，又不能损害施工单位合法权益，并依据合同公平合理地处理建设单位与施工单位之间的争议。工程监理企业要做到公平，必须做到以下几点：①要具有良好的职业道德；②要坚持实事求是；③要熟悉建设工程合同有关条款；④要提高专业技术能力；⑤要提高综合分析判断问题的能力。因此，本题的正确答案为 BCDE。

66.【试题答案】AD

【试题解析】本题考查重点是"建设工程监理工作内容——项目监理机构组织协调内容"。项目监理机构是由工程监理人员组成的工作体系，工作效率在很大程度上取决于人际关系的协调程度。总监理工程师应首先协调好人际关系，激励项目监理机构人员。项目监理机构内部人际关系的协调包括：①在人员安排上要量才录用；②在工作委任上要职责分明；③在绩效评价上要实事求是；④在矛盾调解上要恰到好处。所以，选项 B、C、E 均属于总监理工程师协调项目监理机构内部人际关系的工作内容，不符合题意。选项 A、D 符合题意。因此，本题的正确答案为 AD。

67.【试题答案】ABCD

【试题解析】本题考查重点是"监理工程师注册"。注册申请人有下列情形之一，将不予初始注册、延续注册或者变更注册：①不具有完全民事行为能力；②刑事处罚尚未执行完毕或者因从事工程监理或者相关业务受到刑事处罚，自刑事处罚执行完毕之日起至申请注册之日止不满 2 年；③未达到监理工程师继续教育要求；④在两个或者两个以上单位申请注册；⑤以虚假的职称证书参加考试并取得资格证书；⑥年龄超过 65 周岁；⑦法律、法规规定不予注册的其他情形。根据第②点可知，选项 E 的叙述是不正确的。因此，本题的正确答案为 ABCD。

68.【试题答案】BC

【试题解析】本题考查重点是"《建设工程安全生产管理条例》相关内容"。施工单位应当设立安全生产管理机构，配备专职安全生产管理人员。建设工程施工前，施工单位负责项目管理的技术人员应当对有关安全施工的技术要求向施工作业班组、作业人员作出详细说明，并由双方签字确认。因此，本题的正确答案为 BC。

69.【试题答案】BCD

【试题解析】本题考查重点是"工程总承包模式下建设工程监理委托方式"。采用建设工程总承包模式，建设单位的合同关系简单，组织协调工作量小。由于工程设计与施工由一个承包单位统筹安排，一般能做到工程设计与施工的相互搭接，有利于控制工程进度，可缩短建设周期。通过统筹考虑工程设计与施工，可以从价值工程或全寿命期费用角度取得明显的经济效果，有利于工程造价控制。但该模式的缺点是：合同条款不易准确确定，容易造成合同争议。合同数量虽少，但合同管理难度一般较大，造成招标发包工作难度大；由于承包范围大，介入工程项目时间早，工程信息未知数多，总承包单位要承担较大风险；由于有工程总承包能力的单位数量相对较少，建设单位择优选择工程总承包单位的范围小；工程质量标准和功能要求不易做到全面、具体、准确，"他人控制"机制薄弱，使工程质量控制难度加大。所以，选项B、C、D符合题意。选项A、E叙述的均是平行承发包模式的优点。因此，本题的正确答案为BCD。

70.【试题答案】BDE

【试题解析】本题考查重点是"监理规划主要内容——工程进度控制"。工程进度控制的具体措施：①组织措施：落实进度控制的责任，建立进度控制协调制度；②技术措施：建立多级网络计划体系，监控施工单位的实施作业计划；③经济措施：对工期提前者实行奖励；对应急工程实行较高的计件单价；确保资金的及时供应等；④合同措施：按合同要求及时协调有关各方的进度，以确保建设工程的形象进度。因此，本题的正确答案为BDE。

71.【试题答案】ACE

【试题解析】本题考查重点是"注册监理工程师执业"。注册监理工程师享有下列权利：①使用注册监理工程师称谓；②在规定范围内从事执业活动；③依据本人能力从事相应的执业活动；④保管和使用本人的注册证书和执业印章；⑤对本人执业活动进行解释和辩护；⑥接受继续教育；⑦获得相应的劳动报酬；⑧对侵犯本人权利的行为进行申诉。所以，选项A、C、E符合题意。选项B、D均属于监理工程师的义务。因此，本题的正确答案为ACE。

72.【试题答案】BCE

【试题解析】本题考查重点是"建设工程质量管理条例——建设工程质量保修"。《建设工程质量管理条例》第三十九条规定，建设工程实行质量保修制度。建设工程承包单位在向建设单位提交工程竣工验收报告时，应当向建设单位出具质量保修书。质量保修书中应当明确建设工程的保修范围、保修期限和保修责任等。因此，本题的正确答案为BCE。

73.【试题答案】AB

【试题解析】本题考查重点是"工程监理企业经营活动准则——守法"。守法，即遵守法律法规。对于工程监理企业而言，守法就是要依法经营，主要体现在以下几个方面：①工程监理企业只能在核定的业务范围内开展经营活动。工程监理企业的业务范围，是指在资质证书中、经工程监理资质管理部门审查确认的主项资质和增项资质。核定的业务范围包括两方面：一是监理业务的工程类别；二是承接监理工程的等级；②工程监理企业不得伪造、涂改、出租、出借、转让、出卖《资质等级证书》；③工程监理企业应按照建设工程监理合同约定严格履行义务，不得无故或故意违背自己的承诺；④工程监理企业在异地承接监理业务，要自觉遵守工程所在地有关规定，主动向工程所在地建设主管部门备案登记，接受其指导和监督管理；⑤遵守有关法律法规规定。因此，本题的正确答案为AB。

74.【试题答案】ABCE

【试题解析】本题考查重点是"《合同法》主要内容"。当事人可以依照《担保法》约定一方向对方给付定金作为债权的担保。债务人履行债务后，定金应当抵作价款或者收回。给付定金的一方不履行约定的债务的，无权要求返还定金；收受定金的一方不履行约定的债务的，应当双倍返还定金。当事人既约定违约金，又约定定金的，一方违约时，对方可以选择使用违约金或者定金条款。因此，本题的正确答案为ABCE。

75.【试题答案】ABCE

【试题解析】本题考查重点是"工程监理企业资质等级和业务范围"。乙级企业资质标准：①具有独立法人资格且注册资本不少于 100 万元；②企业技术负责人应为注册监理工程师，并具有 10 年以上从事工程建设工作的经历；③注册监理工程师、注册造价工程师、一级注册建造师、一级注册建筑师、一级注册结构工程师或者其他勘察设计注册工程师合计不少于 15 人次。其中，相应专业注册监理工程师不少于要求配备的人数，注册造价工程师不少于 1 人；④有较完善的组织结构和质量管理体系，有技术、档案等管理制度；⑤有必要的工程试验检测设备；⑥申请工程监理资质之日前一年内没有规定禁止的行为；⑦申请工程监理资质之日前一年内没有因本企业监理责任造成重大质量事故；⑧申请工程监理资质之日前一年内没有因本企业监理责任发生生产安全事故。因此，本题的正确答案为 ABCE。

76.【试题答案】DE

【试题解析】本题考查重点是"注册监理工程师执业"。注册监理工程师享有下列权利：①使用注册监理工程师称谓；②在规定范围内从事执业活动；③依据本人能力从事相应的执业活动；④保管和使用本人的注册证书和执业印章；⑤对本人执业活动进行解释和辩护；⑥接受继续教育；⑦获得相应的劳动报酬；⑧对侵犯本人权利的行为进行申诉。所以，选项 A、B、C 均属于监理工程师的权利。注册监理工程师应当履行下列义务：①遵守法律、法规和有关管理规定；②履行管理职责，执行技术标准、规范和规程；③保证执业活动成果的质量，并承担相应责任；④接受继续教育，努力提高执业水准；⑤在本人执业活动所形成的建设工程监理文件上签字、加盖执业印章；⑥保守在执业中知悉的国家秘密和他人的商业、技术秘密；⑦不得涂改、倒卖、出租、出借或者以其他形式非法转让注册证书或者执业印章；⑧不得同时在两个或者两个以上单位受聘或者执业；⑨在规定的执业范围和聘用单位业务范围内从事执业活动；⑩协助注册管理机构完成相关工作。所以，选项 D、E 均属于监理工程师的义务。因此，本题的正确答案为 DE。

77.【试题答案】ACD

【试题解析】本题考查重点是"《合同法》主要内容——要约失效"。有下列情形之一的，要约失效：①拒绝要约的通知到达要约人；②要约人依法撤销要约；③承诺期限届满，受要约人未作出承诺；④受要约人对要约的内容作出实质性变更。因此，本题的正确答案为 ACD。

78.【试题答案】ABD

【试题解析】本题考查重点是"中华人民共和国建筑法——建筑工程质量管理"。国家对从事建筑活动的单位推行质量体系认证制度。从事建筑活动的单位根据自愿原则可以向国务院产品质量监督管理部门或者国务院产品质量监督管理部门授权的部门认可的认证机构申请质量体系认证。经认证合格的，由认证机构颁发质量体系认证证书。所以，选项 A 的叙述是正确的。建筑施工企业对工程的施工质量负责。建筑施工企业必须按照工程设计图纸和施工技术标准施工，不得偷工减料。工程设计的修改由原设计单位负责，建筑施工企业不得擅自修改工程设计。所以，选项 B 的叙述是正确的，选项 C 的叙述是不正确的。《中华人民共和国建筑法》第六十条规定，建筑物在合理使用寿命内，必须确保地基基础工程和主体结构的质量。建筑工程竣工时，屋顶、墙面不得留有渗漏、开裂等质量缺陷；对已发现的质量缺陷，建筑施工企业应当修复。所以，选项 D 的叙述是正确的。《中华人民共和国建筑法》第六十三条规定，任何单位和个人对建筑工程的质量事故、质量缺陷都有权向建设行政主管部门或者其他有关部门进行检举、控告、投诉。所以，选项 E 的叙述是不正确的。因此，本题的正确答案为 ABD。

79.【试题答案】AB

【试题解析】本题考查重点是"建设工程监理文件资料组卷归档"。建设工程监理文件资料编制要求：①归档的文件资料一般应为原件；②文件资料的内容及其深度须符合国家有关工程勘察、设计、施工、监理等方面的技术规范、标准的要求；③文件资料的内容必须真实、准确，与工程实际相符；④文件资料应采用耐久性强的书写材料，如碳素墨水、蓝黑墨水，不得使用易褪色的书写材料，如：红色墨水、纯蓝墨水、圆珠笔、复写纸、铅笔等；⑤文件资料应字迹清楚，图样清晰，图表整洁，签字盖章手续完备；⑥文件资料中文字材料幅面尺寸规格宜为 A4 幅面（297mm×210mm）。纸张应采用能够长时间保存的韧力大、耐久性强的纸张；⑦文件资料的缩微制品，必须按国家缩微标准进行制作，主要技术指标（解像力、密度、海波残留量等）要符合国家标准，保证质量，以适应长期安全保管；⑧文件资料中的照片及声像档案，要求图像清晰，声音清楚，文字说明或内容准确；⑨文件资料应采用打印形式并使用档案规定用笔，手工签字，在不能使用原件时，应在复印件或抄件上加盖公章并注明原件保存处。应用计算机辅助管理建设工程监理文件资料时，相关文件和记录经相关负责人员签字确定、正式生效并已存入项目监理机构相关资料夹时，信息管理人员应将储存在计算机中的相应文件和记录的属性改为"只读"，并将保存的目录名记录在书面文件上，以便于进行查阅。在建设工程监理文件资料归档前，不得删除计算机中保存的有效文件和记录。因此，本题的正确答案为 AB。

80.【试题答案】ABDE

【试题解析】本题考查重点是"建设工程监理工作内容——项目监理机构组织协调方法"。会议协调法是建设工程监理中最常用的一种协调方法，实践中常用的会议协调法包括第一次工地会议、监理例会、专业性监理会议等；交谈协调法，在实践中，并不是所有问题都需要开会来解决，有时可以采用"交谈"方法，无论是内部协调还是外部协调，交谈协调法的使用频率都是相当高的；书面协调法，当会议或者交谈不方便或不需要时，或者需要精确地表达自己的意见时，就会用到书面协调的方法，书面协调法的特点是具有合同效力。所以，选项 C 具有合同效力，不符合题意。因此，本题的正确答案为 ABDE。

第七套模拟试卷

一、单项选择题 （共 50 题，每题 1 分。每题的备选项中，只有 1 个最符合题意）

1. 根据《工程监理企业资质管理规定》，下列工程监理企业资质标准中，在综合资质、专业甲级、专业乙级和专业丙级要求中相同的是（　　）。

    A. 企业技术负责人应为注册监理工程师

    B. 企业技术负责人应具有工程类高级职称

    C. 注册资本不少于 300 万元

    D. 注册造价工程师不少于 1 人

2. 需经过总监理工程师审核签认后报送建设单位的用表是（　　）。

    A. 费用索赔审批表　　　　　　　　B. 工程款支付证书

    C. 工程临时延期审批表　　　　　　D. 工程暂停令

3. （　　）是指为完结所有项目管理过程组的所有活动，以正式结束项目或阶段而实施的一组过程。

    A. 收尾过程组　　　　　　　　　　B. 监控过程组

    C. 执行过程组　　　　　　　　　　D. 计划过程组

4. 根据《建筑法》，中止施工满一年的工程恢复施工时，施工许可证应由（　　）。

    A. 施工单位报发证机关核验

    B. 监理单位向发证机关提出核验

    C. 建设单位报发证机关核验

    D. 建设单位向发证机关提出核验

5. 关于建设工程三大目标之间对立关系的说法，正确的是（　　）。

    A. 提高项目功能，可能减少费用运行

    B. 缩短建设工期，可能提早发挥投资效益

    C. 提高工程质量，可能减少返工、保证建设工期

    D. 减少工程投资，可能会减低项目功能

6. 根据《注册监理工程师管理规定》，注册监理工程师享有的权利之一是（　　）。

    A. 在本人执业活动中形成的工程监理文件上签字、加盖执业印章

    B. 接受继续教育，努力提高执业水准

    C. 在规定的执业范围和聘用单位业务范围内从事执业活动

    D. 依据本人能力从事相应的执业活动

7. 根据《工程监理企业资质管理规定》，事务所资质的监理企业，合伙人中应有（　　）名以上注册监理工程师。

    A. 6　　　　　　　　　　　　　　　B. 5

    C. 4　　　　　　　　　　　　　　　D. 3

8. 根据《建筑法》，实施建设工程监理前，建设单位应当将（　　）书面通知被监理的建筑施工企业。

  A. 监理范围   B. 监理内容及监理权限

  C. 监理目标   D. 监理工作程序

9. 按国际上的理解，下列不属于咨询工程师的有（　　）。

  A. 造价员   B. 建筑师

  C. 监理工程师   D. 结构工程师

10. 采用 Partnering 模式时，建设工程参与各方的资源共享、工程实施产生的效益共享。这里，资源和效益的含义（　　）。

  A. 既包括有形的资源，也包括无形的效益

  B. 只包括有形的资源，不包括无形的效益

  C. 不包括有形的资源，但包括无形的效益

  D. 既不包括有形的资源，也不包括无形的效益

11. 施工单位未经批准擅自施工或拒绝项目监理机构管理时，总监理工程师应及时签发（　　）。

  A. 工程暂停令   B. 工作联系单

  C. 监理通知   D. 监理报告

12.《建设工程质量管理条例》规定，建设单位应当将施工图设计文件报（　　）审查，未经审查批准的施工图设计文件不得使用。

  A. 省级以上人民政府建设行政主管部门

  B. 县级以上人民政府建设行政主管部门

  C. 国家发改委

  D. 国务院

13. 下列关于监理合同生效说法错误的是（　　）。

  A. 建设工程监理合同属于无生效条件的委托合同

  B. 合同双方当事人依法订立后合同即生效

  C. 建设工程监理合同属于有生效条件的委托合同

  D. 委托人和监理人的法定代表人或其授权代理人在协议书上签字并盖单位章后合同生效

14. 建设工程风险按照风险来源进行划分可分为（　　）。

  A. 局部风险和总体风险

  B. 可管理风险和不可管理风险

  C. 建设单位的风险、设计单位的风险、施工单位的风险、工程监理单位的风险

  D. 自然风险、社会风险、经济风险、法律风险和政治风险

15. 因建设单位原因导致施工合同解除时，项目监理机构应按施工合同约定与建设单位和施工单位协商确定施工单位应得款项，并签发（　　）。

  A. 费用索赔报审表   B. 工程暂停令

  C. 工程款支付证书   D. 工程临时或最终延期报审表

16. 招标文件不包括（　　）。

A. 投标邀请函
B. 招标控制价
C. 评标办法
D. 技术标准和要求

17. 《建设工程质量管理条例》规定，建设工程发生质量事故，有关单位应当在（　　）小时内向当地建设行政主管部门和其他有关部门报告。

A. 1
B. 12
C. 24
D. 48

18. 编制工程质量评估报告的时间是（　　）。

A. 分部工程验收合格后
B. 工程竣工验收合格后
C. 工程竣工预验收合格后
D. 保修期过后

19. 建设工程监理的行为主体是（　　）。

A. 建设单位
B. 工程监理单位
C. 建设主管部门
D. 质量监督机构

20. 下列关于总监理工程师的说法错误的是（　　）。

A. 总监理工程师应由注册监理工程师担任
B. 一名注册监理工程师最多同时担任两项建设工程监理合同的总监理工程师
C. 一名注册监理工程师可担任一项建设工程监理合同的总监理工程师
D. 需要同时担任多项建设工程监理合同的总监理工程师时，应经建设单位书面同意

21. 关于建设工程档案质量要求和组卷方法的说法，正确是（　　）。

A. 所有竣工图均应加盖设计单位和施工单位的图章
B. 建设工程由多个单位工程组成时，工程文件应按形成单位组卷
C. 工程准备阶段的文件应包含施工文件、监理文件和竣工验收文件
D. 卷内文件既有文字材料又有图纸的案卷，应将文字材料排前，图纸排后

22. （　　）的决策是确定建设工程风险事件最佳对策组合的过程。

A. 风险识别
B. 风险对策的决策
C. 风险分析与评价
D. 风险对策的实施

23. 下列不属于注册监理工程师业务范围的是（　　）。

A. 工程监理
B. 工程经济与技术咨询
C. 工程设计
D. 工程招标与采购咨询

24. 工程监理企业应当由足够数量的有丰富管理经验和应变能力的监理工程师组成骨干队伍，这是建设工程监理（　　）的具体表现。

A. 服务性
B. 科学性
C. 独立性
D. 公正性

25. 注册监理工程师变更注册不需要提交的材料是（　　）。

A. 申请人注册有效期内达到继续教育要求的证明材料
B. 申请人变更注册申请表
C. 申请人的工作调动证明
D. 申请人与新聘用单位签订的聘用劳动合同复印件

26. 委托工程监理是业主在工程（　　）阶段的工作。

A. 设计
B. 施工安装

C. 建设准备 D. 生产准备

27. 工程监理企业专业资质标准中，可设立甲、乙、丙级的工程类别是（　　）。

A. 公路工程 B. 电力工程

C. 矿山工程 D. 通信工程

28. （　　）是风险管理的首要步骤，是指通过一定的方式，系统而全面地识别影响建设工程目标实现的风险事件并加以适当归类的过程。

A. 风险分析与评价 B. 风险对策的决策

C. 风险识别 D. 风险对策的实施

29. 如果监理工程师与建设单位或施工企业串通，弄虚作假、降低工程质量，从而引发安全事故，则（　　）。

A. 监理工程师承担责任，质量、安全事故责任主体不承担责任

B. 监理工程师不承担责任，质量、安全事故责任主体承担责任

C. 监理工程师应当与质量、安全事故责任主体平均分担责任

D. 监理工程师应当与质量、安全事故责任主体承担连带责任

30. 《施工组织设计或（专项）施工方案报审表》需要由（　　）签字，并加盖执业印章。

A. 专业监理工程师 B. 总监理工程师代表

C. 总监理工程师 D. 建设单位代表

31. 如果初步设计提出的总概算超过可行性研究报告中总投资估算的 10％以上，应当重新（　　）。

A. 编制项目建议书 B. 编制可行性研究报告

C. 评估可行性研究报告 D. 向原审批单位报批可行性研究报告

32. 从业主的角度，关于项目总承包管理模式特点的说法，正确的是（　　）。

A. 合同关系简单，故合同管理难度较小

B. 合同关系简单，但合同管理难度较大

C. 合同关系复杂，故合同管理难度较大

D. 合同关系复杂，但合同管理难度较小

33. 列入城建档案管理部门档案接收范围的工程，建设单位应当在工程竣工验收后（　　）个月内，向当地城建档案管理部门移交一套符合规定的工程档案。

A. 3 B. 6

C. 9 D. 12

34. 下列选项中，不属于构成我国建设工程管理制度体系的是（　　）。

A. 项目法人责任制 B. 工程招标投标制

C. 建设工程监理制 D. 总监理工程师负责制

35. 《建设工程质量管理条例》规定，监理单位代表（　　）对施工质量实施监理，并对施工质量承担监理责任。

A. 政府机关 B. 建设单位

C. 设计单位 D. 建设行政主管部门

36. 下列建设工程监理委托模式中，要求监理单位具有较强的合同管理与组织协调能力的是（　　）。

A. 在采用设计或施工总分包模式时，建设单位委托一家监理单位提供实施阶段全过程的监理服务

B. 在采用设计或施工总分包模式时，建设单位按照设计阶段和施工阶段分别委托监理单位提供监理服务

C. 在采用平行承发包模式时，建设单位委托多家监理单位提供监理服务

D. 在采用平行承发包模式时，业主委托一家监理单位提供监理服务

37. 依据《建设工程质量管理条例》，施工单位在进行下一道工序的施工前需经（　　）签字。

    A. 项目负责人   B. 建造师

    C. 监理工程师   D. 监理员

38. 对通用条件中的某些条款进行补充、修改属于（　　）的内容。

    A. 协议书   B. 投标文件

    C. 中标通知书   D. 专用条件

39. 工程监理企业要有科学的工作态度和严谨的工作作风，能够创造性地开展工作，这是建设工程监理（　　）的表现。

    A. 服务性   B. 科学性

    C. 独立性   D. 公正性

40. 工程监理企业组织形式中，有限责任公司中经理由（　　）决定聘任或者解聘。

    A. 股东会   B. 监事会

    C. 董事会   D. 项目监理机构

41. （　　）是指完成项目计划中确定的工作以实现项目目标的一组过程。

    A. 启动过程组   B. 计划过程组

    C. 执行过程组   D. 监控过程组

42. （　　）应投保现场监理人员的意外伤害保险。

    A. 业主   B. 监理人

    C. 施工方   D. 设计方

43. 下列要求中，不属于监理工作规范化要求的是（　　）。

    A. 工作的时序性   B. 职责分工的严密性

    C. 完成目标的准确性   D. 工作目标的确定性

44. 随着建设工程的展开，要对监理规划进行补充、修改和完善。这是编写监理规划应满足（　　）的要求。

    A. 要把握工程项目运行脉搏   B. 具体内容具有针对性

    C. 基本构成内容应力求统一   D. 分阶段编制完成

45. 直接调动和组织人力、财力和物力等具体活动内容，是组织结构中（　　）的任务。

    A. 决策层   B. 协调层

    C. 执行层   D. 操作层

46. 在监理实施过程中，当专业监理工程师需要调整时，总监理工程师应当书面通知（　　）。

    A. 建设单位   B. 承包单位

C. 监理单位   D. 工程总承包单位

47. 下列关于工程承发包模式优点的说法中，属于建设工程总承包模式优点的是（   ）。

    A. 有利于工程造价控制   B. 有利于质量控制

    C. 有利于业主选择承包商   D. 招标发包工作难度小

48. 某城市污水处理工程的建筑安装工程费为 2500 万元，设备购置费为 1100 万元。依据《建设工程监理范围和规模标准规定》，该工程（   ）。

    A. 可以不实行监理   B. 必须实行监理

    C. 仅建筑安装工程实行监理   D. 设备制造实行监理

49. 对不适于招标发包的建筑工程，可以（   ）发包。

    A. 不必   B. 直接

    C. 委托监理单位   D. 委托国家建设行政主管部门

50. Project Controlling 与建设项目管理的相同点是（   ）。

    A. 服务对象相同   B. 控制目标相同

    C. 服务时间相同   D. 工作内容相同

二、多项选择题（共 30 题，每题 2 分。每题的备选项中，有 2 个或 2 个以上符合题意，至少有 1 个错项。错选，本题不得分；少选，所选的每个选项得 0.5 分）

51. 《建设工程监理规范》规定，监理实施细则编写依据包括（   ）。

    A. 已批准的建设工程监理规划

    B. 施工组织设计文件

    C. 与专业工程相关的标准、设计文件和技术资料

    D. 建设工程设计文件

    E. 施工组织设计、（专项）施工方案

52. 关于 Partnering 模式下 Partnering 协议的说法，正确的有（   ）。

    A. Partnering 协议由工程参与各方共同签署

    B. Partnering 协议的参与者须一次性到位

    C. Partnering 协议应由业主起草

    D. Partnering 协议与工程合同是完全不同的文件

    E. Partnering 模式提出后须立即签订 Partnering 协议

53. 项目监理机构人员数量的确定方法步骤包括（   ）。

    A. 项目监理机构人员需要量定额

    B. 确定工程建设强度

    C. 确定工程复杂程度

    D. 根据工程投资和工程工期套用监理人员需要量定额

    E. 根据实际情况确定监理人员数量

54. 建设项目董事会的职权包括（   ）。

    A. 负责筹措建设资金   B. 负责提出开工报告

    C. 负责控制工程投资、工期和质量   D. 负责生产准备和培训人员

    E. 负责提出项目竣工验收申请报告

55. 监理工作完成后，向建设单位提交的监理工作总结的主要内容包括（　　）。

　　A. 建设工程监理合同履行情况概述

　　B. 监理任务或监理目标完成情况评价

　　C. 表明工程监理工作终结的说明

　　D. 工程监理工作的成效和经验

　　E. 由建设单位提供的供项目监理机构使用的办公用房、车辆、试验设施等的清单

56. 工程监理企业经营活动准则包括（　　）。

　　A. 守法　　　　　　　　　　　B. 诚信

　　C. 公平　　　　　　　　　　　D. 科学

　　E. 公正

57. 建设工程档案移交应符合的要求包括（　　）。

　　A. 列入城建档案管理部门接收范围的工程，建设单位在工程竣工验收后 3 个月内向城建档案管理部门移交一套符合规定的工程档案

　　B. 停建、缓建工程的工程档案，暂由建设单位保管

　　C. 建设单位向城建档案管理部门移交工程档案时，应办理移交手续，填写移交目录，双方签字、盖章后交接

　　D. 对改建、扩建和维修工程，由建设单位修改和完善工程档案

　　E. 建设单位在组织工程竣工验收前，应向城建档案管理部门移交工程档案，办理移交手续

58. 工程项目监理中，总监理工程师主要承担（　　）职责。

　　A. 检查监督监理人员的工作

　　B. 检查施工单位的工艺过程或施工工序

　　C. 审核工程计量的数据和原始凭证

　　D. 主持或参与工程质量事故的调查

　　E. 审核签认分部工程和单位工程的质量检验评定资料

59. 根据《建设工程监理规范》规定，监理实施细则的主要内容有（　　）。

　　A. 专业工程特点　　　　　　　B. 监理工作方法及措施

　　C. 监理工作流程　　　　　　　D. 监理工作控制要点

　　E. 监理工作制度

60. BIM 在工程项目管理中的应用范围包括（　　）方面。

　　A. 可视化模型建立　　　　　　B. 管线综合

　　C. 4D 虚拟施工　　　　　　　D. 成本核算

　　E. 3D 虚拟施工

61. 监理合同终止的条件有（　　）。

　　A. 工程竣工并移交

　　B. 监理人完成合同约定的全部工作

　　C. 施工单位办理完竣工结算

　　D. 委托人与监理人结清并支付全部酬金

　　E. 施工单位保修期结束

62. 监理规划组织协调中的协调工作程序包括( )。

    A. 工程质量控制协调程序   B. 工程造价控制协调程序

    C. 工程内部控制协调程序   D. 工程进度控制协调程序

    E. 工程外部控制协调程序

63. 工程建设参与各方通用的监理工作表格包括( )。

    A. 工程临时延期申请表   B. 工程材料报审表

    C. 监理工作联系单   D. 费用索赔审批表

    E. 工程变更单

64. 项目法人的工作内容包括( )。

    A. 项目用地预审   B. 项目资金筹措

    C. 项目环评审查   D. 项目建设实施

    E. 项目债务偿还

65. 总监理工程师负责制原则的内涵包括( )。

    A. 总监理工程师是工程监理的责任主体

    B. 总监理工程师是工程监理的权力主体

    C. 总监理工程师是工程监理的质量主体

    D. 总监理工程师是工程监理的造价主体

    E. 总监理工程师是工程监理的利益主体

66. 风险识别的主要内容有( )。

    A. 识别引起风险的主要因素   B. 识别风险的影响范围

    C. 识别风险的性质   D. 识别风险的来源

    E. 识别风险可能引起的后果

67. 下列资料管理职责中,属于监理单位管理职责的有( )。

    A. 收集和整理工程准备阶段形成的工程文件

    B. 应建立和完善监理文件资料管理制度,宜设专人管理监理文件资料

    C. 应及时整理、分类汇总监理文件资料,并按规定组卷,形成监理档案

    D. 请当地城建档案管理部门对工程档案进行验收

    E. 收集整理工程竣工验收阶段形成的工程文件

68. 有关合同管理制与工程监理制的关系,下列说法中正确的有( )。

    A. 合同管理制是实行工程监理制的重要保证

    B. 合同管理制是实行工程监理制的重要前提

    C. 工程监理制是落实合同管理制的重要保障

    D. 工程监理制是落实合同管理制的必要条件

    E. 工程监理制是落实合同管理制的首要条件

69. 实施建设项目法人责任制的情况下,项目总经理的职权包括( )。

    A. 负责筹措建设资金

    B. 组织工程建设实施

    C. 负责生产准备工作和培训人员

    D. 负责提出项目竣工验收申请报告

E. 编制并组织实施归还贷款和其他债务计划

70. 根据《建筑法》，申请领取施工许可证，应当具备的条件有（   ）。

A. 已经办理该建筑工程用地批准手续

B. 有满足施工需要的施工图纸及技术资料

C. 开工需要的资金已落实

D. 已经确定工程监理单位

E. 有保证工程质量和安全的具体措施

71. 监理例会会议纪要由项目监理机构根据会议记录整理，主要内容包括（   ）。

A. 会议地点及时间

B. 与会人员姓名、单位、职务

C. 会议主要内容、决议事项

D. 负责落实单位、负责人和时限要求

E. 与会议各方代表会签

72. 下列属于组织协调中交谈协调的有（   ）。

A. 面谈   B. 通知书

C. 电话   D. 网络

E. 月报

73. 依据《国务院关于投资体制改革的决定》，对于企业不使用政府资金投资建设的项目实行（   ）。

A. 审批制   B. 核准制

C. 备案制   D. 公示制

E. 招标制

74. 《中华人民共和国建筑法》规定，工程监理单位（   ），给建设单位造成损失的，应当承担相应的赔偿责任。

A. 不按照委托监理合同的约定履行监理义务

B. 不按照监理规划实施监理

C. 对应当监督检查的项目不检查

D. 对应当监督检查的项目不按照规定检查

E. 应当查出而尚未查出质量问题

75. 实施建设工程监理和编制监理规划共同的依据有（   ）。

A. 施工组织设计   B. 工程建设法律法规

C. 工程建设文件   D. 建设工程合同

E. 监理合同

76. 监理实施细则中，专业工程特点应从专业工程施工的（   ）进行有针对性的阐述。

A. 重点和难点   B. 施工工艺

C. 施工工序   D. 工程概况

E. 施工范围和施工顺序

77. 根据《建设工程质量管理条例》，关于施工单位的质量责任和义务的说法，正确的有（   ）。

A. 施工单位应当依法取得相应等级的资质证书，在其资质等级许可范围内承揽工程

B. 总承包单位与分包单位对分包工程的质量承担连带责任

C. 施工单位在施工过程中发现设计文件和图纸有差错的，应及时要求设计单位改正

D. 施工单位对建筑材料、设备进行检验，须有书面记录并经项目经理或技术负责人签字

E. 施工单位对施工中出现质量问题的建设工程或竣工验收不合格的工程，应负责返修

78. 关于 Partnering 协议的说法，正确的有（　　　）。

A. Partnering 协议由业主与施工单位双方签署

B. Partnering 协议签订时间可能迟于提出 Partnering 模式的时间

C. Partnering 协议应采用标准、统一的格式

D. Partnering 协议不是法律意义上的合同

E. Partnering 协议通常由施工单位作为起草方

79. 下列建设工程监理性质中，体现了科学性的有（　　　）。

A. 当建设单位与施工单位发生利益冲突或者矛盾时，工程监理单位应以事实为依据，以法律和有关合同为准绳

B. 应积累丰富的技术、经济资料和数据

C. 工程监理的服务对象是建设单位，但不能完全取代建设单位的管理活动

D. 工程监理单位应当由组织管理能力强、工程建设经验丰富的人员担任领导

E. 应当有足够数量的、有丰富的管理经验和较强应变能力的注册监理工程师组成的骨干队伍

80. 依据《建设工程监理范围和规模标准规定》，利用外国政府或者国际组织贷款、援助资金的工程范围包括（　　　）。

A. 使用世界银行、亚洲开发银行等国际组织贷款资金的项目

B. 使用国外政府及其机构贷款资金的项目

C. 使用我国福利机构援助资金的项目

D. 使用我国驻外大使馆组织援助资金的项目

E. 使用国际红十字会组织援助资金的项目

第七套模拟试卷参考答案、考点分析

一、单项选择题

1.【试题答案】A

【试题解析】本题考查重点是"工程监理企业的资质等级标准"。根据《工程监理企业资质管理规定》的规定，在综合资质、专业甲级、专业乙级和专业丙级的标准中，企业技术负责人都应为注册监理工程师，但要求的职称不同，综合资质标准和专业甲级标准的注册监理工程师应具有 15 年以上从事工程建设工作的经历或者具有工程类高级职称，专业乙级的注册监理工程师应具有 10 年以上从事工程建设工作的经历，专业丙级的注册监理工程师应具有 8 年以上从事工程建设工作的经历。所以，选项 A 符合题意，选项 B 不符合题意。选项 C 中：综合资质的注册资本不得少于 600 万元，甲级的注册资本不少于 300 万元，乙级的注册资本不少于 100 万元，丙级的注册资本不少于 50 万元。所以，选项 C 不符合题意。选项 D 中：①综合资质注册监理工程师不少于 60 人，注册造价工程师不少于 5 人，一级注册建造师、一级注册建筑师、一级注册结构工程师及其他勘察设计注册工程师累计不少于 15 人次；②甲级注册监理工程师、注册造价工程师、一级注册建造师、一级注册建筑师、一级注册结构工程师或者其他勘察设计注册工程师合计不少于 25 人次；其中，相应专业注册监理工程师不少于《专业资质注册监理工程师人数配备表》中要求配备的人数，注册造价工程师不少于 2 人；③乙级注册监理工程师、注册造价工程师、一级注册建造师、一级注册建筑师、一级注册结构工程师或者其他勘察设计注册工程师合计不少于 15 人次。其中，相应专业注册监理工程师不少于《专业资质注册监理工程师人数配备表》中要求配备的人数，注册造价工程师不少于 1 人；④丙级相应专业的注册监理工程师不少于《专业资质注册监理工程师人数配备表》中要求配备的人数。所以，选项 D 不符合题意。因此，本题的正确答案为 A。

2.【试题答案】B

【试题解析】本题考查重点是"监理单位用表——工程款支付证书（B3）"。工程款支付证书（B3）为项目监理部收到承包单位报送的"工程款支付申请表"（A5）后用于批复用表。它由各专业监理工程师按照施工合同进行审核，及时抵扣工程预付款后，确认应该支付工程款的项目及款额，提出意见，经过总监理工程师审核签认后，报送建设单位，作为支付的证明，同时批复给承包单位。因此，本题的正确答案为 B。

3.【试题答案】A

【试题解析】本题考查重点是"PMBOK 总体框架的五个基本过程组"。PMBOK 将项目管理活动归结为五个基本过程组，即：启动、计划、执行、监控和收尾。项目作为临时性工作，必然以启动过程组开始，以收尾过程组结束。项目管理的集成化要求项目管理的监控过程组与其他过程组相互作用，形成一个整体。收尾过程组是指为完结所有项目管理过程组的所有活动，以正式结束项目或阶段而实施的一组过程。因此，本题的正确答案为 A。

4.【试题答案】C

【试题解析】本题考查重点是"中华人民共和国建筑法——建筑工程施工许可"。《建筑法》第十条规定，在建的建筑工程因故中止施工的，建设单位应当自中止施工之日起1个月内，向发证机关报告，并按照规定做好建筑工程的维护管理工作。建筑工程恢复施工时，应当向发证机关报告；中止施工满一年的工程恢复施工前，建设单位应当报发证机关核验施工许可证。因此，本题的正确答案为C。

5.【试题答案】D

【试题解析】本题考查重点是"建设工程三大目标之间的对立关系"。建设工程三大目标之间的对立关系比较直观，易于理解。一般来说，如果对建设工程的功能和质量要求较高，就需要采用较好的工程设备和建筑材料，就需要投入较多的资金；同时，还需要精工细作，严格管理，不仅增加人力的投入（人工费相应增加），而且需要较长的建设时间。所以，选项A、C的叙述均是不正确的。如果要加快进度，缩短工期，则需要加班加点或适当增加施工机械和人力，这将直接导致施工效率下降，单位产品的费用上升，从而使整个工程的总投资增加；另一方面，加快进度往往会打乱原有的计划，使建设工程实施的各个环节之间产生脱节现象，增加控制和协调的难度，不仅有时可能"欲速不达"，而且会对工程质量带来不利影响或留下工程质量隐患。所以，选项B的叙述是不正确的。如果要降低投资，就需要考虑降低功能和质量要求，采用较差或普通的工程设备和建筑材料；同时，只能按费用最低的原则安排进度计划，整个工程需要的建设时间就较长。所以，选项D的叙述是正确的。因此，本题的正确答案为D。

6.【试题答案】D

【试题解析】本题考查重点是"注册监理工程师享有的权利"。根据《注册监理工程师管理规定》的规定，监理工程师一般享有的权利包括：①使用注册监理工程师称谓；②在规定范围内从事执业活动；③依据本人能力从事相应的执业活动；④保管和使用本人的注册证书和执业印章；⑤对本人执业活动进行解释和辩护；⑥接受继续教育；⑦获得相应的劳动报酬；⑧对侵犯本人权利的行为进行申诉。根据第③点可知，选项D符合题意。选项A、B、C均属于监理工程师应履行的义务。监理工程师应履行的义务有以下几方面：①遵守法律、法规和有关管理规定；②履行管理职责，执行技术标准、规范和规程；③保证执业活动成果的质量，并承担相应责任；④接受继续教育，努力提高执业水准；⑤在本人执业活动所形成的工程监理文件上签字、加盖执业印章；⑥保守在执业中知悉的国家秘密和他人的商业、技术秘密；⑦不得涂改、倒卖、出租、出借或者以其他形式非法转让注册证书或者执业印章；⑧不得同时在两个或者两个以上单位受聘或者执业；⑨在规定的执业范围和聘用单位业务范围内从事执业活动；⑩协助注册管理机构完成相关工作。因此，本题的正确答案为D。

7.【试题答案】D

【试题解析】本题考查重点是"工程监理企业资质等级和业务范围"。事务所资质标准如下：①取得合伙企业营业执照，具有书面合作协议书；②合伙人中有3名以上注册监理工程师，合伙人均有5年以上从事建设工程监理的工作经历；③有固定的工作场所；④有必要的质量管理体系和规章制度；⑤有必要的工程试验检测设备。根据第②点可知，选项D符合题意。因此，本题的正确答案为D。

8.【试题答案】B

【试题解析】本题考查重点是"中华人民共和国建筑法——建筑工程监理"。《建筑法》第三十三条规定，实施建筑工程监理前，建设单位应当将委托的工程监理单位、监理的内容及监理权限，书面通知被监理的建筑施工企业。因此，本题的正确答案为B。

9. 【试题答案】A

【试题解析】本题考查重点是"咨询工程师"。咨询工程师是以从事工程咨询业务为职业的工程技术人员和其他专业（如经济、管理）人员的统称。国际上对咨询工程师的理解与我国习惯上的理解有很大不同。按国际上的理解，我国的建筑师、结构工程师、各种专业设备工程师、监理工程师、造价工程师、招标师等都属于咨询工程师；甚至从事工程咨询业务有关工作（如处理索赔时可能需要审查承包商的财务账簿和财务记录）的审计师、会计师也属于咨询工程师之列。因此，本题的正确答案为A。

10. 【试题答案】A

【试题解析】本题考查重点是"Partnering模式的要素"。共享的含义是指建设工程参与各方的资源共享、工程实施产生的效益共享；同时，参与各方共同分担工程的风险和采用Partnering模式所产生的相应费用。在这里，资源和效益都是广义的。资源既有有形的资源，如人力、机械设备等，也有无形的资源，如信息、知识等；效益同样既有有形的效益，如费用降低、质量提高等，也有无形的效益，如避免争议和诉讼的产生、工作积极性提高、施工单位社会信誉提高等。其中，尤其要强调信息共享。因此，本题的正确答案为A。

11. 【试题答案】A

【试题解析】本题考查重点是"建设工程监理的合同管理——工程暂停及复工处理"。项目监理机构发现下列情况之一时，总监理工程师应及时签发工程暂停令：①建设单位要求暂停施工且工程需要暂停施工的；②施工单位未经批准擅自施工或拒绝项目监理机构管理的；③施工单位未按审查通过的工程设计文件施工的；④施工单位违反工程建设强制性标准的；⑤施工存在重大质量、安全事故隐患或发生质量、安全事故的。总监理工程师在签发工程暂停令时，可根据停工原因的影响范围和影响程度，确定停工范围。总监理工程师签发工程暂停令，应事先征得建设单位同意，在紧急情况下未能事先报告时，应在事后及时向建设单位作出书面报告。因此，本题的正确答案为A。

12. 【试题答案】B

【试题解析】本题考查重点是"《建设工程质量管理条例》相关内容"。建设单位应当将施工图设计文件报县级以上人民政府建设主管部门或者其他有关部门审查。施工图设计文件未经审查批准的，不得使用。因此，本题的正确答案为B。

13. 【试题答案】C

【试题解析】本题考查重点是"建设工程监理合同履行——合同的生效、变更与终止"。建设工程监理合同属于无生效条件的委托合同，因此，合同双方当事人依法订立后合同即生效。即：委托人和监理人的法定代表人或其授权代理人在协议书上签字并盖单位章后合同生效。除非法律另有规定或者专用条件另有约定。因此，本题的正确答案为C。

14. 【试题答案】D

【试题解析】本题考查重点是"建设工程风险及其管理过程"。建设工程的风险因素有很多，可以从不同的角度进行分类。①按照风险来源进行划分。风险因素包括自然风险、

172

社会风险、经济风险、法律风险和政治风险；②按照风险涉及的当事人划分。风险因素包括建设单位的风险、设计单位的风险、施工单位的风险、工程监理单位的风险等；③按风险可否管理划分。可分为：可管理风险和不可管理风险；④按风险影响范围划分。可分为：局部风险和总体风险。因此，本题的正确答案为 D。

15.【试题答案】C

【试题解析】本题考查重点是"建设工程监理的合同管理——施工合同争议与解除的处理"。施工合同解除的处理包括：①因建设单位原因导致施工合同解除时，项目监理机构应按施工合同约定与建设单位和施工单位协商确定施工单位应得款项，并签发工程款支付证书；②因施工单位原因导致施工合同解除时，项目监理机构应按施工合同约定，确定施工单位应得款项或偿还建设单位的款项，与建设单位和施工单位协商后，书面提交施工单位应得款项或偿还建设单位款项的证明；③因非建设单位、施工单位原因导致施工合同解除时，项目监理机构应按施工合同约定处理合同解除后的有关事宜。因此，本题的正确答案为 C。

16.【试题答案】B

【试题解析】本题考查重点是"建设工程监理招标程序——编制建设工程监理招标文件"。招标文件既是投标人编制投标文件的依据，也是招标人与中标人签订建设工程监理合同的基础。招标文件一般应由以下内容组成：①投标邀请函；②投标人须知；③评标办法；④拟签订监理合同主要条款及格式，以及履约担保格式等；⑤投标报价；⑥设计资料；⑦技术标准和要求；⑧投标文件格式；⑨要求投标人提交的其他材料。因此，本题的正确答案为 B。

17.【试题答案】C

【试题解析】本题考查重点是"《建设工程质量管理条例》相关内容"。建设工程发生质量事故，有关单位应当在 24 小时内向当地建设行政主管部门和其他有关部门报告。对重大质量事故，事故发生地的建设行政主管部门和其他有关部门应当按照事故类别和等级向当地人民政府和上级建设行政主管部门和其他有关部门报告。特别重大质量事故的调查程序按照国务院有关规定办理。任何单位和个人对建设工程的质量事故、质量缺陷都有权检举、控告、投诉。因此，本题的正确答案为 C。

18.【试题答案】C

【试题解析】本题考查重点是"建设工程监理文件资料编制要求"。工程质量评估报告编制的基本要求：①工程质量评估报告的编制应文字简练、准确、重点突出、内容完整；②工程竣工预验收合格后，由总监理工程师组织专业监理工程师编制工程质量评估报告，编制完成后，由项目总监理工程师及监理单位技术负责人审核签认并加盖监理单位公章后报建设单位。工程质量评估报告应在正式竣工验收前提交给建设单位。因此，本题的正确答案为 C。

19.【试题答案】B

【试题解析】本题考查重点是"建设工程监理含义"。《建筑法》第三十一条明确规定，实行监理的工程，由建设单位委托具有相应资质条件的工程监理单位实施监理。建设工程监理应当由具有相应资质的工程监理单位实施，由工程监理单位实施工程监理的行为主体是工程监理单位。因此，本题的正确答案为 B。

20. 【试题答案】B

【试题解析】本题考查重点是"《建设工程监理规范》GB/T 50319-2013 项目监理机构及其设施的主要内容"。总监理工程师是指由工程监理单位法定代表人书面任命，负责履行建设工程监理合同、主持项目监理机构工作的注册监理工程师。总监理工程师应由注册监理工程师担任。一名注册监理工程师可担任一项建设工程监理合同的总监理工程师。当需要同时担任多项建设工程监理合同的总监理工程师时，应经建设单位书面同意，且最多不得超过三项。因此，本题的正确答案为B。

21. 【试题答案】D

【试题解析】本题考查重点是"建设工程监理文件资料组卷归档"。建设工程监理文件资料组卷方法及要求：（1）组卷原则及方法：①组卷应遵循监理文件资料的自然形成规律，保持卷内文件的有机联系，便于档案的保管和利用；②一个建设工程由多个单位工程组成时，应按单位工程组卷；③监理文件资料可按单位工程、分部工程、专业、阶段等组卷。（2）组卷要求：①案卷不宜过厚，一般不超过40mm；②案卷内不应有重份文件，不同载体的文件一般应分别组卷。（3）卷内文件排列：①文字材料按事项、专业顺序排列。同一事项的请示与批复、同一文件的印本与定稿、主件与附件不能分开，并按批复在前、请示在后，印本在前、定稿在后，主件在前、附件在后的顺序排列；②图纸按专业排列，同专业图纸按图号顺序排列；③既有文字材料又有图纸的案卷，文字材料排前，图纸排后。因此，本题的正确答案为D。

22. 【试题答案】B

【试题解析】本题考查重点是"建设工程风险及其管理过程"。建设工程风险管理是一个识别风险、确定和度量风险，并制定、选择和实施风险应对方案的过程。风险管理是对建设工程风险进行管理的一个系统、循环过程。风险管理包括风险识别、风险分析与评价、风险对策的决策、风险对策的实施和风险对策实施的监控五个主要环节。风险对策的决策是确定建设工程风险事件最佳对策组合的过程。一般来说，风险应对策略有以下四种：风险回避、损失控制、风险转移和风险自留。这些风险对策的适用对象各不相同，需要根据风险评价结果，对不同的风险事件选择最适宜风险对策，从而形成最佳的风险对策组合。因此，本题的正确答案为B。

23. 【试题答案】C

【试题解析】本题考查重点是"注册监理工程师执业"。注册监理工程师可以从事建设工程监理、工程经济与技术咨询、工程招标与采购咨询、工程项目管理服务以及国务院有关部门规定的其他业务。建设工程监理活动中形成的监理文件由注册监理工程师按照规定签字盖章后方可生效。修改经注册监理工程师签字盖章的建设工程监理文件，应当由该注册监理工程师进行；因特殊情况，该注册监理工程师不能进行修改的，应当由其他注册监理工程师修改，并签字、加盖执业印章，对修改部分承担责任。注册监理工程师从事执业活动，由所在单位接受委托并统一收费。因建设工程监理事故及相关业务造成的经济损失，聘用单位应当承担赔偿责任；聘用单位承担赔偿责任后，可依法向负有过错的注册监理工程师追偿。因此，本题的正确答案为C。

24. 【试题答案】B

【试题解析】本题考查重点是"建设工程监理的性质"。建设工程监理的科学性是由建设工程监理要达到的基本目的决定的。它主要表现在以下几点：①工程监理企业应当由组织管理能力强、工程建设经验丰富的人员担任领导；②应当有足够数量的、有丰富的管理经验和应变能力的监理工程师组成的骨干队伍；③要有一套健全的管理制度；④要有现代化的管理手段；⑤要掌握先进的管理理论、方法和手段；⑥要积累足够的技术、经济资料和数据；⑦要有科学的工作态度和严谨的工作作风，要实事求是、创造性地开展工作。根据第②点可知，选项 B 符合题意。因此，本题的正确答案为 B。

25. 【试题答案】A

【试题解析】本题考查重点是"监理工程师注册"。在注册有效期内，注册监理工程师变更执业单位，应当与原聘用单位解除劳动关系，并按照规定的程序办理变更注册手续，变更注册后仍延续原注册有效期。变更注册需要提交下列材料：①申请人变更注册申请表；②申请人与新聘用单位签订的聘用劳动合同复印件；③申请人的工作调动证明（与原聘用单位解除聘用劳动合同或者聘用劳动合同到期的证明文件、退休人员的退休证明）。因此，本题的正确答案为 A。

26. 【试题答案】C

【试题解析】本题考查重点是"建设工程各阶段工作内容"。在工程开工建设之前，即建设准备阶段，应切实做好各项准备工作，主要工作包括：组建项目法人；征地、拆迁和平整场地；做到水通、电通、路通；组织设备、材料订货；建设工程报监；委托工程监理；组织施工招标投标，优选施工单位；办理施工许可证等。按规定做好准备工作，具备开工条件以后，建设单位申请开工。经批准，项目进入下一阶段，即施工安装阶段。所以，委托工程监理是业主在工程建设准备阶段的工作。因此，本题的正确答案为 C。

27. 【试题答案】A

【试题解析】本题考查重点是"工程监理企业的资质"。工程监理企业的资质按照等级分为综合资质、专业资质和事务所资质。其中，专业资质按照工程性质和技术特点划分为若干工程类别。综合资质、事务所资质不分级别。专业资质分为甲级、乙级；其中，房屋建筑、水利水电、公路和市政公用专业资质可设立丙级。所以，本题中只有公路工程可设立甲、乙、丙级的工程类别。因此，本题的正确答案为 A。

28. 【试题答案】C

【试题解析】本题考查重点是"建设工程风险及其管理过程"。建设工程风险管理是一个识别风险、确定和度量风险，并制定、选择和实施风险应对方案的过程。风险管理是对建设工程风险进行管理的一个系统、循环过程。风险管理包括风险识别、风险分析与评价、风险对策的决策、风险对策的实施和风险对策实施的监控五个主要环节。风险识别是风险管理的首要步骤，是指通过一定的方式，系统而全面地识别影响建设工程目标实现的风险事件并加以适当归类的过程。必要时，还需对风险事件的后果进行定性估计。因此，本题的正确答案为 C。

29. 【试题答案】D

【试题解析】本题考查重点是"工程监理单位及监理工程师的法律责任"。《建设工程质量管理条例》第六十七条规定："工程监理单位有下列行为之一的，责令改正，处 50 万元以上 100 万元以下的罚款，降低资质等级或者吊销资质证书；有违法所得的，予以没收；造成损失的，承担连带赔偿责任：①与建设单位或者施工单位串通，弄虚作假、降低工程质量的；②将不合格的建设工程、建筑材料、建筑构配件和设备按照合格签字的。"因此，本题的正确答案为D。

30.【试题答案】C

【试题解析】本题考查重点是"建设工程监理基本表式"。施工单位编制的施工组织设计、施工方案、专项施工方案经其技术负责人审查后，需要连同《施工组织设计或（专项）施工方案报审表》一起报送项目监理机构。先由专业监理工程师审查后，再由总监理工程师审核签署意见。《施工组织设计或（专项）施工方案报审表》需要由总监理工程师签字，并加盖执业印章。对于超过一定规模的危险性较大的分部分项工程专项施工方案，还需要报送建设单位审批。因此，本题的正确答案为C。

31.【试题答案】D

【试题解析】本题考查重点是"建设实施阶段的工作内容"。初步设计是根据可行性研究报告的要求进行具体实施方案设计，目的是为了阐明在指定的地点、时间和投资控制数额内，拟建项目在技术上的可行性和经济上的合理性，并通过对建设工程所作出的基本技术经济规定，编制工程总概算。初步设计不得随意改变被批准的可行性研究报告所确定的建设规模、产品方案、工程标准、建设地址和总投资等控制目标。如果初步设计提出的总概算超过可行性研究报告总投资的10％以上或其他主要指标需要变更时，应说明原因和计算依据，并重新向原审批单位报批可行性研究报告。因此，本题的正确答案为D。

32.【试题答案】A

【试题解析】本题考查重点是"项目总承包管理模式的特点"。项目总承包管理是指业主将工程建设任务发包给专门从事项目组织管理的单位，再由它分包给若干设计、施工和材料设备供应单位，并在实施中进行项目管理。项目总承包管理模式的优点是：合同关系简单、组织协调比较有利，进度控制也有利。其缺点包括：①由于项目总承包管理单位与设计、施工单位是总包与分包关系，后者才是项目实施的基本力量，所以监理工程师对分包的确认工作就成了十分关键的问题；②项目总承包管理单位自身经济实力一般比较弱，而承担的风险相对较大，因此建设工程采用这种承发包模式应持慎重态度。因此，本题的正确答案为A。

33.【试题答案】A

【试题解析】本题考查重点是"建设工程档案的移交"。建设工程档案的移交要求包括：①列入城建档案管理部门档案接收范围的工程，建设单位应在工程竣工验收后3个月内向当地城建档案管理部门移交一套符合规定的工程档案；②停建、缓建工程的工程档案，暂由建设单位保管；③对改建、扩建和维修工程，建设单位应当组织设计单位、监理单位、施工单位据实修改、补充和完善工程档案。对改变的部位，应重新编写工程档案，并在工程竣工验收后3个月内向城建档案管理部门移交；④建设单位向城建档案管理部门移交工程档案时，应办理移交手续，填写移交目录，双方签字、盖章后交接；⑤施工单位、监理单位等有关单位应在工程竣工验收前将工程档案按合同或协议规定的时间、套数移交给建设单位，办理移交手续。根据第①点可知，选项A符合题意。因此，本题的正确答案为A。

34.【试题答案】D

【试题解析】本题考查重点是"建设工程监理相关制度——项目法人责任制"。按照有关规定，我国工程建设应实行项目法人责任制、工程监理制、工程招标投标制和合同管理制，这些制度相互关联、相互支持，共同构成了我国工程建设管理的基本制度。选项D的"总监理工程师负责制"不属于我国建设工程管理制度体系的内容。因此，本题的正确答案为D。

35. 【试题答案】B

【试题解析】本题考查重点是"《建设工程质量管理条例》相关内容"。工程监理单位应当依照法律、法规以及有关技术标准、设计文件和建设工程承包合同，代表建设单位对施工质量实施监理，并对施工质量承担监理责任。监理工程师应当按照建设工程监理规范的要求，采取旁站、巡视和平行检验等形式，对建设工程实施监理。因此，本题的正确答案为B。

36. 【试题答案】D

【试题解析】本题考查重点是"建设工程监理委托模式"。在平行承发包模式条件下，业主委托一家监理单位监理，这种委托模式要求被委托的监理单位应该具有较强的合同管理与组织协调能力，并能做好全面规划工作。监理单位的项目监理机构可以组建多个监理分支机构对各承建单位分别实施监理。在具体的监理过程中，项目总监理工程师应重点做好总体协调工作，加强横向联系，保证建设工程监理工作的有效运行。因此，本题的正确答案为D。

37. 【试题答案】C

【试题解析】本题考查重点是"建设工程监理的法律地位"。《建设工程质量管理条例》第三十七条规定："工程监理单位应当选派具备相应资格的总监理工程师和监理工程师进驻施工现场。""未经监理工程师签字，建筑材料、建筑构配件和设备不得在工程上使用或者安装，施工单位不得进行下一道工序的施工。未经总监理工程师签字，建设单位不拨付工程款，不进行竣工验收。"因此，本题的正确答案为C。

38. 【试题答案】D

【试题解析】本题考查重点是"《建设工程监理合同（示范文本）》GF-2012-0202的结构"。专用条件：由于通用条件适用于各行业、各专业建设工程监理，因此，其中的某些条款规定得比较笼统，需要在签订具体建设工程监理合同时，结合地域特点、专业特点和委托监理的工程特点，对通用条件中的某些条款进行补充、修改。所谓"补充"，是指通用条件中的条款明确规定，在该条款确定的原则下，专用条件中的条款需进一步明确具体内容，使通用条件、专用条件中相同序号的条款共同组成一条内容完备的条款。因此，本题的正确答案为D。

39. 【试题答案】B

【试题解析】本题考查重点是"建设工程监理性质"。科学性是由建设工程监理的基本任务决定的。为了满足建设工程监理实际工作需求，它主要表现在以下几点：①工程监理单位应由组织管理能力强、工程建设经验丰富的人员担任领导；②应有足够数量的、有丰富管理经验和较强应变能力的注册监理工程师组成的骨干队伍；③应有健全的管理制度、科学的管理方法和手段；④应积累丰富的技术、经济资料和数据；⑤应有科学的工作态度和严谨的工作作风，能够创造性地开展工作。根据第⑤点可知，题中所述是工程监理科学性的具体表现。因此，本题的正确答案为B。

40. 【试题答案】C

【试题解析】本题考查重点是"工程监理企业组织形式——有限责任公司"。有限责任公司的公司组织机构：①股东会。有限责任公司股东会由全体股东组成。股东会是公司的权力机构，依照《公司法》行使职权；②董事会。有限责任公司设董事会，其成员为3~13人。股东人数较少或者规模较小的有限责任公司，可以设一名执行董事，不设董事会。执行董事可以兼任公司经理；③经理。有限责任公司可以设经理，由董事会决定聘任或者解聘。经理对董事会负责，行使公司管理职权；④监事会。有限责任公司设监事会，其成员不得少于3人。股东人数较少或者规模较小的有限责任公司，可以设1~2名监事，不设监事会。因此，本题的正确答案为C。

41. 【试题答案】C

【试题解析】本题考查重点是"PMBOK总体框架的五个基本过程组"。PMBOK将项目管理活动归结为五个基本过程组，即：启动、计划、执行、监控和收尾。项目作为临时性工作，必然以启动过程组开始，以收尾过程组结束。项目管理的集成化要求项目管理的监控过程组与其他过程组相互作用，形成一个整体。执行过程组是指完成项目计划中确定的工作以实现项目目标的一组过程。因此，本题的正确答案为C。

42. 【试题答案】B

【试题解析】本题考查重点是"建设工程监理合同履行——违约责任"。因非监理人的原因，且监理人无过错，发生工程质量事故、安全事故、工期延误等造成的损失，监理人不承担赔偿责任。这是由于监理人不承包工程的实施，因此，在监理人无过错的前提下，由于第三方原因使建设工程遭受损失的，监理人不承担赔偿责任。因不可抗力导致监理合同全部或部分不能履行时，双方各自承担其因此而造成的损失、损害。不可抗力是指合同双方当事人均不能预见、不能避免、不能克服的客观原因引起的事件，根据《合同法》第一百一十七条"因不可抗力不能履行合同的，根据不可抗力的影响，部分或者全部免除责任"的规定，按照公平、合理原则，合同双方当事人应各自承担其因不可抗力而造成的损失、损害。因不可抗力导致监理人现场的物质损失和人员伤害，由监理人自行负责。如果委托人投保的"建筑工程一切险"或"安装工程一切险"的被保险人中包括监理人，则监理人的物质损害也可从保险公司获得相应的赔偿。监理人应自行投保现场监理人员的意外伤害保险。因此，本题的正确答案为3。

43. 【试题答案】C

【试题解析】本题考查重点是"监理工作的规范化要求"。监理工作的规范化主要体现在：①工作的时序性。这是指监理的各项工作都应按一定的逻辑顺序先后展开，从而使监理工作能有效地达到目标而不致造成工作状态的无序和混乱；②职责分工的严密性。建设工程监理工作是由不同专业、不同层次的专家群体共同来完成的，他们之间严密的职责分工是协调进行监理工作的前提和实现监理目标的重要保证；③工作目标的确定性。在职责分工的基础上，每一项监理工作的具体目标都应是确定的，完成的时间也应有时限规定，从而能通过报表资料对监理工作及其效果进行检查和考核。所以，选项A、B、D均属于监理工作的规范化要求。只有选项C不属于此范围。因此，本题的正确答案为C。

44. 【试题答案】A

【试题解析】本题考查重点是"监理规划编写要求"。监理规划是针对具体工程项目编写的，而工程项目的动态性决定了监理规划的具体可变性。监理规划要把握工程项目运行脉搏，是指其可能随着工程进展进行不断的补充、修改和完善。在工程项目运行过程中，内外因素和条件不可避免地要发生变化，造成工程实际情况偏离计划，往往需要调整计划乃至目标，这就可能造成监理规划在内容上也要进行相应调整。因此，本题的正确答案为A。

45. 【试题答案】C

【试题解析】本题考查重点是"组织构成因素"。管理层次可分为决策层、协调层、执行层、操作层。决策层的任务是确定管理组织的目标和大政方针以及实施计划，它必须精干、高效；协调层的任务主要是参谋、咨询职能；执行层的任务是直接调动和组织人力、财力、物力等具体活动内容，其人员应有实干精神并能坚决贯彻管理指令；操作层的任务是从事操作和完成具体任务，其人员应有熟练的作业技能。因此，本题的正确答案为C。

46. 【试题答案】A

【试题解析】本题考查重点是"项目监理机构设立的基本要求"。工程监理单位更换、调整项目监理机构监理人员，应做好交接工作，保持建设工程监理工作的连续性。工程监理单位调换总监理工程师，应征得建设单位书面同意；调换专业监理工程师时，总监理工程师应书面通知建设单位。因此，本题的正确答案为A。

47. 【试题答案】A

【试题解析】本题考查重点是"工程总承包模式下建设工程监理委托方式"。采用建设工程总承包模式，建设单位的合同关系简单，组织协调工作量小。由于工程设计与施工由一个承包单位统筹安排，一般能做到工程设计与施工的相互搭接，有利于控制工程进度，可缩短建设周期。通过统筹考虑工程设计与施工，可以从价值工程或全寿命期费用角度取得明显的经济效果，有利于工程造价控制。但该模式的缺点是：合同条款不易准确确定，容易造成合同争议。合同数量虽少，但合同管理难度一般较大，造成招标发包工作难度大；由于承包范围大，介入工程项目时间早，工程信息未知数多，总承包单位要承担较大风险；由于有工程总承包能力的单位数量相对较少，建设单位择优选择工程总承包单位的范围小；工程质量标准和功能要求不易做到全面、具体、准确，"他人控制"机制薄弱，使工程质量控制难度加大。所以，选项A符合题意，而选项B、C、D均属于项目总承包模式的缺点。因此，本题的正确答案为A。

48. 【试题答案】B

【试题解析】本题考查重点是"建设工程监理的法律地位"。国家规定必须实行监理的其他工程是指：（1）项目总投资额在3000万元以上关系社会公共利益、公众安全的下列基础设施项目：①煤炭、石油、化工、天然气、电力、新能源等项目；②铁路、公路、管道、水运、民航以及其他交通运输业等项目；③邮政、电信枢纽、通信、信息网络等项目；④防洪、灌溉、排涝、发电、引（供）水、滩涂治理、水资源保护、水土保持等水利建设项目；⑤道路、桥梁、地铁和轻轨交通、污水排放及处理、垃圾处理、地下管道、公共停车场等城市基础设施项目；⑥生态环境保护项目；⑦其他基础设施项目。（2）学校、影剧院、体育场馆项目。本题中，城市污水处理工程的总投资为3600万元，超过3000万元，故根据第⑤点可知，该工程必须实行监理。因此，本题的正确答案为B。

49. 【试题答案】B

【试题解析】本题考查重点是"中华人民共和国建筑法——发包"。根据《中华人民共和国建筑法》第十九条规定，建筑工程依法实行招标发包，对不适于招标发包的可以直接发包。因此，本题的正确答案为B。

50. 【试题答案】B

【试题解析】本题考查重点是"Project Controlling 与建设项目管理的比较"。Project Controlling 与建设项目管理的相同点主要表现在：①工作属性相同，都属于工程咨询服务；②控制目标相同，都有控制项目的投资、进度和质量三大目标；③控制原理相同，都采用动态控制、主动控制与被动控制相结合并尽可能采用主动控制。根据第②点可知，选项B符合题意。因此，本题的正确答案为B。

二、多项选择题

51. 【试题答案】ACE

【试题解析】本题考查重点是"监理实施细则编写依据"。《建设工程监理规范》GB/T 50319—2013 规定了监理实施细则编写的依据：①已批准的建设工程监理规划；②与专业工程相关的标准、设计文件和技术资料；③施工组织设计、（专项）施工方案。除了《建设工程监理规范》GB/T 50319—2013 中规定的相关依据，监理实施细则在编制过程中，还可以融入工程监理单位的规章制度和经认证发布的质量体系，以达到监理内容的全面、完整，有效提高建设工程监理自身的工作质量。因此，本题的正确答案为ACE。

52. 【试题答案】AD

【试题解析】本题考查重点是"Partnering 协议"。Partnering 协议并不仅仅是业主与施工单位双方之间的协议，而需要建设工程参与各方共同签署，包括业主、总包商或主包商、主要的分包商、设计单位、咨询单位、主要的材料设备供应单位等。所以，选项A的叙述是正确的。使用 Partnering 协议时要注意两个问题：①提出 Partnering 模式的时间可能与签订 Partnering 协议的时间相距甚远。由于业主在建设工程中处于主导和核心地位，所以通常是由业主提出采用 Partnering 模式的建议。业主可能在建设工程策划阶段或设计阶段开始前就提出采用 Partnering 模式，但可能到施工阶段开始前才签订 Partnering 协议。所以，选项E的叙述是不正确的；②Partnering 协议的参与者未必一次性全部到位。所以，选项B的叙述是不正确的。需要说明的是，一般合同（如施工合同）往往是由当事人一方（通常是业主）提出合同文本，该合同文本可以采用成熟的标准文本，也可以自行起草或委托咨询单位起草，然后经过谈判（主要是针对专用条件内容）签订。而 Partnering 协议没有确定的起草方，必须经过参与各方的充分讨论后确定该协议的内容，经参与各方一致同意后共同签署。所以，选项C的叙述是不正确的。以上分析也可知道，Partnering 协议与工程合同是完全不同的文件。所以，选项D的叙述是正确的。因此，本题的正确答案为AD。

53. 【试题答案】ABCE

【试题解析】本题考查重点是"项目监理机构人员配备"。项目监理机构人员数量的确定方法可按如下步骤进行：①项目监理机构人员需要量定额；②确定工程建设强度；③确定工程复杂程度；④根据工程复杂程度和工程建设强度套用监理人员需要量定额；⑤根据实际情况确定监理人员数量。因此，本题的正确答案为ABCE。

54. 【试题答案】ABE

【试题解析】本题考查重点是"建设项目董事会的职权"。建设项目董事会职权包括：①负责筹措建设资金；②审核上报项目初步设计和概算文件；③审核上报年度投资计划并落实年度资金；④提出项目开工报告；⑤研究解决建设过程中出现的重大问题；⑥负责提出项目竣工验收申请报告；⑦审定偿还债务计划和生产经营方针，并负责按时偿还债务；⑧聘任或解聘项目总经理，并根据总经理的提名，聘任或解聘其他高级管理人员。所以，选项A、B、E符合题意。选项C、D均属于总经理职权。因此，本题的正确答案为ABE。

55. 【试题答案】ABCE

【试题解析】本题考查重点是"建设工程监理实施程序"。监理工作完成后，项目监理机构应及时从两面进行监理工作总结。①向建设单位提交的监理工作总结。主要内容包括：建设工程监理合同履行情况概述，监理任务或监理目标完成情况评价，由建设单位提供的供项目监理机构使用的办公用房、车辆、试验设施等的清单，表明建设工程监理工作终结的说明等；②向工程监理单位提交的监理工作总结。主要内容包括：建设工程监理工作的成效和经验，可以是采用某种监理技术、方法的成效和经验，也可以是采用某种经济措施、组织措施的成效和经验，以及建设工程监理合同执行方面的成效和经验或如何处理好与建设单位、施工单位关系的经验等；建设工程监理工作中发现的问题、处理情况及改进建议。因此，本题的正确答案为ABCE。

56. 【试题答案】ABCD

【试题解析】本题考查重点是"工程监理企业经营活动准则"。工程监理企业从事建设工程监理活动，应当遵循"守法、诚信、公平、科学"的准则。因此，本题的正确答案为ABCD。

57. 【试题答案】ABC

【试题解析】本题考查重点是"建设工程档案的移交"。建设工程档案的移交要求包括：①列入城建档案管理部门接收范围的工程，建设单位应在工程竣工验收后3个月内向城建档案管理部门移交一套符合规定的工程档案。②停建、缓建工程的工程档案，暂由建设单位保管。③对改建、扩建和维修工程，建设单位应当组织设计单位、监理单位、施工单位据实修改、补充和完善工程档案。对改变的部位，应重新编写工程档案，并在工程竣工验收后3个月内向城建档案管理部门移交。④建设单位向城建档案管理部门移交工程档案时，应办理移交手续，填写移交目录，双方签字、盖章后交接。⑤施工单位、监理单位等有关单位应在工程竣工验收前将工程档案按合同或协议规定的时间、套数移交给建设单位，办理移交手续。所以，选项A、B、C符合题意。根据第③点可知，选项D不符合题意。根据第⑤点可知，选项E不符合题意。因此，本题的正确答案为ABC。

58. 【试题答案】ADE

【试题解析】本题考查重点是"项目监理机构各类人员基本职责"。根据《建设工程监理规范》GB/T 50319—2013，总监理工程师应履行下列职责：①确定项目监理机构人员及其岗位职责；②组织编制监理规划，审批监理实施细则；③根据工程进展及监理工作情况调配监理人员，检查监理人员工作；④组织召开监理例会；⑤组织审核分包单位资格；⑥组织审查施工组织设计、（专项）施工方案；⑦审查开复工报审表，签发工程开工令、暂停令和复工令；⑧组织检查施工单位现场质量、安全生产管理体系的建立及运行情况；⑨组织审核施工单位的付款申请，签发工程款支付证书，组织审核竣工结算；⑩组织审查和处理工程变更；⑪调解建设单位与施工单位的合同争议，处理工程索赔；⑫组织验收分部工程，组织审查单位工程质量检验资料；⑬审查施工单位的竣工申请，组织工程竣工预验收，组织编写工程质量评估报告，参与工程竣工验收；⑭参与或配合工程质量安全事故的调查和处理；⑮组织编写监理月报、监理工作总结，组织质量监理文件资料。所以，选项 A、D、E 符合题意。选项 B 属于监理员的职责。选项 C 属于专业监理工程师的职责。因此，本题的正确答案为 ADE。

59. 【试题答案】ABCD

【试题解析】本题考查重点是"监理实施细则主要内容"。《建设工程监理规范》GB/T 50319—2013 明确规定了监理实施细则应包含的内容，即：专业工程特点、监理工作流程、监理工作控制要点，以及监理工作方法及措施。因此，本题的正确答案为 ABCD。

60. 【试题答案】ABCD

【试题解析】本题考查重点是"建设工程监理工作内容——建筑信息建模（BIM）"。现阶段，工程监理单位运用 BIM 技术提升服务价值，仍处于初级阶段，其应用范围主要包括以下几个方面：①可视化模型建立；②管线综合；③4D 虚拟施工；④成本核算。因此，本题的正确答案为 ABCD。

61. 【试题答案】BD

【试题解析】本题考查重点是"建设工程监理合同履行——合同的生效、变更与终止"。以下条件全部成就时，监理合同即告终止：①监理人完成合同约定的全部工作；②委托人与监理人结清并支付全部酬金。工程竣工并移交并不满足监理合同终止的全部条件。上述条件全部成就时，监理合同有效期终止。因此，本题的正确答案为 BD。

62. 【试题答案】ABD

【试题解析】本题考查重点是"监理规划主要内容——组织协调"。协调工作程序：①工程质量控制协调程序；②工程造价控制协调程序；③工程进度控制协调程序；④其他方面工作协调程序。因此，本题的正确答案为 ABD。

63. 【试题答案】CE

【试题解析】本题考查重点是"各方通用表——C 类表"。《建设工程监理规范》中的施工阶段监理工作的基本表式——C 类表是各方通用表。包括：监理工作联系单（C1）、工程变更单（C2）。因此，本题的正确答案为 CE。

64. 【试题答案】BDE

【试题解析】本题考查重点是"建设工程主要管理制度——项目法人责任制"。为了建立投资约束机制，规范建设单位的行为，建设工程应当按照政企分开的原则组建项目法人，实行项目法人责任制，即由项目法人对项目的策划、资金筹措、建设实施、生产经营、债务偿还和资产的保值增值，实行全过程负责的制度。因此，本题的正确答案为 BDE。

65. 【试题答案】ABE

【试题解析】本题考查重点是"建设工程监理实施原则"。总监理工程师负责制指由总监理工程师全面负责建设工程监理实施工作，其内涵包括：①总监理工程师是建设工程监理的责任主体。总监理工程师是实现建设工程监理目标的最高责任者，应是向建设单位和工程监理单位所负责任的承担者。责任是总监理工程师负责制的核心，它构成了对总监理工程师的工作压力和动力，也是确定总监理工程师权力和利益的依据；②总监理工程师是建设工程监理的权力主体。根据总监理工程师承担责任的要求，总监理工程师负责制体现了总监理工程师全面领导工程项目监理工作。包括组建项目监理机构，组织编制监理规划，组织实施监理活动，对监理工作进行总结、监督、评价等；③总监理工程师是建设工程监理的利益主体。总监理工程师对社会公众利益负责，对建设单位投资效益负责，同时也对所监理项目的监理效益负责，并负责项目监理机构所有监理人员利益的分配。因此，本题的正确答案为 ABE。

66.【试题答案】ACE

【试题解析】本题考查重点是"建设工程风险识别与评价"。风险识别的主要内容是：识别引起风险的主要因素，识别风险的性质，识别风险可能引起的后果。因此，本题的正确答案为 ACE。

67.【试题答案】BC

【试题解析】本题考查重点是"建设工程监理文件资料管理职责"。建设工程监理文件资料应以施工及验收规范、工程合同、设计文件、工程施工质量验收标准、建设工程监理规范等为依据填写，并随工程进度及时收集、整理，认真书写，项目齐全、准确、真实，无未了事项。表格应采用统一格式，特殊要求需增加的表格应统一归类，按要求归档。根据《建设工程监理规范》GB/T 50319－2013，项目监理机构文件资料管理的基本职责如下：①应建立和完善监理文件资料管理制度，宜设专人管理监理文件资料；②应及时、准确、完整地收集、整理、编制、传递监理文件资料，宜采用信息技术进行监理文件资料管理；③应及时整理、分类汇总监理文件资料，并按规定组卷，形成监理档案；④应根据工程特点和有关规定，保存监理档案，并应向有关单位、部门移交需要存档的监理文件资料。因此，本题的正确答案为 BC。

68.【试题答案】AC

【试题解析】本题考查重点是"建设工程监理相关制度——合同管理制"。合同管理制与工程监理制的关系：①合同管理制是实行工程监理制的重要保证。建设单位委托监理时，需要与工程监理单位建立合同关系，明确双方的义务和责任。工程监理单位实施监理时，需要通过合同管理控制工程质量、造价和进度目标。合同管理制的实施，为工程监理单位开展合同管理工作提供了法律和制度支持；②工程监理制是落实合同管理制的重要保障。实行工程监理制，建设单位可以通过委托工程监理单位做好合同管理工作，更好地实现建设工程项目目标。因此，本题的正确答案为 AC。

69.【试题答案】BCE

【试题解析】本题考查重点是"建设工程监理相关制度——项目法人责任制"。项目总经理的职权有：①组织编制项目初步设计文件，对项目工艺流程、设备选型、建设标准、总图布置提出意见，提交董事会审查；②组织工程设计、工程监理、工程施工和材料设备采购招标工作，编制和确定招标方案、标底和评标标准，评选和确定投标、中标单位；③编制并组织实施项目年度投资计划、用款计划和建设进度计划；④编制项目财务预算、决算；⑤编制并组织实施归还贷款和其他债务计划；⑥组织工程建设实施，负责控制工程投资、工期和质量；⑦在项目建设过程中，在批准的概算范围内对单项工程的设计进行局部调整；⑧根据董事会授权处理项目实施过程中的重大紧急事件，并及时向董事会报告；⑨负责生产准备工作和培训人员；⑩负责组织项目试生产和单项工程预验收；⑪拟订生产经营计划、企业内部机构设置、劳动定员方案及工资福利方案；⑫组织项目后评估，提出项目后评估报告；⑬按时向有关部门报送项目建设、生产信息和统计资料；⑭提请董事会聘请或解聘项目高级管理人员。所以，选项 B、C、E 符合题意。选项 A、D 均属于建设项目董事会的职权。因此，本题的正确答案为 BCE。

70.【试题答案】ABE

【试题解析】本题考查重点是"中华人民共和国建筑法——建筑工程施工许可"。《建筑法》第八条规定，申请领取施工许可证，应当具备以下几个条件：①已经办理该建筑工程用地批准手续；②在城市规划区的建筑工程，已经取得规划许可证；③需要拆迁的，其拆迁进度符合施工要求；④已经确定建筑施工企业；⑤有满足施工需要的施工图纸及技术资料；⑥有保证工程质量和安全的具体措施；⑦建设资金已经落实；⑧法律、行政法规规定的其他条件。所以，选项 A、B、E 符合题意。根据第⑦点可知，选项 C 不符合题意。根据第④点可知，选项 D 不符合题意。因此，本题的正确答案为 ABE。

71.【试题答案】ABCD

【试题解析】本题考查重点是"建设工程监理文件资料编制要求"。监理例会是履约各方沟通情况、交流信息、研究解决合同履行中存在的各方面问题的主要协调方式。会议纪要由项目监理机构根据会议记录整理，主要内容包括：①会议地点及时间；②会议主持人；③与会人员姓名、单位、职务；④会议主要内容、决议事项及其负责落实单位、负责人和时限要求；⑤其他事项。对于监理例会上意见不一致的重大问题，应将各方的主要观点，特别是相互对立的意见记入"其他事项"中。会议纪要的内容应真实准确，简明扼要，经总监理工程师审阅，与会各方代表会签，发至有关各方并应有签收手续。因此，本题的正确答案为 ABCD。

72.【试题答案】ACD

【试题解析】本题考查重点是"监理规划主要内容——组织协调"。组织协调方法：①会议协调：监理例会、专题会议等方式；②交谈协调：面谈、电话、网络等方式；③书面协调：通知书、联系单、月报等方式；④访问协调：走访或约见等方式。因此，本题的正确答案为 ACD。

73.【试题答案】BC

【试题解析】本题考查重点是"策划决策阶段的工作内容"。根据《国务院关于投资体制改革的决定》（国发〔2004〕20 号），政府投资工程实行审批制；非政府投资工程实行核准制或登记备案制。①政府投资工程。对于采用直接投资和资本金注入方式的政府投资工程，政府需要从投资决策的角度审批项目建议书和可行性研究报告，除特殊情况外，不再审批开工报告，同时还要严格审批其初步设计和概算；对于采用投资补助、转贷和贷款贴息方式的政府投资工程，则只审批资金申请报告；②非政府投资工程。对于企业不使用政府资金投资建设的工程，政府不再进行投资决策性质的审批，区别不同情况实行核准制或登记备案制。因此，本题的正确答案为 BC。

74.【试题答案】ACD

【试题解析】本题考查重点是"工程监理单位及监理工程师的法律责任"。《建筑法》第三十五条规定："工程监理单位不按照委托监理合同的约定履行监理义务，对应当监督检查的项目不检查或者不按照规定检查，给建设单位造成损失的，应当承担相应的赔偿责任。"《建筑法》第六十九条规定："工程监理单位与建设单位或者建筑施工企业串通，弄虚作假、降低工程质量的，责令改正，处以罚款，降低资质等级或者吊销资质证书；有违法所得的，予以没收；造成损失的，承担连带赔偿责任；构成犯罪的，依法追究刑事责任。""工程监理单位转让监理业务的，责令改正，没收违法所得，可以责令停业整顿，降低资质等级；情节严重的，吊销资质证书。"因此，本题的正确答案为 ACD。

75.【试题答案】BCDE

【试题解析】本题考查重点是"实施建设工程监理和编制监理规划共同的依据"。实施建设工程监理的依据包括：①工程建设文件。包括：批准的可行性研究报告、建设项目选址意见书、建设用地规划许可证、建设工程规划许可证、批准的施工图设计文件、施工许可证等；②有关的法律、法规、规章和标准、规范。含有：《中华人民共和国建筑法》、《中华人民共和国合同法》、《中华人民共和国招标投标法》、《建设工程质量管理条例》等法律法规，《工程建设监理规定》等部门规章，以及地方性法规等，也包括《工程建设标准强制性条文》、《建设工程监理规范》以及有关的工程技术标准、规范、规程等；③建设工程委托监理合同和有关的建设工程合同。建设工程监理规划编写的依据有：①工程建设方面的法律、法规。具体包括三个方面：一是国家颁布的有关工程建设的法律、法规；二是工程所在地或所属部门颁布的工程建设相关的法规、规定和政策；三是工程建设的各种标准、规范；②政府批准的工程建设文件。包括两个方面：一是政府工程建设主管部门批准的可行性研究报告、立项批文；二是政府规划部门确定的规划条件、土地使用条件、环境保护要求、市政管理规定；③建设工程监理合同；④其他建设工程合同；⑤监理大纲。所以，实施建设工程监理和编制监理规划共同的依据有工程建设法律法规、工程建设文件、建设工程合同、监理合同。因此，本题的正确答案为 BCDE。

76.【试题答案】ABCE

【试题解析】本题考查重点是"监理实施细则主要内容——专业工程特点"。专业工程特点是指需要编制监理实施细则的工程专业特点，而不是简单的工程概述。专业工程特点应从专业工程施工的重点和难点、施工范围和施工顺序、施工工艺、施工工序等内容进行有针对性的阐述，体现为工程施工的特殊性、技术的复杂性、与其他专业的交叉和衔接以及各种环境约束条件。除了专业工程外，新材料、新工艺、新技术以及对工程质量、造价、进度应加以重点控制等特殊要求也需要在监理实施细则中体现。因此，本题的正确答案为 ABCE。

77.【试题答案】ABDE

【试题解析】本题考查重点是"建设工程质量管理条例——施工单位的质量责任和义务"。《建设工程质量管理条例》第二十五条规定，施工单位应当依法取得相应等级的资质证书，并在其资质等级许可的范围内承揽工程。所以，选项 A 的叙述是正确的。本法还规定，禁止施工单位超越本单位资质等级许可的业务范围或者以其他施工单位的名义承揽工程。禁止施工单位允许其他单位或者个人以本单位的名义承揽工程。施工单位不得转包或者违法分包工程。第二十七条规定，总承包单位依法将建设工程分包给其他单位的，分包单位应当按照分包合同的约定对其分包工程的质量向总承包单位负责，总承包单位与分包单位对分包工程的质量承担连带责任。所以，选项B的叙述是正确的。第二十八条规定，施工单位必须按照工程设计图纸和施工技术标准施工，不得擅自修改工程设计，不得偷工减料。施工单位在施工过程中发现设计文件和图纸有差错的，应当及时提出意见和建议。所以，选项C的叙述是不正确的。第二十九条规定，施工单位必须按照工程设计要求、施工技术标准和合同约定，对建筑材料、建筑构配件、设备和商品混凝土进行检验，检验应当有书面记录和专人签字；未经检验或者检验不合格的，不得使用。所以，选项D的叙述是正确的。第三十二条规定，施工单位对施工中出现质量问题的建设工程或者竣工验收不合格的建设工程，应当负责返修。所以，选项E的叙述是正确的。因此，本题的正确答案为ABDE。

78. 【试题答案】BD

【试题解析】本题考查重点是"Partnering协议"。Partnering协议并不仅仅是业主与施工单位双方之间的协议，而需要建设工程参与各方共同签署，包括业主、总包商或主包商、主要的分包商、设计单位、咨询单位、主要的材料设备供应单位等。所以，选项A的叙述是不正确的。使用Partnering协议时要注意两个问题：①提出Partnering模式的时间可能与签订Partnering协议的时间相距甚远。由于业主在建设工程中处于主导和核心地位，所以通常是由业主提出采用Partnering模式的建议。业主可能在建设工程策划阶段或设计阶段开始前就提出采用Partnering模式，但可能到施工阶段开始前才签订Partnering协议。所以，选项B的叙述是正确的；②Partnering协议的参与者未必一次性全部到位。需要说明的是，一般合同（如施工合同）往往是由当事人一方（通常是业主）提出合同文本，该合同文本可以采用成熟的标准文本，也可以自行起草或委托咨询单位起草，然后经过谈判（主要是针对专用条件内容）签订。而Partnering协议没有确定的起草方，必须经过参与各方的充分讨论后确定该协议的内容，经参与各方一致同意后共同签署。所以，选项E的叙述是不正确的。由于Partnering模式出现的时间还不长，应用范围也比较有限，因而到目前为止尚没有标准、统一的Partnering协议的格式，其内容往往也因具体的建设工程和参与者的不同而有所不同。所以，选项C的叙述是不正确的。Partnering协议不是法律意义上的合同。Partnering协议与工程合同是两个完全不同的文件。在工程合同签订后，建设工程参与各方经过讨论协商后才会签署Partnering协议。该协议并不改变参与各方在有关合同规定范围内的权利和义务关系，参与各方对有关合同规定的内容仍然要切实履行。所以，选项D的叙述是正确的。因此，本题的正确答案为BD。

79. 【试题答案】BDE

【试题解析】本题考查重点是"建设工程监理性质"。科学性是由建设工程监理的基本任务决定的。工程监理单位以协助建设单位实现其投资目的为己任，力求在计划目标内完成工程建设任务。由于工程建设规模日趋庞大，建设环境日益复杂，功能需求及建设标准越来越高，新技术、新工艺、新材料、新设备不断涌现，工程建设参与单位越来越多，工程风险日渐增加，工程监理单位只有采用科学的思想、理论、方法和手段，才能驾驭工程建设。为了满足建设工程监理实际工作需求，工程监理单位应由组织管理能力强、工程建设经验丰富的人员担任领导；应有足够数量的、有丰富管理经验和较强应变能力的注册监理工程师组成的骨干队伍；应有健全的管理制度、科学的管理方法和手段；应积累丰富的技术、经济资料和数据；应有科学的工作态度和严谨的工作作风，能够创造性地开展工作。因此，本题的正确答案为BDE。

80.【试题答案】ABE

【试题解析】本题考查重点是"建设工程监理的法律地位"。利用外国政府或者国际组织贷款、援助资金的工程包括：①使用世界银行、亚洲开发银行等国际组织贷款资金的项目；②使用国外政府及其机构贷款资金的项目；③使用国际组织或者国外政府援助资金的项目。因此，本题的正确答案为ABE。

第八套模拟试卷

一、单项选择题（共 50 题，每题 1 分。每题的备选项中，只有 1 个最符合题意）

1. 某工程，施工单位于 3 月 10 日进入施工现场开始建设临时设施，3 月 15 日开始拆除旧有建筑物，3 月 25 日开始永久性工程基础正式打桩，4 月 10 日开始平整场地。该工程的开工时间为（　　）。

    A. 3 月 10 日　　　　　　　　　　　B. 3 月 15 日
    C. 3 月 25 日　　　　　　　　　　　D. 4 月 10 日

2. 能将集权与分权实行最优结合且利于解决复杂难题，是（　　）监理组织形式的优点。

    A. 直线制　　　　　　　　　　　　　B. 职能制
    C. 直线职能制　　　　　　　　　　　D. 矩阵制

3. 下列工作用表中，属于监理单位用表的是（　　）。

    A. 工程暂停令　　　　　　　　　　　B. 监理工程师通知回复单
    C. 分包单位资格报审表　　　　　　　D. 工程开工/复工报审表

4. 工程监理单位在工程勘察过程中的服务不包括（　　）。

    A. 工程勘察方案的审查
    B. 工程勘察过程控制
    C. 工程设计成果审查
    D. 工程勘察现场及室内试验人员、设备及仪器的检查

5. 债权人领取提存物的权利，自提存之日起（　　）年内不行使而消灭，提存物扣除提存费用后归国家所有。

    A. 1　　　　　　　　　　　　　　　　B. 2
    C. 3　　　　　　　　　　　　　　　　D. 5

6. 不接受任何可能影响其独立判断的报酬属于 FIDIC 道德准则中的（　　）。

    A. 对社会和咨询业的责任　　　　　　B. 廉洁和正直
    C. 公平　　　　　　　　　　　　　　D. 反腐败

7. （　　）的结果主要在于确定各种风险事件发生的概率及其对建设工程目标影响的严重程度。

    A. 风险分析与评价　　　　　　　　　B. 风险对策的决策
    C. 风险识别　　　　　　　　　　　　D. 风险对策的实施

8. （　　）是整个投标文件的精髓。

    A. 工程概述　　　　　　　　　　　　B. 监理依据和监理工作内容
    C. 工程监理实施方案　　　　　　　　D. 工程监理难点、重点及合理化建议

9. 监理规划编写依据不包括（　　）。

    A. 政府批准的工程建设文件

188

B. 工程决策过程中输出的有关工程信息

C. 建设单位的合理要求

D. 建设工程监理合同文件

10. 项目监理机构不可按（　　）设立直线制监理组织形式。

A. 子项目分解 　　　　　　　　B. 专业内容分解

C. 职能分解 　　　　　　　　　D. 建设阶段分解

11. 工程监理单位与被监理工程的承建单位以及建筑材料、建筑构配件和设备供应单位不得有隶属关系或者其他利害关系，这是建设工程监理（　　）的具体表现。

A. 服务性 　　　　　　　　　　B. 科学性

C. 独立性 　　　　　　　　　　D. 公正性

12. 下列单位中，属于项目监理机构远外层协调范围的单位是（　　）。

A. 材料供应商和设备供应商 　　B. 设备供应商和政府部门

C. 政府部门和社会团体 　　　　D. 社会团体和材料供应商

13. 对列入城建档案管理部门接收范围的工程，应在工程（　　）向当地城建档案管理部门移交工程档案。

A. 完工后立即 　　　　　　　　B. 竣工验收后 6 个月内

C. 竣工验收后一周内 　　　　　D. 竣工验收后 3 个月内

14. 关于建设工程监理的说法，错误的是（　　）。

A. 建设工程监理的行为主体是工程监理企业

B. 建设工程监理不同于建设行政主管部门的监督管理

C. 建设工程监理只能由具有相应资质的工程监理企业来开展

D. 总承包单位对分包单位的监督管理也属建设工程监理行为

15. 各级部门主管人员对所属部门的事务负责是（　　）监理组织形式的特点。

A. 矩阵制 　　　　　　　　　　B. 直线制

C. 职能制 　　　　　　　　　　D. 直线职能制

16. 建筑施工企业中，对建筑施工企业的安全生产负责的是本企业的（　　）。

A. 技术人员 　　　　　　　　　B. 项目经理

C. 专职安全生产管理人员 　　　D. 法定代表人

17. 新上项目在项目建议书被批准后，应由项目的（　　）派代表组成项目法人筹备组，具体负责项目法人的筹建工作。

A. 监理方 　　　　　　　　　　B. 投资方

C. 设计方 　　　　　　　　　　D. 施工方

18. 招标人对已发出的招标文件进行必要的澄清或者修改的，应当在招标文件要求提交投标文件截止时间至少（　　）日前，以书面形式通知所有招标文件收受人。

A. 7 　　　　　　　　　　　　　B. 15

C. 20 　　　　　　　　　　　　D. 30

19. 可变更可撤销合同中，具有撤销权的当事人自知道或者应当知道撤销事由之日起（　　）年内没有行使撤销权的，撤销权消灭。

A. 1 　　　　　　　　　　　　　B. 2

C. 3   D. 5

20. 根据《建设工程监理与相关服务收费标准》，房屋建筑工程的施工监理服务收费按照建设项目（ ）分档定额计费方式计算收费。

    A. 工程预算投资额   B. 工程概算投资额
    C. 工程投资估算指标投资额   D. 工程施工定额投资额

21. 因不可抗力导致监理人现场的物质损失和人员伤害，由（ ）负责。

    A. 监理人   B. 设计方
    C. 施工方   D. 建设单位

22. 某工程的复杂程度等级评定如下表所示，该工程复杂程度等级的评分值是（ ）分，复杂程度为（ ）。

影响因素	权重	评分
F1	0.4	6
F2	0.3	9
F3	0.2	7
F4	0.1	8

    A. 6.0，一般复杂工程   B. 7.3，复杂工程
    C. 7.5，复杂工程   D. 9.5，很复杂工程

23. 依法必须进行招标的项目，招标人应当自确定中标人之日起（ ）日内，向有关行政监督部门提交招标投标情况的书面报告。

    A. 15   B. 20
    C. 30   D. 60

24. 项目总承包模式的优点是（ ）。

    A. 合同关系简单   B. 招标发包工作难度小
    C. 业主择优选择承包方的范围大   D. 容易进行质量控制

25. 对于《政府核准的投资项目目录》以外的企业投资项目，一般由企业按照属地原则向（ ）备案。

    A. 地方政府建设行政主管部门   B. 上级政府建设行政主管部门
    C. 地方政府投资主管部门   D. 上级政府投资主管部门

26. 某工程安全生产事故中，造成 3 人死亡，10 人重伤，直接经济损失 3000 万元，该事故为（ ）。

    A. 特别重大生产安全事故   B. 重大生产安全事故
    C. 较大生产安全事故   D. 一般生产安全事故

27. 投标邀请书是指采用邀请招标方式的建设单位，向（ ）个以上具备承担招标项目能力、资信良好的特定工程监理单位发出的参加投标的邀请。

    A. 1   B. 2
    C. 3   D. 4

28. 管理跨度的大小直接取决于这一级管理人员（ ）。

    A. 所管辖的人数   B. 所需要协调的工作量

C. 职权的大小　　　　　　　　　　　　D. 职位的高低

29. 下列关于 Project Controlling 模式的说法中，正确的是（　　　）。

    A. 可以取代建设项目管理

    B. 可以作为一种独立存在的项目管理模式

    C. 可以分为单平面和多平面两种类型

    D. Project Controlling 咨询单位不需要建设工程参与各方的配合

30. 根据《招标投标法实施条例》，下列说法错误的是（　　　）。

    A. 履约保证金不得超过中标合同金额的 15%

    B. 招标人和中标人不得再行订立背离合同实质性内容的其他协议

    C. 评标委员会成员拒绝在评标报告上签字又不书面说明其不同意见和理由的，视为同意评标结果

    D. 招标人最迟应当在书面合同签订后 5 日内向中标人和未中标的投标人退还投标保证金及银行同期存款利息

31. （　　　）不得随意改变被批准的可行性研究报告所确定的建设规模、产品方案、工程标准、建设地址和总投资等控制目标。

    A. 工程设计　　　　　　　　　　　　B. 技术设计

    C. 初步设计　　　　　　　　　　　　D. 施工图设计

32. EPC 模式所适用的工程一般具有（　　　）特点。

    A. 工程规模较大　　　　　　　　　　B. 工期较短

    C. 技术简单　　　　　　　　　　　　D. 质量要求高

33. 关于总监理工程师负责制原则所体现的权责主体的说法，正确的是（　　　）。

    A. 总监理工程师既是工程监理的责任主体，又是工程监理的权力主体

    B. 总监理工程师只是工程监理的责任主体，不是工程监理的权力主体

    C. 总监理工程师既是工程监理的权利主体，又是工程监理的责任主体

    D. 总监理工程师只是工程监理的权利主体，不是工程监理的责任主体

34. 在监理实施细则中，下列（　　　）不属于项目监理人员配备方面的审核。

    A. 人员配备的专业满足程度

    B. 专业人员不足时采取的措施是否恰当

    C. 组织方式、管理模式是否合理

    D. 是否有操作性较强的现场人员计划安排表

35. 依据《建设工程监理规范》，（　　　）应及时整理、分类汇总监理文件资料，并应按规定组卷，形成监理档案。

    A. 项目监理机构　　　　　　　　　　B. 工程监理单位

    C. 专业监理机构　　　　　　　　　　D. 监理单位

36. 公开招标的缺点是（　　　）。

    A. 招标时间短　　　　　　　　　　　B. 招标费用较高

    C. 不需要发布招标公告　　　　　　　D. 不进行资格预审

37. 选定满意的施工单位及材料设备供应单位是目标控制的（　　　）。

    A. 组织措施　　　　　　　　　　　　B. 技术措施

C. 经济措施   D. 合同措施

38. 采用 EPC 模式时，业主要更换业主代表，需提前（ ）天通知承包商。

    A. 7   B. 14

    C. 21   D. 28

39. 施工单位对达到一定规模的危险性较大的分部分项工程应编制专项施工方案，并附具安全验算结果，经施工单位技术负责人和（ ）签字后实施，由专职安全生产管理人员进行现场监督。

    A. 监理企业技术负责人   B. 总监理工程师

    C. 建设单位代表   D. 项目经理

40. （ ）是投资成果转入生产或使用的标志，也是全面考核工程建设成果、检验设计和施工质量的关键步骤。

    A. 隐蔽工程验收   B. 工程预验收

    C. 竣工结算   D. 工程竣工验收

41. 下列关于监理文件档案资料传阅要求的说法中，正确的是（ ）。

    A. 传阅人阅后应在文件封面上签名，并加盖个人私章

    B. 传阅人阅后应在文件封面上签名，并注明日期

    C. 传阅人阅后应在文件传阅纸上签名，并加盖个人私章

    D. 传阅人阅后应在文件传阅纸上签名，并注明日期

42. （ ）作为指导项目监理机构全面开展监理工作的纲领性文件。

    A. 监理规划   B. 监理大纲

    C. 监理实施细则   D. 监理工作总结

43. 工程监理企业组织形式中，有限责任公司由（ ）个以下股东出资设立。

    A. 10   B. 20

    C. 50   D. 100

44. 建筑面积（ ）m^2 以下的建筑工程，可以不申请办理施工许可证。

    A. 100   B. 200

    C. 300   D. 500

45. （ ）是指单位时间内投入的建设工程资金的数量。

    A. 工程建设强度   B. 工程建设工期

    C. 工程建设投资   D. 建设工程复杂程度

46. 根据《建设工程质量管理条例》规定，（ ）和其他有关部门是建设工程质量监督管理的主体，应当加强对建设工程质量的法律、法规和强制性标准执行情况的监督管理。

    A. 建设单位   B. 设计单位

    C. 勘察单位   D. 县级以上人民政府建设行政主管部门

47. 根据《注册监理工程师管理规定》，注册监理工程师的注册（ ）。

    A. 不分专业

    B. 按专业注册，每人只能申请1个专业注册

    C. 按专业注册，每人最多可以申请2个专业注册

    D. 按专业注册，每人最多可以申请3个专业注册

48. 直线制监理组织形式的主要特点是(　　)。

　　A. 接受职能部门多头指挥，指令矛盾时，将使直线指挥部门人员无所适从

　　B. 统一指挥、直线领导，但职能部门与指挥部门易产生矛盾

　　C. 其有较大的机动性和适应性，但纵横向协调工作量大

　　D. 组织机构简单、权力集中、命令统一、职责分明、隶属关系明确

49. 根据《建设工程质量管理条例》，建设工程发包单位(　　)。

　　A. 不得迫使承包方以低于成本的价格竞标，不得压缩合同约定的工期

　　B. 不得迫使承包方以低于成本的价格竞标，不得任意压缩合理工期

　　C. 不得暗示承包方以低于成本的价格竞标，不得压缩合同约定的工期

　　D. 不得暗示承包方以低于成本的价格竞标，不得任意压缩合理工期

50. 下列 Partnering 模式的特征和要素中，属于 Partnering 模式要素的是(　　)。

　　A. 共同的目标　　　　　　　　　B. 出于自愿

　　C. 高层管理的参与　　　　　　　D. 信息的开放性

二、多项选择题 (共 30 题，每题 2 分。每题的备选项中，有 2 个或 2 个以上符合题意，至少有 1 个错项。错选，本题不得分；少选，所选的每个选项得 0.5 分)

51. 工程监理单位的服务内容包括(　　)。

　　A. 招标代理　　　　　　　　　　B. 项目策划

　　C. 项目保修　　　　　　　　　　D. 造价咨询

　　E. 施工过程管理

52. 监理工程组织协调可采用(　　)。

　　A. 调查协调法　　　　　　　　　B. 会议协调法

　　C. 书面协调法　　　　　　　　　D. 访问协调法

　　E. 情况介绍法

53. 《建设工程安全生产管理条例》适用于(　　)。

　　A. 建设工程的新建　　　　　　　B. 建设工程的扩建

　　C. 建设工程的改建　　　　　　　D. 救灾工程

　　E. 建设工程的拆除

54. 某工程，施工合同中对最低保修期限作出如下约定，其中符合《建设工程质量管理条例》规定的有(　　)。

　　A. 主体结构工程的保修期限为设计文件规定的合理使用年限

　　B. 屋面防水工程的保修期限为 10 年

　　C. 房间和外墙面防渗漏的保修期限为 5 年

　　D. 装修工程的保修期限为 1 年

　　E. 安装工程的保修期限为 2 年

55. 使用国际组织或者外国政府资金的项目的范围包括(　　)。

　　A. 使用世界银行、亚洲开发银行等国际组织贷款资金的项目

　　B. 使用外国政府及其机构贷款资金的项目

　　C. 使用国家对外借款或者担保所筹资金的项目

D. 使用国际组织或者外国政府援助资金的项目

E. 国家特许的融资项目

56. 根据《建设工程质量管理条例》的有关规定，有下列行为之一的，责令改正，处 10 万元以上 30 万元以下的罚款，这些行为包括（　　）。

A. 建设单位未按照国家规定办理工程质量监督手续的

B. 勘察单位未按照工程建设强制性标准进行勘察的

C. 设计单位未根据勘察成果文件进行工程设计的

D. 设计单位指定建筑材料、建筑构配件的生产厂、供应商的

E. 设计单位未按照工程建设强制性标准进行设计的

57. 依据《建设工程安全生产管理条例》，在实施监理过程中，工程监理单位发现存在安全事故隐患时，正确的做法为（　　）。

A. 要求施工单位暂时停止施工

B. 要求施工单位整改

C. 对情况严重的，应当要求施工单位暂时停止施工，并及时报告其上级管理部门

D. 对情况严重的，应当要求施工单位暂时停止施工，并及时报告建设单位

E. 对情况严重的，应当要求施工单位暂时停止施工，并及时报告有关主管部门

58. 监理工程师的职业道德守则包括（　　）。

A. 不以个人名义承揽监理业务

B. 不收受被监理单位的任何礼金

C. 接受继续教育，努力提高执业水准

D. 不泄漏监理工程各方认为需要保密的事项

E. 保证执业活动的质量，并承担相应责任

59. 下列属于注册监理工程师的职业道德的有（　　）。

A. 维护国家的荣誉和利益

B. 不断提高业务能力和监理水平

C. 不得故意或无意地做出损害他人名誉或事务的事情

D. 坚持独立自主地开展工作

E. 不出借执业印章

60. 在风险管理中所运用的对策一般有（　　）。

A. 风险回避　　　　　　　　　　B. 风险削减

C. 损失控制　　　　　　　　　　D. 风险自留

E. 风险转移

61. 在采用 Partnering 模式时，工程实施产生的效益由建设工程参与各方共享，其中无形效益有（　　）。

A. 避免争议和诉讼的产生　　　　B. 费用降低

C. 工作积极性提高　　　　　　　D. 质量提高

E. 施工单位社会信誉提高

62. 依据《建设工程监理规范》，建设二程开工条件包括（　　）。

A. 设计交底和图纸会审已完成

B. 施工组织设计已由总监理工程师签认

C. 管理及施工人员已到位，施工机械具备使用条件，主要工程材料已落实

D. 进场道路及水、电、通信等已满足开工要求

E. 第一次工地会议已召开

63. 监理人需要完成的基本工作有（　　　）。

    A. 审查施工承包人提交的施工组织设计

    B. 审查施工承包人提交的施工进度计划

    C. 审核设计分包人资质条件

    D. 经委托人同意，签发工程暂停令和复工令

    E. 验收隐蔽工程、分部分项工程

64. 根据《建设工程质量管理条例》，（　　　）依法对建设工程质量负责。

    A. 建设单位   B. 设计单位

    C. 工程毗邻单位   D. 工程监理单位

    E. 施工单位

65. 风险分析与评价的任务包括（　　　）。

    A. 确定单一风险因素发生的概率

    B. 建立初始风险清单

    C. 分析单一风险因素的影响范围大小

    D. 分析各个风险因素的发生时间

    E. 仅在于找出风险因素和风险事件

66. 下列关于施工单位的安全责任的说法正确的是（　　　）。

    A. 施工单位可以在尚未竣工的建筑物内设置员工集体宿舍

    B. 施工单位应当为施工现场从事危险作业的人员办理意外伤害保险

    C. 施工单位主要负责人依法对本单位的安全生产工作全面负责

    D. 施工单位应当在施工组织设计中编制安全技术措施和施工现场临时用电方案

    E. 施工单位应当建立健全安全生产教育培训制度，应当对管理人员和作业人员每年
至少进行三次安全生产教育培训

67. 根据《建设工程安全生产管理条例》，施工单位应组织专家对（　　　）的专项施工方
案进行论证、审查。

    A. 深基坑工程   B. 地下暗挖工程

    C. 脚手架工程   D. 设备安装工程

    E. 高大模板工程

68. 下列工作职权中，属于项目法人单位总经理的职权的有（　　　）。

    A. 组织项目后评估   B. 提出工程开工报告

    C. 确定工程监理中标单位   D. 提出项目施工验收申请报告

    E. 负责组织项目试生产和单项工程预验收

69. 关系社会公共利益、公众安全的公用事业项目的范围包括（　　　）。

    A. 科技、教育、文化等项目

    B. 体育、旅游等项目

C. 卫生、社会福利等项目

D. 商品住宅，包括经济适用住房

E. 煤炭、石油、天然气、电力、新能源等能源项目

70. 下列属于工程建设程序的是（　　　）。

A. 策划　　　　　　　　　　　B. 设计

C. 施工　　　　　　　　　　　D. 投入生产

E. 运营

71. 项目监理机构可设置总监理工程师代表的情形包括（　　　）。

A. 工程规模较大，专业较复杂，总监理工程师难以处理多个专业工程

B. 一个建设工程监理合同中包含多个相对独立的施工合同

C. 工程规模比较大，工期比较长

D. 工程规模较大，地域比较分散

E. 工程规模较小，技术要求比较高

72. 非代理型 CM 模式中 CM 单位与施工单位之间的关系与总分包模式中总分包关系的根本区别在于（　　　）。

A. CM 单位介入工程时间较早且不承担设计任务

B. CM 单位对各分包商的资格预审、招标、议标和签约都对业主公开并必须经过业主的确认

C. CM 单位在施工阶段才介入

D. CM 单位对各分包商的资格预审、招标、议标和签约不需要对业主公开

E. CM 单位并不向业主直接报出具体数额的价格，而是报 CM 费

73. 关于工程监理企业资质的说法，符合《工程监理企业资质管理规定》的有（　　　）。

A. 综合资质由企业所在地省级建设主管部门初审

B. 专业资质由企业所在地省级建设主管部门审批

C. 事务所资质由企业所在地市级建设主管部门审批

D. 工程监理企业资质证书的有效期为 5 年

E. 工程监理企业资质证书的有效期为 3 年

74. 下列属于无效合同的情形的有（　　　）。

A. 损害社会公共利益

B. 因重大误解订立的

C. 以合法形式掩盖非法目的

D. 恶意串通，损害国家、集体或者第三人利益

E. 一方以欺诈、胁迫的手段订立合同，损害国家利益

75. 监理规划编写依据包括（　　　）。

A. 工程建设法律法规和标准　　　B. 政府批准的工程建设文件

C. 建设工程合同　　　　　　　　D. 工程分包合同

E. 工程施工组织设计文件

76. 下列属于必须进行招标的是（　　　）。

A. 施工单项合同估算价在 200 万元人民币以上的

B. 施工单项合同估算价在 100 万元人民币以上的

C. 重要设备、材料等货物的采购，单项合同估算价在 50 万元人民币以上的

D. 重要设备、材料等货物的采购，单项合同估算价在 100 万元人民币以上的

E. 勘察、设计、监理等服务的采购，单项合同估算价在 50 万元人民币以上的

77. 监理单位在组建项目监理机构时，所选择的组织结构形式应有利于( )。

    A. 确定监理目标   B. 控制监理目标

    C. 工程合同管理   D. 信息沟通

    E. 确定监理工作内容

78. 改制的工程监理企业在申请资质证书变更时，应当提交的材料有( )。

    A. 资质证书变更的申请报告

    B. 企业法人营业执照副本原件

    C. 企业法定代表人、企业负责人和技术负责人的身份证明

    D. 工程监理企业资质证书正、副本原件

    E. 企业上级主管部门关于企业申请改制的批复文件

79. 下列不属于确定建设工程项目监理机构的组织形式和规模的因素是( )。

    A. 服务内容   B. 服务费用

    C. 工程规模   D. 建设单位的性质

    E. 技术复杂程度

80. 影响项目监理机构人员数量的主要因素包括( )。

    A. 工程建设强度   B. 建设工程复杂程度

    C. 建设工期长短   D. 监理单位的业务水平

    E. 项目监理机构的组织结构和任务职能分工

第八套模拟试卷参考答案、考点分析

一、单项选择题

1. 【试题答案】C

【试题解析】本题考查重点是"建设工程施工安装阶段工作内容"。建设工程具备了开工条件并取得施工许可证后才能开工。按照规定，工程新开工时间是指建设工程设计文件中规定的任何一项永久性工程第一次正式破土开槽的开始日期。不需开槽的工程，以正式打桩作为正式开工日期。铁道、公路、水库等需要进行大量土石方工程的，以开始进行土石方工程作为正式开工日期。工程地质勘察、平整场地、旧建筑物拆除、临时建筑或设施等的施工不算正式开工。所以，本工程的开工时间为开始永久性工程基础正式打桩的时间，即3月25日。因此，本题的正确答案为C。

2. 【试题答案】D

【试题解析】本题考查重点是"矩阵制监理组织形式的优点"。矩阵制监理组织形式的优点是：加强了各职能部门的横向联系，具有较大的机动性和适应性，把上下左右集权与分权实行最优的结合，有利于解决复杂难题，有利于监理人员业务能力的培养。而它的缺点是：纵横向协调工作量大，处理不当会造成扯皮现象，产生矛盾。因此，本题的正确答案为D。

3. 【试题答案】A

【试题解析】本题考查重点是"建设工程监理基本表式"。工程监理单位用表（A类表）包括：①总监理工程师任命书（表A.0.1）；②工程开工令（表A.0.2）；③监理通知单（表A.0.3）；④监理报告（表A.0.4）；⑤工程暂停令（表A.0.5）；⑥旁站记录；⑦工程复工令（表A.0.7）；⑧工程款支付证书（表A.0.8）。根据第⑤点可知，选项A符合题意。选项B的"监理工程师通知回复单"、选项C的"分包单位资格报审表"、选项D的"工程开工/复工报审表"均属于承包单位用表。因此，本题的正确答案为A。

4. 【试题答案】C

【试题解析】本题考查重点是"工程勘察过程中的服务"。工程勘察过程中的服务包括：①工程勘察方案的审查；②工程勘察现场及室内试验人员、设备及仪器的检查；③工程勘察过程控制；④工程勘察成果审查。因此，本题的正确答案为C。

5. 【试题答案】D

【试题解析】本题考查重点是"《合同法》主要内容"。有下列情形之一，难以履行债务的，债务人可以将标的物提存：①债权人无正当理由拒绝受领；②债权人下落不明；③债权人死亡未确定继承人或者丧失民事行为能力未确定监护人；④法律规定的其他情形。标的物不适于提存或者提存费用过高的，债务人可以依法拍卖或者变卖标的物，提存所得的价款。标的物提存后，除债权人下落不明的以外，债务人应当及时通知债权人或债权人的继承人、监护人。标的物提存后，毁损、灭失的风险由债权人承担。提存期间，标的物的孳息归债权人所有。提存费用由债权人负担。债权人可以随时领取提存物，但债权人对债务人负有到期债务的，在债权人未履行债务或提供担保之前，提存部门根据债务人的要求应当拒绝其领取提存物。债权人领取提存物的权利，自提存之日起 5 年内不行使而消灭，提存物扣除提存费用后归国家所有。因此，本题的正确答案为 D。

6.【试题答案】C

【试题解析】本题考查重点是"咨询工程师的职业道德"。FIDIC 道德准则要求咨询工程师具有正直、公平、诚信、服务等的工作态度和敬业精神，充分体现了 FIDIC 对咨询工程师要求的精髓，主要内容中的公平包括：①在提供职业咨询、评审或决策时公平地提供专业建议、判断或决定；②为客户服务过程中可能产生的一切潜在的利益冲突，都应告知客户；③不接受任何可能影响其独立判断的报酬。因此，本题的正确答案为 C。

7.【试题答案】A

【试题解析】本题考查重点是"建设工程风险及其管理过程"。建设工程风险管理是一个识别风险、确定和度量风险，并制定、选择和实施风险应对方案的过程。风险管理是对建设工程风险进行管理的一个系统、循环过程。风险管理包括风险识别、风险分析与评价、风险对策的决策、风险对策的实施和风险对策实施的监控五个主要环节。风险分析与评价是将建设工程风险事件发生的可能性和损失后果进行定量化的过程。风险分析与评价的结果主要在于确定各种风险事件发生的概率及其对建设工程目标影响的严重程度，如建设投资增加的数额、工期延误的天数等。因此，本题的正确答案为 A。

8.【试题答案】D

【试题解析】本题考查重点是"建设工程监理投标工作内容——投标文件编制"。建设工程监理难点、重点及合理化建议是整个投标文件的精髓。工程监理单位在熟悉招标文件和施工图的基础上，要按实际监理工作的开展和部署进行策划，既要全面涵盖"三控两管一协调"和安全生产管理职责的内容，又要有针对性地提出重点工作内容、分部分项工程控制措施和方法以及合理化建议，并说明采纳这些建议将会在工程质量、造价、进度等方面产生的效益。因此，本题的正确答案为 D。

9.【试题答案】B

【试题解析】本题考查重点是"监理规划编写依据"。监理规划编写依据包括：工程建设法律法规和标准；建设工程外部环境调查研究资料；政府批准的工程建设文件；建设工程监理合同文件；建设工程合同；建设单位的合理要求；工程实施过程中输出的有关工程信息。因此，本题的正确答案为 B。

10.【试题答案】C

【试题解析】本题考查重点是"项目监理机构组织形式——直线制组织形式"。直线制组织形式的特点是项目监理机构中任何一个下级只接受惟一上级的命令。各级部门主管人员对各自所属部门的事务负责，项目监理机构中不再另设职能部门。这种组织形式适用于能划分为若干个相对独立的子项目的大、中型建设工程。总监理工程师负责整个工程的规划、组织和指导，并负责整个工程范围内各方面的指挥协调工作；子项目监理机构分别负责各子项目的目标控制，具体领导现场专业或专项监理机构的工作。如果建设单位将相关服务一并委托，项目监理机构的部门还可按不同的建设阶段分解设立直线制项目监理机构组织形式。对于小型建设工程，项目监理机构也可采用按专业内容分解的直线制组织形式。直线制组织形式的主要优点是组织机构简单，权力集中，命令统一，职责分明，决策迅速，隶属关系明确。缺点是实行没有职能部门的"个人管理"，这就要求总监理工程师通晓各种业务和多种专业技能，成为"全能"式人物。因此，本题的正确答案为C。

11.【试题答案】C

【试题解析】本题考查重点是"建设工程监理性质——独立性"。《建设工程监理规范》GB/T 50319—2013明确要求，工程监理单位应公平、独立、诚信、科学地开展建设工程监理与相关服务活动。独立是工程监理单位公平地实施监理的基本前提。为此，《建筑法》第三十四条规定："工程监理单位与被监理工程的承包单位以及建筑材料、建筑构配件和设备供应单位不得有隶属关系或者其他利害关系。"因此，本题的正确答案为C。

12.【试题答案】C

【试题解析】本题考查重点是"组织协调的范围和层次"。从系统方法的角度看，项目监理机构协调的范围分为系统内部的协调和系统外部的协调，系统外部协调又分为近外层协调和远外层协调。近外层和远外层的主要区别是，建设工程与近外层关联单位一般有合同关系，与远外层关联单位一般没有合同关系。一个建设工程的开展还存在政府部门及其他单位的影响，如政府部门、金融组织、社会团体、新闻媒介等，它们对建设工程起着一定的控制、监督、支持、帮助作用，这些关系若协调不好，建设工程实施也可能严重受阻。对本部分的协调工作，从组织协调的范围看是属于远外层的管理。因此，本题的正确答案为C。

13.【试题答案】D

【试题解析】本题考查重点是"建设工程监理文件资料验收与移交"。列入城建档案管理部门接收范围的工程，建设单位在工程竣工验收后3个月内向城建档案管理部门移交一套符合规定的工程档案（监理文件资料）。因此，本题的正确答案为D。

14.【试题答案】D

【试题解析】本题考查重点是"建设工程监理的行为主体"。《中华人民共和国建筑法》明确规定，实行监理的建设工程，由建设单位委托具有相应资质条件的工程监理企业实施监理。建设工程监理只能由具有相应资质的工程监理企业来开展，建设工程监理的行为主体是工程监理企业，这是我国建设工程监理制度的一项重要的规定。所以，选项A、C的叙述均是正确的。建设工程监理不同于建设行政主管部门的监督管理。后者的行为主体是政府部门，它具有明显的强制性，是行政性的监督管理，它的任务、职责、内容不同于建设工程监理。所以，选项B的叙述是正确的。同样，总承包单位对分包单位的监督管理也不能视为建设工程监理。所以，选项D的叙述是不正确的。因此，本题的正确答案为D。

15.【试题答案】B

【试题解析】本题考查重点是"项目监理机构组织形式——直线制组织形式"。直线制组织形式的特点是项目监理机构中任何一个下级只接受惟一上级的命令。各级部门主管人员对各自所属部门的事务负责，项目监理机构中不再另设职能部门。直线制组织形式的主要优点是组织机构简单，权力集中，命令统一，职责分明，决策迅速，隶属关系明确。缺点是实行没有职能部门的"个人管理"，这就要求总监理工程师通晓各种业务和多种专业技能，成为"全能"式人物。因此，本题的正确答案为B。

16.【试题答案】D

【试题解析】本题考查重点是"中华人民共和国建筑法——建筑安全生产管理"。《中华人民共和国建筑法》第四十四条规定，建筑施工企业必须依法加强对建筑安全生产的管理，执行安全生产责任制度，采取有效措施，防止伤亡和其他安全生产事故的发生。建筑施工企业的法定代表人对本企业的安全生产负责。因此，本题的正确答案为D。

17. 【试题答案】B

【试题解析】本题考查重点是"建设工程监理相关制度——项目法人责任制"。新上项目在项目建议书被批准后，应由项目的投资方派代表组成项目法人筹备组，具体负责项目法人的筹建工作。有关单位在申报项目可行性研究报告时，须同时提出项目法人的组建方案，否则，其可行性研究报告将不予审批。在项目可行性研究报告被批准后，应正式成立项目法人。按有关规定确保资本金按时到位，并及时办理公司设立登记。项目公司可以是有限责任公司（包括国有独资公司），也可以是股份有限公司。因此，本题的正确答案为B。

18. 【试题答案】B

【试题解析】本题考查重点是"《招标投标法》主要内容"。招标人对已发出的招标文件进行必要的澄清或者修改的，应当在招标文件要求提交投标文件截止时间至少15日前，以书面形式通知所有招标文件收受人。该澄清或者修改的内容为招标文件的组成部分。因此，本题的正确答案为B。

19. 【试题答案】A

【试题解析】本题考查重点是"《合同法》主要内容"。撤销权是指受损害的一方当事人对可撤销的合同依法享有的、可请求人民法院或仲裁机构撤销该合同的权利。有下列情形之一的，撤销权消灭：①具有撤销权的当事人自知道或者应当知道撤销事由之日起1年内没有行使撤销权；②具有撤销权的当事人知道撤销事由后明确表示或者以自己的行为放弃撤销权。因此，本题的正确答案为A。

20. 【试题答案】B

【试题解析】本题考查重点是"建设工程监理与相关服务计费方式"。铁路、水运、公路、水电、水库工程监理服务收费按建筑安装工程费分档定额计费方式计算收费。其他建设工程监理服务收费按照工程概算投资额分档定额计费方式计算收费。因此，本题的正确答案为B。

21. 【试题答案】A

【试题解析】本题考查重点是"建设工程监理合同履行——违约责任"。因非监理人的原因，且监理人无过错，发生工程质量事故、安全事故、工期延误等造成的损失，监理人不承担赔偿责任。这是由于监理人不承包工程的实施，因此，在监理人无过错的前提下，由于第三方原因使建设工程遭受损失的，监理人不承担赔偿责任。因不可抗力导致监理合同全部或部分不能履行时，双方各自承担其因此而造成的损失、损害。不可抗力是指合同双方当事人均不能预见、不能避免、不能克服的客观原因引起的事件，根据《合同法》第一百一十七条"因不可抗力不能履行合同的，根据不可抗力的影响，部分或者全部免除责任"的规定，按照公平、合理原则，合同双方当事人应各自承担其因不可抗力而造成的损失、损害。因不可抗力导致监理人现场的物质损失和人员伤害，由监理人自行负责。如果委托人投保的"建筑工程一切险"或"安装工程一切险"的被保险人中包括监理人，则监理人的物质损害也可从保险公司获得相应的赔偿。监理人应自行投保现场监理人员的意外伤害保险。因此，本题的正确答案为 A。

22.【试题答案】B

【试题解析】本题考查重点是"建设工程复杂程度"。根据上述各项因素的具体情况，可将工程分为若干工程复杂程度等级。不同等级的工程需要配备的项目监理人员数量有所不同。例如，可将工程复杂程度按五级划分：简单、一般、一般复杂、复杂、很复杂。工程复杂程度定级可采用定量办法：对构成工程复杂程度的每一因素通过专家评估，根据工程实际情况给出相应权重，将各影响因素的评分加权平均后根据其值的大小确定该工程的复杂程度等级。例如，将工程复杂程度按 10 分制计评，则平均分值 1～3 分、3～5 分、5～7 分、7～9 分者依次为简单工程、一般工程、一般复杂工程和复杂工程，9 分以上为很复杂工程。本题中，工程复杂程度等级评分＝∑（权重×评分）。因此，工程复杂程度的等级评分＝0.4×6＋0.3×9＋0.2×7＋0.1×8＝7.3。属于复杂工程。因此，本题的正确答案为 B。

23.【试题答案】A

【试题解析】本题考查重点是"《招标投标法》主要内容"。招标文件要求中标人提交履约保证金的，中标人应当提交。依法必须进行招标的项目，招标人应当自确定中标人之日起 15 日内，向有关行政监督部门提交招标投标情况的书面报告。因此，本题的正确答案为 A。

24.【试题答案】A

【试题解析】本题考查重点是"工程总承包模式下建设工程监理委托方式"。采用建设工程总承包模式，建设单位的合同关系简单，组织协调工作量小。由于工程设计与施工由一个承包单位统筹安排，一般能做到工程设计与施工的相互搭接，有利于控制工程进度，可缩短建设周期。通过统筹考虑工程设计与施工，可以从价值工程或全寿命期费用角度取得明显的经济效果，有利于工程造价控制。所以，选项 A 符合题意。但该模式的缺点是：合同条款不易准确确定，容易造成合同争议。合同数量虽少，但合同管理难度一般较大，造成招标发包工作难度大；由于承包范围大，介入工程项目时间早，工程信息未知数多，总承包单位要承担较大风险；由于有工程总承包能力的单位数量相对较少，建设单位择优选择工程总承包单位的范围小；工程质量标准和功能要求不易做到全面、具体、准确，"他人控制"机制薄弱，使工程质量控制难度加大。所以，选项 B、C、D 均属于项目总承包模式的缺点。因此，本题的正确答案为 A。

25.【试题答案】C

【试题解析】本题考查重点是"策划决策阶段的工作内容"。对于《政府核准的投资项目目录》以外的企业投资项目，实行备案制。除国家另有规定外，由企业按照属地原则向地方政府投资主管部门备案。因此，本题的正确答案为 C。

26.【试题答案】C

【试题解析】本题考查重点是"《生产安全事故报告和调查处理条例》相关内容"。较大生产安全事故是指造成 3 人及以上 10 人以下死亡，或者 10 人及以上 50 人以下重伤，或者 1000 万元及以上 5000 万元以下直接经济损失的事故。因此，本题的正确答案为 C。

27.【试题答案】C

【试题解析】本题考查重点是"建设工程监理招标程序"。建设单位采用公开招标方式的，应当发布招标公告。招标公告必须通过一定的媒介进行发布。投标邀请书是指采用邀请招标方式的建设单位，向三个以上具备承担招标项目能力、资信良好的特定工程监理单位发出的参加投标的邀请。招标公告与投标邀请书应当载明：建设单位的名称和地址；招标项目的性质；招标项目的数量；招标项目的实施地点；招标项目的实施时间；获取招标文件的办法等内容。因此，本题的正确答案为 C。

28.【试题答案】B

【试题解析】本题考查重点是"项目监理机构设立的步骤"。管理跨度是指一名上级管理人员所直接管理的下级人数。管理跨度越大，领导者需要协调的工作量越大，管理难度也越大。为使组织结构能高效运行，必须确定合理的管理跨度。项目监理机构中管理跨度的确定应考虑监理人员的素质、管理活动的复杂性和相似性、监理业务的标准化程度、各规章制度的建立健全情况、建设工程的集中或分散情况等。因此，本题的正确答案为 B。

29.【试题答案】C

【试题解析】本题考查重点是"Project Controlling 模式"。根据建设工程的特点和业主方组织结构的具体情况，Project Controlling 模式可以分为单平面 Project Controlling 和多平面 Project Controlling 两种类型。所以，选项 C 的叙述是正确的。通过 Project Controlling 与建设项目管理的比较，应用 Project Controlling 模式时需注意的几个认识上和实践中的问题：①Project Controlling 模式一般适用于大型和特大型建设工程；②Project Controlling 模式不能作为一种独立存在的模式。在这一点上，Project Controlling 模式与 Partnering 模式有共同之处。所以，选项 B 的叙述是不正确的；③Project Controlling 模式不能取代建设项目管理。Project Controlling 与建设项目管理所提供的服务都是业主所需要的，在同一个建设工程上，两者是同时并存的，不存在相互替代、孰优孰劣的问题，也不存在领导与被领导的关系。所以，选项 A 的叙述是不正确的。需要注意的是，不能因为有了 Project Controlling 咨询单位的信息处理工作，而淡化或弱化建设项目管理咨询单位常规的信息管理工作；④Project Controlling 咨询单位需要建设工程参与各方的配合。所以，选项 D 的叙述是不正确的。因此，本题的正确答案为 C。

30.【试题答案】A

【试题解析】本题考查重点是"《招标投标法实施条例》相关内容"。招标文件要求中标人提交履约保证金的，中标人应当按照招标文件的要求提交。履约保证金不得超过中标合同金额的 10%。因此，本题的正确答案为 A。

31.【试题答案】C

【试题解析】本题考查重点是"建设实施阶段的工作内容"。工程设计工作一般划分为两个阶段，即初步设计和施工图设计。重大工程和技术复杂工程，可根据需要增加技术设计阶段。初步设计是根据可行性研究报告的要求进行具体实施方案设计，目的是为了阐明在指定的地点、时间和投资控制数额内，拟建项目在技术上的可行性和经济上的合理性，并通过对建设工程所作出的基本技术经济规定，编制工程总概算。初步设计不得随意改变被批准的可行性研究报告所确定的建设规模、产品方案、工程标准、建设地址和总投资等控制目标。如果初步设计提出的总概算超过可行性研究报告总投资的 10% 以上或其他主要指标需要变更时，应说明原因和计算依据，并重新向原审批单位报批可行性研究报告。因此，本题的正确答案为 C。

32. 【试题答案】A

【试题解析】本题考查重点是"EPC模式的特征"。在国际工程承包中，固定总价合同仅用于规模小、工期短的工程。而EPC模式所适用的工程一般规模均较大、工期较长，且具有相当的技术复杂性。因此，在这类工程上采用接近固定的总价合同，也就称得上是特征了。因此，本题的正确答案为A。

33. 【试题答案】A

【试题解析】本题考查重点是"建设工程监理实施原则"。总监理工程师是工程监理全部工作的负责人。要建立和健全总监理工程师负责制，就要明确权、责、利关系，健全项目监理机构，具有科学的运行制度、现代化的管理手段，形成以总监理工程师为首的高效能的决策指挥体系。总监理工程师负责制的内涵包括：①总监理工程师是工程监理的责任主体。责任是总监理工程师负责制的核心，它构成了对总监理工程师的工作压力与动力，也是确定总监理工程师权力和利益的依据。所以总监理工程师应是向业主和监理单位所负责任的承担者；②总监理工程师是工程监理的权力主体。根据总监理工程师承担责任的要求，总监理工程师全面领导建设工程的监理工作，包括组建项目监理机构，主持编制建设工程监理规划，组织实施监理活动，对监理工作总结、监督、评价。因此，本题的正确答案为A。

34. 【试题答案】C

【试题解析】本题考查重点是"监理实施细则的审核内容"。项目监理人员的审核：①组织方面。组织方式、管理模式是否合理，是否结合了专业工程的具体特点，是否便于监理工作的实施，制度、流程上是否能保证监理工作，是否与建设单位和施工单位相协调等；②人员配备方面。人员配备的专业满足程度、数量等是否满足监理工作的需要、专业人员不足时采取的措施是否恰当、是否有操作性较强的现场人员计划安排表等。因此，本题的正确答案为C。

35. 【试题答案】A

【试题解析】本题考查重点是"建设工程监理规范——监理文件资料归档"。《建设工程监理规范》第7.3.1条规定，项目监理机构应及时整理、分类汇总监理文件资料，并应按规定组卷，形成监理档案。第7.3.2条规定，工程监理单位应根据工程特点和有关规定，保存监理档案，并向有关单位、部门移交需要存档的监理文件资料。因此，本题的正确答案为A。

36. 【试题答案】B

【试题解析】本题考查重点是"建设工程监理招标方式"。公开招标是指建设单位以招标公告的方式邀请不特定工程监理单位参加投标，向其发售监理招标文件，按照招标文件规定的评标方法、标准，从符合投标资格要求的投标人中优选中标人，并与中标人签订建设工程监理合同的过程。国有资金占控股或者主导地位等依法必须进行监理招标的项目，应当采用公开招标方式委托监理任务。公开招标属于非限制性竞争招标，其优点是能够充分体现招标信息公开性、招标程序规范性、投标竞争公平性，有助于打破垄断，实现公平竞争。公开招标可使建设单位有较大的选择范围，可在众多投标人中选择经验丰富、信誉良好、价格合理的工程监理单位，能够大大降低串标、围标、抬标和其他不正当交易的可能性。公开招标的缺点是，准备招标、资格预审和评标的工作量大，因此，招标时间长，招标费用较高。因此，本题的正确答案为B。

37.【试题答案】D

【试题解析】本题考查重点是"建设工程三大目标控制的任务和措施"。加强合同管理是控制建设工程目标的重要措施。建设工程总目标及分目标将反映在建设单位与工程参建主体所签订的合同之中。由此可见，通过选择合理的承发包模式和合同计价方式，选定满意的施工单位及材料设备供应单位，拟订完善的合同条款，并动态跟踪合同执行情况及处理好工程索赔等，是控制建设工程目标的重要合同措施。因此，本题的正确答案为D。

38.【试题答案】B

【试题解析】本题考查重点是"EPC模式的特征"。在EPC模式条件下，业主不聘请"工程师"（即我国的监理工程师）来管理工程，而是自己或委派业主代表来管理工程。EPC合同条件第三条规定，如果委派业主代表来管理，业主代表应是业主的全权代表。如果业主想更换业主代表，只需提前14天通知承包商，不需征得承包商的同意。而在其他模式中，如果业主想更换工程师，不仅提前通知承包商的时间大大增加（如FIDIC施工合同条件规定为42天），且需得到承包商的同意。因此，本题的正确答案为B。

39.【试题答案】B

【试题解析】本题考查重点是"《建设工程安全生产管理条例》相关内容"。施工单位应当在施工组织设计中编制安全技术措施和施工现场临时用电方案，对下列达到一定规模的危险性较大的分部分项工程编制专项施工方案，并附具安全验算结果，经施工单位技术负责人、总监理工程师签字后实施，由专职安全生产管理人员进行现场监督：①基坑支护与降水工程；②土方开挖工程；③模板工程；④起重吊装工程；⑤脚手架工程；⑥拆除、爆破工程；⑦国务院建设行政主管部门或者其他有关部门规定的其他危险性较大的工程。上述工程中涉及深基坑、地下暗挖工程、高大模板工程的专项施工方案，施工单位还应当组织专家进行论证、审查。因此，本题的正确答案为B。

40.【试题答案】D

【试题解析】本题考查重点是"建设实施阶段的工作内容"。工程竣工验收是投资成果转入生产或使用的标志，也是全面考核工程建设成果、检验设计和施工质量的关键步骤。工程竣工验收合格后，建设工程方可投入使用。建设工程自竣工验收合格之日起即进入工程质量保修期。建设工程自办理竣工验收手续后，发现存在工程质量缺陷的，应及时修复，费用由责任方承担。因此，本题的正确答案为D。

41.【试题答案】D

【试题解析】本题考查重点是"监理文件档案资料传阅与登记"。监理文件档案资料传阅时，应由建设工程项目监理部总监理工程师或其授权的监理工程师确定文件、记录是否需传阅，如需传阅应确定传阅人员名单和范围，并注明在文件传阅纸上，随同文件和记录进行传阅。也可按文件传阅纸样式刻制方形图章，盖在文件空白处，代替文件传阅纸。每位传阅人员阅后应在文件传阅纸上签名，并注明日期。文件和记录传阅期限不应超过该文件的处理期限。传阅完毕后，文件原件应交还信息管理人员归档。因此，本题的正确答案为D。

42.【试题答案】A

【试题解析】本题考查重点是"监理规划编写要求"。监理规划作为指导项目监理机构全面开展监理工作的纲领性文件，其内容应具有很强的针对性、指导性和可操作性。每个项目的监理规划既要考虑项目自身特点，也要根据项目监理机构的实际状况，在监理规划中明确规定项目监理机构在工程实施过程中各个阶段的工作内容、工作人员、工作时间和地点、工作的具体方式方法等。只有这样，监理规划才能起到有效的指导作用，真正成为项目监理机构进行各项工作的依据。监理规划只要能够对有效实施建设工程监理做好指导工作，使项目监理机构能圆满完成所承担的建设工程监理任务，就是一个合格的监理规划。因此，本题的正确答案为A。

43.【试题答案】C

【试题解析】本题考查重点是"工程监理企业组织形式——有限责任公司"。有限责任公司由50个以下股东出资设立。设立有限责任公司，应当具备下列条件：①股东符合法定人数；②股东出资达到法定资本最低限额；③股东共同制定公司章程；④有公司名称，建立符合有限责任公司要求的组织机构；⑤有公司住所。因此，本题的正确答案为C。

44.【试题答案】C

【试题解析】本题考查重点是"建设实施阶段的工作内容"。从事各类房屋建筑及其附属设施的建造、装修装饰和与其配套的线路、管道、设备的安装，以及城镇市政基础设施工程的施工，建设单位在开工前应当向工程所在地县级以上人民政府建设主管部门申请领取施工许可证。必须申请领取施工许可证的建筑工程未取得施工许可证的，一律不得开工。工程投资额在30万元以下或者建筑面积在300m²以下的建筑工程，可以不申请办理施工许可证。因此，本题的正确答案为C。

45.【试题答案】A

【试题解析】本题考查重点是"项目监理机构人员配备"。工程建设强度是指单位时间内投入的建设工程资金的数量，即：工程建设强度＝投资/工期。其中，投资和工期是指监理单位所承担监理任务的工程的建设投资和工期。投资可按工程概算投资额或合同价计算，工期可根据进度总目标及其分目标计算。显然，工程建设强度越大，需投入的监理人数越多。因此，本题的正确答案为A。

46.【试题答案】D

【试题解析】本题考查重点是"建设工程质量管理条例——监督管理"。《建设工程质量管理条例》第四十七条规定，县级以上地方人民政府建设行政主管部门和其他有关部门应当加强对有关建设工程质量的法律、法规和强制性标准执行情况的监督检查。因此，本题的正确答案为D。

47.【试题答案】C

【试题解析】本题考查重点是"注册监理工程师管理规定——注册"。《注册监理工程师管理规定》第五条规定，注册监理工程师实行注册执业管理制度。取得资格证书的人员，经过注册方能以注册监理工程师的名义执业。第六条规定，注册监理工程师依据其所学专业、工作经历、工程业绩，按照《工程监理企业资质管理规定》划分的工程类别，按专业注册。每人最多可以申请两个专业注册。因此，本题的正确答案为C。

48.【试题答案】D

【试题解析】本题考查重点是"项目监理机构组织形式——直线制组织形式"。直线制组织形式的特点是项目监理机构中任何一个下级只接受惟一上级的命令。各级部门主管人员对各自所属部门的事务负责，项目监理机构中不再另设职能部门。直线制组织形式的主要优点是组织机构简单，权力集中，命令统一，职责分明，决策迅速，隶属关系明确。缺点是实行没有职能部门的"个人管理"，这就要求总监理工程师通晓各种业务和多种专业技能，成为"全能"式人物。所以，选项 D 符合题意。选项 A 属于职能制监理组织形式的特点。选项 B 属于直线职能制监理组织形式的特点。选项 C 属于矩阵制监理组织形式的特点。因此，本题的正确答案为 D。

49.【试题答案】B

【试题解析】本题考查重点是"建设工程质量管理条例——建设单位的质量责任和义务"。《建设工程质量管理条例》第十条规定，建设工程发包单位不得迫使承包方以低于成本的价格竞标，不得任意压缩合理工期。建设单位不得明示或者暗示设计单位或者施工单位违反工程建设强制性标准，降低建设工程质量。因此，本题的正确答案为 B。

50.【试题答案】A

【试题解析】本题考查重点是"Partnering 模式的要素"。所谓 Partnering 模式的要素，是指保证这种模式成功运作所不可缺少的重要组成元素。可归纳为以下几点：①长期协议；②共享。是指建设工程参与各方的资源共享、工程实施产生的效益共享；同时，参与各方共同分担工程的风险和采用 Partnering 模式所产生的相应费用；③信任；④共同的目标；⑤合作。根据第④点可知，选项 A 符合题意。选项 B 的"出于自愿"、选项 C 的"高层管理的参与"、选项 D 的"信息的开放性"均属于 Partnering 模式的特征。因此，本题的正确答案为 A。

二、多项选择题

51.【试题答案】ABDE

【试题解析】本题考查重点是"项目全过程集成化管理"。建设工程项目全过程集成化管理是指工程项目单位受建设单位委托，为其提供覆盖工程项目策划决策、建设实施阶段全过程的集成化管理。工程监理单位的服务内容可包括项目策划、设计管理、招标代理、造价咨询、施工过程管理等。因此，本题的正确答案为 ABDE。

52.【试题答案】BC

【试题解析】本题考查重点是"建设工程监理工作内容——项目监理机构组织协调方法"。项目监理机构可采用以下方法进行组织协调：①会议协调法。会议协调法是建设工程监理中最常用的一种协调方法，常用的会议协调法包括：第一次工地会议；监理例会；专题会议；②交谈协调法；③书面协调法。因此，本题的正确答案为 BC。

53.【试题答案】ABCE

【试题解析】本题考查重点是"《建设工程安全生产管理条例》——总则"。《建设工程安全生产管理条例》第二条规定，在中华人民共和国境内从事建设工程的新建、扩建、改建和拆除等有关活动及实施对建设工程安全生产的监督管理，必须遵守本条例。本条例所称建设工程，是指土木工程、建筑工程、线路管道和设备安装工程及装修工程。因此，本题的正确答案为 ABCE。

54.【试题答案】ACE

【试题解析】本题考查重点是"《建设工程质量管理条例》相关内容"。在正常使用条件下，建设工程最低保修期限为：①基础设施工程、房屋建筑的地基基础工程和主体结构工程，为设计文件规定的该工程合理使用年限；②屋面防水工程、有防水要求的卫生间、房间和外墙面的防渗漏，为5年；③供热与供冷系统，为2个采暖期、供冷期；④电气管道、给水排水管道、设备安装和装修工程，为2年。其他工程的保修期限由发包方与承包方约定。根据第②点可知，选项B的叙述是不正确的。根据第④点可知，选项D的叙述是不正确的。因此，本题的正确答案为ACE。

55.【试题答案】ABD

【试题解析】本题考查重点是"建设工程监理相关制度——工程招标投标制"。使用国际组织或者外国政府资金的项目的范围包括：①使用世界银行、亚洲开发银行等国际组织贷款资金的项目；②使用外国政府及其机构贷款资金的项目；③使用国际组织或者外国政府援助资金的项目。因此，本题的正确答案为ABD。

56.【试题答案】BCDE

【试题解析】本题考查重点是"建设工程质量管理条例——罚则"。《建设工程质量管理条例》第六十三条规定，违反本条例规定，有下列行为之一的，责令改正，处10万元以上30万元以下的罚款：①勘察单位未按照工程建设强制性标准进行勘察的；②设计单位未根据勘察成果文件进行工程设计的；③设计单位指定建筑材料、建筑构配件的生产厂、供应商的；④设计单位未按照工程建设强制性标准进行设计的。有前款所列行为，造成工程质量事故的，责令停业整顿，降低资质等级；情节严重的，吊销资质证书；造成损失的，依法承担赔偿责任。所以，选项B、C、D、E符合题意。选项A中，根据《建设工程质量管理条例》第五十六条第六款的规定，建设单位未按照国家规定办理工程质量监督手续的，责令改正，处20万元以上50万元以下的罚款。因此，本题的正确答案为BCDE。

57.【试题答案】BD

【试题解析】本题考查重点是"建设工程监理的法律地位"。《建设工程安全生产管理条例》第十四条规定："工程监理单位应当审查施工组织设计中的安全技术措施或者专项施工方案是否符合工程建设强制性标准。""工程监理单位在实施监理过程中，发现存在安全事故隐患的，应当要求施工单位整改；情况严重的，应当要求施工单位暂时停止施工，并及时报告建设单位。施工单位拒不整改或者不停止施工的，工程监理单位应当及时向有关主管部门报告。"因此，本题的正确答案为BD。

58.【试题答案】ABD

【试题解析】本题考查重点是"监理工程师的职业道德"。在监理行业中，监理工程师应严格遵守的通用职业道德守则有：①维护国家的荣誉和利益，按照"守法、诚信、公正、科学"的准则执业；②执行有关工程建设的法律、法规、标准、规范、规程和制度，履行监理合同规定的义务和职责；③努力学习专业技术和建设监理知识，不断提高业务能力和监理水平；④不以个人名义承揽监理业务；⑤不同时在两个或两个以上监理单位注册和从事监理活动，不在政府部门和施工、材料设备的生产供应等单位兼职；⑥不为所监理项目指定承包商、建筑构配件、设备、材料生产厂家和施工方法；⑦不收受被监理单位的任何礼金；⑧不泄露所监理工程各方认为需要保密的事项；⑨坚持独立自主地开展工作。所以，选项A、B、D符合题意。选项C、E均属于监理工程师应当履行的义务。因此，本题的正确答案为 ABD。

59. 【试题答案】ABD

【试题解析】本题考查重点是"注册监理工程师职业道德"。注册监理工程师在执业过程中也要公平，不能损害工程建设任何一方的利益，为此，注册监理工程师应严格遵守如下职业道德守则：①维护国家的荣誉和利益，按照"守法、诚信、公平、科学"的经营活动准则执业；②执行有关工程建设法律、法规、标准和制度，履行建设工程监理合同规定的义务；③努力学习专业技术和建设工程监理知识，不断提高业务能力和监理水平；④不以个人名义承揽监理业务；⑤不同时在两个或两个以上工程监理单位注册和从事监理活动，不在政府部门和施工、材料设备的生产供应等单位兼职；⑥不为所监理工程指定承包商、建筑构配件、设备、材料生产厂家和施工方法；⑦不收受施工单位的任何礼金、有价证券等；⑧不泄露所监理工程各方认为需要保密的事项；⑨坚持独立自主地开展工作。所以，选项 A、B、D 符合题意。选项 C 属于 FIDIC 道德准则。选项 E 属于监理工程师的义务。因此，本题的正确答案为 ABD。

60. 【试题答案】ACDE

【试题解析】本题考查重点是"风险管理过程"。一般来说，风险管理中所运用的对策有以下四种：风险回避、损失控制、风险自留和风险转移。这些风险对策的适用对象各不相同，需要根据风险评价的结果，对不同的风险事件选择最适宜的风险对策，从而形成最佳的风险对策组合。因此，本题的正确答案为 ACDE。

61. 【试题答案】ACE

【试题解析】本题考查重点是"Partnering 模式的要素"。共享是指建设工程参与各方的资源共享、工程实施产生的效益共享；同时，参与各方共同分担工程的风险和采用 Partnering 模式所产生的相应费用。在这里，资源和效益都是广义的。资源既有有形的资源，如人力、机械设备等，也有无形的资源，如信息、知识等；效益同样既有有形的效益，如费用降低、质量提高等，也有无形的效益，如避免争议和诉讼的产生、工作积极性提高、施工单位社会信誉提高等。其中，尤其要强调信息共享。所以，选项 A、C、E 符合题意。选项 B、D 均属于有形的效益。因此，本题的正确答案为 ACE。

62. 【试题答案】ABCD

【试题解析】本题考查重点是"建设工程监理规范——一般规定"。《建设工程监理规范》第 5.1.8 条规定，总监理工程师应组织专业监理工程师审查施工单位报送的工程开工报审表及相关资料；同时具备以下条件时，应由总监理工程师签署审核意见，并应报建设单位批准后，总监理工程师签发工程开工令：①设计交底和图纸会审已完成；②施工组织设计已由总监理工程师签认；③施工单位现场质量、安全生产管理体系已建立，管理及施工人员已到位，施工机械具备使用条件，主要工程材料已落实；④进场道路及水、电、通信等已满足开工要求。因此，本题的正确答案为 ABCD。

63. 【试题答案】ABDE

【试题解析】本题考查重点是"建设工程监理合同履行——监理人的义务"。对于强制实施监理的建设工程，通用条件 2.1.2 款约定了 22 项属于监理人需要完成的基本工作，也是确保建设工程监理得成效的重要基础。监理人需要完成的基本工作如下：①收到工程设计文件后编制监理规划，并在第一次工地会议 7 天前报委托人。根据有关规定和监理工作需要，编制监理实施细则；②熟悉工程设计文件，并参加由委托人主持的图纸会审和设计交底会议；③参加由委托人主持的第一次工地会议；主持监理例会并根据工程需要主持或参加专题会议；④审查施工承包人提交的施工组织设计，重点审查其中的质量安全技术措难、专项施工方案与工程建设强制性标准的符合性；⑤检查施工承包人工程质量、安全生产管理制度及组织机构和人员资格；⑥检查施工承包人专职安全生产管理人员的配备情况；⑦审查施工承包人提交的施工进度计划，核查施工承包人对施工进度计划的调整；⑧检查施工承包人的试验室；⑨审核施工分包人资质条件；⑩查验施工承包人的施工测量放线成果；⑪审查工程开工条件，对条件具备的签发开工令；⑫审查施工承包人报送的工程材料、构配件、设备的质量证明资料，抽检进场的工程材料、构配件的质量；⑬审核施工承包人提交的工程款支付申请，签发或出具工程款支付证书，并报委托人审核、批准；⑭在巡视、旁站和检验过程中，发现工程质量、施工安全存在事故隐患的，要求施工承包人整改并报委托人；⑮经委托人同意，签发工程暂停令和复工令；⑯审查施工承包人提交的采用新材料、新工艺、新技术、新设备的论证材料及相关验收标准；⑰验收隐蔽工程、分部分项工程；⑱审查施工承包人提交的工程变更申请，协调处理施工进度调整、费用索赔、合同争议等事项；⑲审查施工承包人提交的竣工验收申请，编写工程质量评估报告；⑳参加工程竣工验收，签署竣工验收意见；㉑审查施工承包人提交的竣工结算申请并报委托人；㉒编制、整理建设工程监理归档文件并报委托人。因此，本题的正确答案为ABDE。

64.【试题答案】ABDE

【试题解析】本题考查重点是"《建设工程质量管理条例》相关内容"。为了加强对建设工程质量的管理，保证建设工程质量，《建设工程质量管理条例》明确了建设单位、勘察单位、设计单位、施工单位、工程监理单位的质量责任和义务，以及工程质量保修期限。因此，本题的正确答案为ABDE。

65.【试题答案】ACD

【试题解析】本题考查重点是"建设工程风险识别与评价"。风险分析与评价是指在定性识别风险因素的基础上，进一步分析和评价风险因素发生的概率、影响的范围、可能造成损失的大小以及多种风险因素对建设工程目标的总体影响等，达到更清楚地辨识主要风险因素，有利于工程项目管理者采取更有针对性的对策和措施，从而减少风险对建设工程目标的不利影响。风险分析与评价的任务包括：确定单一风险因素发生的概率；分析单一风险因素的影响范围大小；分析各个风险因素的发生时间；分析各个风险因素的结果，探讨这些风险因素对建设工程目标的影响程度。在单一风险因素量化分析的基础上，考虑多种风险因素对建设工程目标的综合影响、评估风险的程度并提出可能的措施作为管理决策的依据。因此，本题的正确答案为ACD。

66.【试题答案】BCD

【试题解析】本题考查重点是"《建设工程安全生产管理条例》相关内容"。施工单位的安全责任包括：①工程承揽；②安全生产责任制度。施工单位主要负责人依法对本单位的安全生产工作全面负责；③安全生产管理费用；④施工现场安全生产管理；⑤安全生产教育培训；⑥安全技术措施和专项施工方案。施工单位应当在施工组织设计中编制安全技术措施和施工现场临时用电方案；⑦施工现场安全防护；⑧施工现场卫生、环境与消防安全管理；⑨施工机具设备安全管理；⑩意外伤害保险。施工单位应当为施工现场从事危险作业的人员办理意外伤害保险。因此，本题的正确答案为BCD。

67. 【试题答案】ABE

【试题解析】本题考查重点是"建设工程安全生产管理条例——施工单位的安全责任"。《建设工程安全生产管理条例》第二十六条规定，施工单位应当在施工组织设计中编制安全技术措施和施工现场临时用电方案，对下列达到一定规模的危险性较大的分部分项工程编制专项施工方案，并附具安全验算结果，经施工单位技术负责人、总监理工程师签字后实施，由专职安全生产管理人员进行现场监督：①基坑支护与降水工程；②土方开挖工程；③模板工程；④起重吊装工程；⑤脚手架工程；⑥拆除、爆破工程；⑦国务院建设行政主管部门或者其他有关部门规定的其他危险性较大的工程。对以上所列工程中涉及深基坑、地下暗挖工程、高大模板工程的专项施工方案，施工单位还应当组织专家进行论证、审查。因此，本题的正确答案为ABE。

68. 【试题答案】ACE

【试题解析】本题考查重点是"项目法人单位总经理的职权"。项目法人单位总经理的职权有：①组织编制项目初步设计文件，对项目工艺流程、设备选型、建设标准、总图布置提出意见，提交董事会审查；②组织工程设计、工程监理、工程施工和材料设备采购招标工作，编制和确定招标方案、标底和评标标准，评选和确定投标、中标单位；③编制并组织实施项目年度投资计划、用款计划和建设进度计划；④编制项目财务预算、决算；⑤编制并组织实施归还贷款和其他债务计划；⑥组织工程建设实施，负责控制工程投资、工期和质量；⑦在项目建设过程中，在批准的概算范围内对单项工程的设计进行局部调整；⑧根据董事会授权处理项目实施过程中的重大紧急事件，并及时向董事会报告；⑨负责生产准备工作和培训人员；⑩负责组织项目试生产和单项工程预验收；⑪拟订生产经营计划、企业内部机构设置、劳动定员方案及工资福利方案；⑫组织项目后评估，提出项目后评估报告；⑬按时向有关部门报送项目建设、生产信息和统计资料；⑭提请董事会聘请或解聘项目高级管理人员。所以，选项A、C、E符合题意。选项B、D均属于建设项目董事会的职权。因此，本题的正确答案为ACE。

69. 【试题答案】ABCD

【试题解析】本题考查重点是"建设工程监理相关制度——工程招标投标制"。关系社会公共利益、公众安全的公用事业项目的范围包括：①供水、供电、供气、供热等市政工程项目；②科技、教育、文化等项目；③体育、旅游等项目；④卫生、社会福利等项目；⑤商品住宅，包括经济适用住房；⑥其他公用事业项目。因此，本题的正确答案为ABCD。

70. 【试题答案】ABCD

【试题解析】本题考查重点是"工程建设程序的概念"。工程建设程序是指建设工程从策划、决策、设计、施工，到竣工验收、投入生产或交付使用的整个建设过程中，各项工作必须遵循的先后顺序。工程建设程序是建设工程策划决策和建设实施过程客观规律的反映，是建设工程科学决策和顺利实施的重要保证。因此，本题的正确答案为ABCD。

71. 【试题答案】ABD

【试题解析】本题考查重点是"项目监理机构设立的基本要求"。项目监理机构的监理人员应由一名总监理工程师、若干名专业监理工程师和监理员组成，且专业配套，数量应满足监理工作和建设工程监理合同对监理工作深度及建设工程监理目标控制的要求，必要时可设总监理工程师代表。项目监理机构可设置总监理工程师代表的情形包括：①工程规模较大，专业较复杂，总监理工程师难以处理多个专业工程时，可按专业设总监理工程师代表；②一个建设工程监理合同中包含多个相对独立的施工合同，可按施工合同段设总监理工程师代表；③工程规模较大，地域比较分散，可按工程地域设置总监理工程师代表。除总监理工程师、专业监理工程师和监理员外，项目监理机构还可根据监理工作需要，配备文秘、翻译、司机或其他行政辅助人员。因此，本题的正确答案为 ABD。

72.【试题答案】ABE

【试题解析】本题考查重点是"非代理型 CM 模式"。非代理型 CM 模式中，CM 单位与施工单位之间似乎是总分包关系，但实际上却与总分包模式有本质的不同，根本区别表现在：①虽然 CM 单位与各个分包商直接签订合同，但 CM 单位对各分包商的资格预审、招标、议标和签约都对业主公开并必须经过业主的确认才有效；②由于 CM 单位介入工程时间较早（一般在设计阶段介入），且不承担设计任务，所以 CM 单位并不向业主直接报出具体数额的价格，而是报 CM 费，至于工程本身的费用则是今后 CM 单位与各分包商、供应商的合同价之和。根据第②点可知，选项 A、E 符合题意，选项 C 不符合题意。根据第①点可知，选项 B 符合题意，选项 D 不符合题意。因此，本题的正确答案为 ABE。

73.【试题答案】AD

【试题解析】本题考查重点是"工程监理企业资质管理规定——资质申请和审批"。《工程监理企业资质管理规定》第九条规定，申请综合资质、专业甲级资质的，应当向企业工商注册所在地的省、自治区、直辖市人民政府建设主管部门提出申请。省、自治区、直辖市人民政府建设主管部门应当自受理申请之日起 20 日内初审完毕，并将初审意见和申请材料报国务院建设主管部门。国务院建设主管部门应当自省、自治区、直辖市人民政府建设主管部门受理申请材料之日起 60 日内完成审查，公示审查意见，公示时间为 10 日。其中，涉及铁路、交通、水利、通信、民航等专业工程监理资质的，由国务院建设主管部门送国务院有关部门审核。国务院有关部门应当在 20 日内审核完毕，并将审核意见报国务院建设主管部门。国务院建设主管部门根据初审意见审批。所以，选项 A 的叙述是正确的。第十条规定，专业乙级、丙级资质和事务所资质由企业所在地省、自治区、直辖市人民政府建设主管部门审批。专业乙级、丙级资质和事务所资质许可延续的实施程序由省、自治区、直辖市人民政府建设主管部门依法确定。省、自治区、直辖市人民政府建设主管部门应当自作出决定之日起 10 日内，将准予资质许可的决定报国务院建设主管部门备案。所以，选项 B、C 的叙述均是不正确的。第十一条规定，工程监理企业资质证书分为正本和副本，每套资质证书包括一本正本，四本副本。正、副本具有同等法律效力。工程监理企业资质证书的有效期为 5 年。工程监理企业资质证书由国务院建设主管部门统一印制并发放。所以，选项 D 的叙述是正确的，选项 E 的叙述是不正确的。因此，本题的正确答案为 AD。

74.【试题答案】ACDE

【试题解析】本题考查重点是"《合同法》主要内容"。无效合同自始没有法律约束力。无效合同通常有两种情形，即：整个合同无效（无效合同）和合同的部分条款无效。有下列情形之一的，合同无效：①一方以欺诈、胁迫的手段订立合同，损害国家利益；②恶意串通，损害国家、集体或第三人利益；③以合法形式掩盖非法目的；④损害社会公共利益；⑤违反法律、行政法规的强制性规定。因此，本题的正确答案为ACDE。

75.【试题答案】ABC

【试题解析】本题考查重点是"监理规划编写依据"。监理规划编写依据有：①工程建设法律法规和标准；②建设工程外部环境调查研究资料；③政府批准的工程建设文件；④建设工程监理合同文件；⑤建设工程合同；⑥建设单位的合理要求；⑦工程实施过程中输出的有关工程信息。因此，本题的正确答案为ABC。

76.【试题答案】ADE

【试题解析】本题考查重点是"建设工程监理相关制度——工程招标投标制"。2000年5月1日开始施行的《工程建设项目招标范围和规模标准规定》（国家发展计划委员会令第3号）进一步明确了工程招标的范围和规模标准的五类项目的勘察、设计、施工、监理以及与工程建设有关的重要设备、材料等的采购，达到下列标准之一的，必须进行招标：①施工单项合同估算价在200万元人民币以上的；②重要设备、材料等货物的采购，单项合同估算价在100万元人民币以上的；③勘察、设计、监理等服务的采购，单项合同估算价在50万元人民币以上的；④单项合同估算价低于前三项规定的标准，但项目总投资额在3000万元人民币以上的。依法必须进行招标的项目，全部使用国有资金投资或者国有资金投资占控股或者主导地位的，应当公开招标。因此，本题的正确答案为ADE。

77.【试题答案】BCD

【试题解析】本题考查重点是"项目监理机构设立的步骤"。由于建设工程规模、性质等的不同，应选择适宜的组织结构形式设计项目监理机构组织结构，以适应监理工作需要。组织结构形式选择的基本原则是：有利于工程合同管理，有利于监理目标控制，有利于决策指挥，有利于信息沟通。因此，本题的正确答案为BCD。

78.【试题答案】ABDE

【试题解析】本题考查重点是"工程监理企业资质管理规定——资质申请和审批"。《工程监理企业资质管理规定》第十五条规定，申请资质证书变更，应当提交以下材料：①资质证书变更的申请报告；②企业法人营业执照副本原件；③工程监理企业资质证书正、副本原件。工程监理企业改制的，除前款规定材料外，还应当提交企业职工代表大会或股东大会关于企业改制或股权变更的决议、企业上级主管部门关于企业申请改制的批复文件。所以，选项A、B、D、E符合题意。选项C属于申请工程监理企业资质需要提交的材料。因此，本题的正确答案为ABDE。

79.【试题答案】BD

【试题解析】本题考查重点是"监理规划主要内容——监理组织形式、人员配备及进退场计划、监理人员岗位职责"。工程监理单位派驻施工现场的项目监理机构的组织形式和规模，应根据建设工程监理合同约定的服务内容、服务期限，以及工程特点、规模、技术复杂程度、环境等因素确定。项目监理机构组织形式可用项目组织机构图来表示。因此，本题的正确答案为BD。

80.【试题答案】ABDE

【试题解析】本题考查重点是"影响项目监理机构人员数量的主要因素"。影响项目监理机构人员数量的主要因素有以下几个方面：①工程建设强度。工程建设强度越大，需投入的项目监理人数越多；②建设工程复杂程度。工程越复杂，需要的监理人员越多；③监理单位的业务水平。每个监理单位的业务水平和对某类工程的熟悉程度不完全相同，在监理人员素质、管理水平和监理的设备手段等方面也存在差异，这都会直接影响到监理效率的高低。高水平的监理单位可以投入较少的监理人员完成一个工程；④项目监理机构的组织结构和任务职能分工。项目监理机构的组织结构情况关系到具体的监理人员配备，务必使项目监理机构任务职能分工的要求得到满足。必要时，还需要根据项目监理机构的职能分工对监理人员的配备作进一步的调整。因此，本题的正确答案为ABDE。